KB136124

인생에도
수학처럼
답이 있다면

사회 현상을 이해하는 수학 모델 12
인생에도 수학처럼 답이 있다면

초판 1쇄 2020년 2월 27일

지은이 하마다 히로시
옮긴이 안동현
발행인 최홍석

발행처 (주)프리렉
출판신고 2000년 3월 7일 제 13-634호
주소 경기도 부천시 원미구 길주로 77번길 19 세진프라자 201호
전화 032-326-7282(代) **팩스** 032-326-5866
URL www.freelec.co.kr

편집 강신원, 서선영
표지디자인 황인옥
본문디자인 박경옥
일러스트 슬아

ISBN 978-89-6540-266-4

사회 현상을 이해하는 수학 모델 12

인생에도 수학처럼 답이 있다면

하마다 히로시 지음 | 안동현 옮김

프리렉

이 책의 개요

《인생에도 수학처럼 답이 있다면》은 두 주인공의 대화를 통해 수학 모델의 기초를 배울 수 있는 입문서입니다. 수학 모델이란 현실에서 일어나는 다양한 현상을 수식으로 표현한 것입니다. 수식으로 만들면 현상의 성질을 이해할 수 있으며 현상에 변화가 있을 때 어떻게 될지, 예측할 수도 있습니다. 설문 조사에서 솔직한 응답을 얻으려면 어떻게 해야 하는가, 인터넷 상품평의 신뢰도는 어떻게 평가하는가 등 주변에서 쉽게 보는 주제를 이용하여 수학 모델을 설명합니다. 통계나 확률을 잘 몰라도 괜찮습니다. 이 책은 수학 기호 읽는 법부터 친절하게 설명합니다. 누구나 쉽게 수학 모델을 시작할 수 있도록, 수학 모델의 본격적인 내용을 이해하기 쉽게 구성한 책입니다.

이 책의 난도

각 장에서 다루는 수학 모델 소개 및 난도입니다. 별 하나(☆)가 가장 쉬우며 별이 늘수록 상대적으로 어렵습니다. 읽을 때 참고 바랍니다.

Model	난도	주제
Intro	☆	모델이란 무엇인가?
1	☆☆	응답 무작위화, 집합, 확률변수, 기댓값, 분산

2	☆☆	베르누이 분포, 확률변수의 합성, 이항 분포
3	☆☆☆	이항 분포의 기댓값, 확률변수 합의 기댓값, 시사점, 베타 분포, 베타 이항 분포
4	☆☆	뒤로 미루기의 메커니즘, 시간할인, 준 쌍곡선 할인, 뒤로 미루기 방지
5	☆☆☆	비서 문제, 구골 게임, 최적 정지 문제, 알고리즘, 전체에서 36.8%를 지켜만 보는 이유, 생활 만족도와 통근 시간
6	☆	선호, 안정 매칭, DA 알고리즘, 파레토 효율
7	☆☆☆	무작위화 비교 실험, 조건부 기댓값, 잠재적 결과, 불편 추정량, 통계 검정
8	☆☆☆☆☆	검정의 원리, 기각역, 대립 가설, 정규분포의 성질, 표본 크기 설계
9	☆☆☆☆	배심정리, 체비쇼프의 부등식, 큰 수의 약한 법칙, 배심정리의 일반화
10	☆☆☆	제로 가격 효과, 효용 함수와 도함수, 전망 이론, 가치 함수, 제로 가격 효과의 일반화
11	☆☆☆	게임 이론과 지배 전략, 제2가격 봉인입찰, 메커니즘 디자인, 내시 균형
12	☆☆☆	도박으로 부자가 되는 법, 소득 분포 형태, 누적효과, 로그 정규분포 생성

코드 소개

본문 중 코드로 수학 모델을 계산하는 부분이 나옵니다. 'R'이라는 프로그래밍 언어를 사용하며 이를 위해선 'RStudio'라는 소프트웨어가 필요합니다. 미리 내려 받는다면 학습에 많은 도움이 될 것입니다.

secretary_problem.R은 Model 5에서 수찬이 최적 정지 문제 알고리즘을 계산하고자 만든 R 코드입니다. 또한 gs-algorithm.R은 Model 6

에서 설명한 DA 알고리즘을 실행하는 R 코드입니다. 이들 자료는 프리렉 홈페이지 자료실(https://freelec.co.kr/datacenter)에서 내려 받을 수 있습니다.

등장인물

바다
수학에 자신 없고,
수학을 잘하지 못한다고
생각하는 여자 대학생

수찬
수학을 좋아하고,
웬만하면 수학으로 모든 일을
생각하는 남자 대학생

차 례

바다는 수학을 잘 못한다.

아니, 싫어한다고 하는 편이 정확할지 모른다.

모 대학 인문학부에 입학했을 당시에 그녀는 심리학을 전공할 생각이었다. 그러나 추첨으로 결정된 그녀의 전공은 당시에는 생소했던 '수리행동과학'이라는 분야였다.

'심리학이 인기가 있다는 것은 알았지만 하필이면 자신과 가장 궁합이 안 맞을 듯한 연구실이라니…'

그녀는 운 없는 자신을 한탄했다.

수찬은 수학을 좋아한다.

그래서 수학 그 자체를 연구하고자 모 대학의 수학과를 선택했다. 그러나 그는 세계를 표현하는 언어로서의 수학에 점점 더 흥미를 느끼게 되었다. 그러던 차에 같은 대학 인문학부에 '수리행동과학전공'이라는 연구실이 있다는 것을 알게 되었다.

'인간의 행동이나 사회를 수학으로 표현할 수 있다니 재미있겠는 걸?'

그 후 그는 전공을 바꾸게 되는데, 인문학부에서는 졸업논문의 주제를 자신이 마음대로 고를 수 있다는 점이 가장 큰 이유 중 하나였다.

'인생에 수학은 필요 없다.'라고 생각하는 바다

'수학은 인생에 도움이 된다.'라고 생각하는 수찬

접점이라고는 전혀 없을 듯하던 두 사람이 인문학부에서 만나게 되는 것은 그로부터 얼마 후의 일이었다.

모델이란 무엇인가?

연구실에는 바다와 수찬 두 사람뿐이다.

두 사람은 각자 자신의 일에 몰두하고 있다.

수찬은 연구실 책상에 엉덩이를 걸치고 이어폰을 낀 채 책을 읽고 있다. 넓은 책상 위에는 논문 복사본과 계산 용지가 흩어져 있다.

바다는 컴퓨터 모니터에 시선을 둔 채 리포트를 쓰고 있다.

“저기 수찬, 기초 연습 과제는 벌써 끝난 거야?” 작업을 어느 정도 끝낸 바다는 수찬을 보며 물었다.

“끝났지.” 수찬은 보고 있던 책에서 눈을 떼지 않은 채 대답했다.

“이 과제 어렵지 않아? ‘주변의 현상을 하나 골라 이를 모델로 설명하라’라니 이게 무슨 말인지 모르겠어. 애당초 모델이 뭔지도 모르겠어.” 바다는 기지개를 켜며 한숨을 내쉬었다.

“모델이란 세계 일부를 추상화하고 개념을 이용하여 그 본질을 정해진 방식으로 나타낸 거야.”

“무슨 말인지 도통 모르겠어.”

“오늘 학교 올 때 우산 가지고 왔니?” 수찬이 이어폰을 빼면서 물었다.

“비가 올 것 같아 가지고 왔지. 그건 왜?”

“우산을 가져온다는 너의 행동을 모델로 설명해볼게.”

“그런 것도 가능해?”

"잘 될지는 해보지 않으면 모르지만 말이야. 우선 비를 맞는 것이 얼마나 싫은가를 수치로 나타내보자. 예를 들어 그 수치가 －10이라 가정해볼게. 이 －10을 기준으로 했을 때 우산을 가져오는 비용은 얼마쯤 될까?"

"음, 비에 맞는 것이 －10이라 했지? 그러면 우산을 가져오는 수고스러움은 1/5 정도겠지? 잘은 모르지만."

"그렇다는 것은 －10의 1/5이므로 －2라는 거네. 다음으로, 날씨가 맑을 확률과 비 올 확률을 각각 가정해보자. 날씨는 '비' 또는 '맑음' 2가지뿐이라고 가정하고." 수찬은 스마트폰으로 일기예보를 찾아보며 말했다.

"오늘의 비 올 확률은 0.6이군. 이 정보를 기초로 맑을 확률은 1－0.6＝0.4라고 정의할게. 지금까지의 가정을 정리하면 이와 같아."

수찬은 화이트보드에 그림 하나를 그렸다.

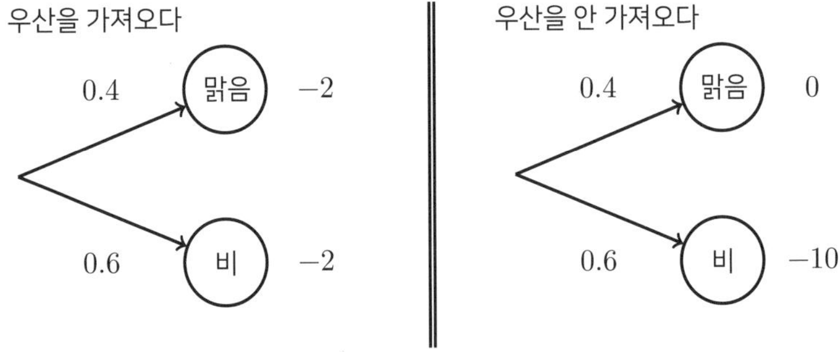

발생 확률을 이런 방식의 그림으로 나타낸 것을 나무 그래프(tree graph)라고 한다. 모델의 가정을 정리하면 다음과 같다.

1. 행동의 선택지는 '우산을 가져오다'이거나 '우산을 안 가져오다' 2가지. 날씨는 '비' 또는 '맑음' 2가지.

2. 비를 맞으면 －10(맞지 않을 때는 0). 우산을 가져오는 비용은 －2

3. 비 올 확률은 0.6이고 맑을 확률은 0.4

••••••••••••••••••

“잠깐만. 우산을 가져오면 비를 안 맞잖아. 우산을 가지고 왔는데도 비가 내리면 결과가 －2인 것은 왜 그런 거야?”

“맑든 비가 오든 결과적으로 비를 맞지 않으면 손실은 0이라고 가정하고 있어. 여기에서 우산을 가지고 올 때의 비용을 빼는 거지.”

“아, 그런 거였어?” 바다는 나무 그래프의 수치를 확인했다.

“물론 가정이니까 다른 값을 이용해서 생각해도 상관없어. 그럴 때는 가정에 맞게 결론이 달라질 뿐이야. 다음으로, 우산을 가지고 왔을 때의 평균적인 손실을 생각해보자. ‘확률’과 ‘그 확률로 실현하는 값’의 곱을 모두 합한 것을 평균적인 손실이라 가정할게.

$$(0.4\times-2)+(0.6\times-2)=-0.8-1.2=-2$$

이 값은 일반적으로 기댓값이라 불러. 자주 나오는 용어이므로 기억해 두는 게 좋아. 쉽게 말하자면 같은 것을 몇 번씩이나 반복했을 때의 평균적인 값이라는 거지. 그러면 우산을 가져오지 않았을 때의 평균 손실은 다음과 같아.

$$(0.4\times0)+(0.6\times-10)=0-6=-6$$

그러므로 각각의 기댓값을 비교하면

가지고 왔을 때의 기댓값 > 가지고 오지 않았을 때의 기댓값

$$-2>-6$$

이 성립하므로 우산을 가지고 오는 편이 좋아. 너도 평균적인 손실을 줄이는 합리적인 선택을 한 결과 우산을 가지고 학교에 온 거지."

"이게 '모델'인 거야?"

"그렇지. 원시적이지만 일단 모델의 기본적인 성질은 갖췄어. 이 단순한 의사결정 모델은 몇 가지 명시적인 가정으로 이루어지지. 그리고 너의 행동, 즉 관찰한 데이터를 합리적인 선택이라는 원리로 설명해. 이뿐만 아니라 간단한 계산으로 시사점(implication)을 도출할 수도 있어."

"시사점?"

"모델로부터 유도된 명제를 말해. 좀 전의 가정에서 비 올 확률이 몇 % 이상이라면 네가 우산을 가지고 와야 할지 알 수 있겠니?"

"음, 비 올 확률이 60%였으니 60% 이상?"

"조금 달라."

수찬은 식을 이용하여 설명을 계속했다.

• • • • • • • • • • • • • • • • • •

비가 올 확률을 p, 맑을 확률을 $1-p$라 하자. 그러면 우산을 가지고 올 때의 평균 손실은

$$\big((1-p)\times-2\big)+\big(p\times-2\big)=\big(-2+2p\big)+\big(-2p\big)=-2$$

한편, 우산을 가지고 오지 않았을 때의 평균 손실은

$$\big((1-p)\times0\big)+\big(p\times-10\big)=\big(0\big)+\big(-10p\big)=-10p$$

그러므로 우산을 가지고 왔을 때의 기댓값 쪽이 크다고 가정하면

가지고 왔을 때의 기댓값 > 가지고 오지 않았을 때의 기댓값

$$-2 > -10p$$

라 쓸 수 있는데, 이를 p에 대해 정리하면 다음과 같다.

$$\begin{aligned} -2 &> -10p & \\ 2 &< 10p & \text{양변에 } -1\text{을 곱함} \\ 10p &> 2 & \text{우변과 좌변을 바꿈} \\ p &> \frac{2}{10} & \text{양변을 } 10\text{으로 나눔} \\ p &> 0.2 & \end{aligned}$$

• • • • • • • • • • • • • • • • • • • •

"첫 번째와 두 번째 식에서 -1을 곱하여 부등식의 방향이 바뀌었다는 점에 주의해. $p > 0.2$일 때, 다시 말하자면 비가 올 확률이 20%보다 크면 네가 우산을 가져올 것이라고 예상할 수 있지."

"그러네. 생각 외로 낮은 확률이네."

"이 '생각 외로'가 포인트야. 간단한 계산이라 해도 계산해보지 않으면 알 수 없는 발견이 있다고 할 수 있지. 이것이 바로 시사점이야."

"음, 그래도 그건 적당히 정한 -10과 -2라는 손실의 값에 따라 달라지는 거 아냐?"

"좋은 지적이야. 그럼 손실을 일반화하여 이 문제를 해결해보자. 네가 비에 맞음으로써 발생하는 손실을 $-c$라 하자. 단, $c > 0$이라 가정하여 $-c$는 항상 마이너스 값이 되도록 정의할게. 다음으로, 우산을 가져오는 비용을 비를 맞는 손실 $-c$를 이용하여 $-ac$로 나타낸다고 하자.

여기서 a는 비율을 나타내도록 $0 < a < 1$이라고 가정하는 거야."

"잠깐만, 도대체 무슨 말인지 모르겠는걸?" 바다의 머릿속은 복잡해졌다.

"앞서 살펴본 구체적인 예로 돌아가 생각해 볼까? 비를 맞는 손실이 다음과 같고

$$-c = -10$$

우산을 가지고 오는 비용은 그 1/5이므로 $a = 1/5$이니까

$$-ac = -\frac{1}{5} \times 10 = -2$$

라는 거지."

"아, 그렇구나! 요컨대 a는 '우산을 가지고 오는 비용'이 '비를 맞을 때의 손실'의 몇 분의 1인가를 나타내는 값이네."

"바로 그거야. 그러면 일반화한 가정을 이용하여 우산을 가지고 올 조건을 명확히 해보자."

• • • • • • • • • • • • • • • • • • • •

1. 선택할 수 있는 행동은 '우산을 가지고 옴' 또는 '가지고 오지 않음' 2가지. 날씨는 '비' 또는 '맑음' 2가지.
2. 비를 맞으면 $-c$, 맞지 않으면 0, 우산을 가지고 오는 비용은 $-ac$라 함. 단, $0 < a < 1$
3. 비 올 확률은 p, 맑을 확률은 $1-p$.

우산을 가지고 왔을 때의 평균 손실은

$$\left((1-p)\times -ac\right)+\left(p\times -ac\right)=\left(-ac+pac\right)+\left(-pac\right)=-ac$$

한편, 우산을 가지고 오지 않았을 때의 평균 손실은

$$\left((1-p)\times 0\right)+\left(p\times -c\right)=0+\left(-pc\right)=-pc$$

따라서 우산을 가지고 올 조건은

$$-ac>-pc$$

라 쓸 수 있는데, 이를 p에 대해 정리하면 다음과 같다.

$-ac>-pc$	
$ac<pc$	양변에 -1을 곱함
$pc>ac$	우변과 좌변을 바꿈
$p>\frac{ac}{c}$	c로 나눔
$p>a$	c가 서로 지워짐

즉, 손실을 일반화한 모델을 따르면 우산을 가지고 올 조건은 단순히

비 올 확률 p가 a보다 클 것

이라는 것을 알 수 있다.

• • • • • • • • • • • • • • • • • •

"결국, 비를 맞는 손실과 우산을 가지고 오는 비용의 비율을 나타내는 a만으로 결정되지. 일상적인 언어로는 $p>a$라는 조건이 나오지 않아. 기댓값의 조건을 간략화한 결과로 $p>a$라는 관계가 논리적으로 도출된다는 데 의미가 있는 거지."

바다는 수찬이 설명한 계산 결과를 가만히 바라보았다. 계산 자체는

간단했다. 그러나 무언가 이해할 수 없는 부분이 있었다. 어디를 이해할 수 없는지는 자신도 알 수 없었다.

"신경 쓰이는 부분이라도 있어?" 수찬이 물었다.

"어딘가 신경이 쓰여. 그런데 어디라고 물으면 대답을 못 하겠어."

"그런 감각은 소중히 하는 게 좋아. 자신이 느끼는 위화감이 어디서 생기는 것인지를 특정할 수 있다면 이해는 더욱더 깊어지지. 반대로 모르면서도 마치 아는 것처럼 간주해버리는 것이 가장 위험해."

바다는 수찬이 적은 식을 다시 한번 바라보았다. 이번에는 신경 쓰이는 곳이 어디인지를 주의하면서 말이다.

"음, 아마도 $p > a$ 부분 아닐까? 그래, 뭐랄까, 이 부분은 확률의 종류가 다르다는 느낌이야."

"종류?"

"그러니까, p는 비가 올 확률이지? 그리고 a는 비를 맞는 손실에 대해 우산을 가지고 오는 비용의 비율이고. 서로 다른 개념을 $>$로 비교한다는 것의 의미를 모르겠어."

"그렇군. 비가 올 확률 p와 비용의 상대 비율 a는 분명히 서로 다른 개념이지. 이럴 때는 $p > a$의 실질적인 의미를 생각해보면 돼. a가 클수록 우산을 가지고 오는 비용은 커지지. 그러므로 우산을 가지고 오는 비용이 커질수록 비 올 확률이 그리 높지 않다면 우산을 가지고 오지 않을 것이라고 해석할 수 있지. 예를 들어 우산의 무게가 3kg이라고 가정해 봐. 이렇게 무거운 것을 들고 다니는 것은 귀찮으니까 반드시 비가 내린다는 예상이 없으면 넌 우산을 들고 오지 않을 거야. 물론 이건 지극히 자연스럽지."

"그건 그래."

"반대로 네가 가진 우산이 아주 가볍고 작은 접이식이라면 어떨까? 그러면 우산을 가지고 오는 비용이 적으므로 비 올 확률이 낮더라도 넌 우산을 가지고 오겠지. 실질적으로 $p > a$의 의미는 이런 거야."

"그렇지만, 그건 당연하잖아. 굳이 계산까지 해가며 설명할 필요가 있어?"

"결론 자체는 당연할지도 몰라. 그러나 $p > a$라는 관계는 계산하기 전까지는 알 수 없었잖아."

"그러고 보니 그렇기도 하네." 마침내 바다는 이해할 수 있었다.

"그 밖에 신경 쓰이는 부분은 없어?"

"음, $0 < a < 1$이라는 가정이 있었지? 그러면 $1 < a$일 때는 고려하지 않아도 되는 거야?"

"그러네. 그럴 때는 고려하지 않았네. 그럼 $1 < a$라는 조건을 한번 생각해보자. $1 < a$의 뜻은 우산을 가지고 오는 비용이 비를 맞는 손실보다 크다는 거야. p는 최대 1이므로 $1 < a$라면 항상 $p < a$가 되지. 그러므로 우산을 가지고 올 조건 $p > a$는 성립하지 않아. 즉, 우산을 가지고 올 일은 없지."

"그렇구나. $1 < a$라면 비에 맞는 것보다 우산을 들고 다니는 게 더 싫으니까 비가 올 확률이 1이라도 우산을 가지고 오지 않겠네."

"이 가정을 바꿔보고 싶다면 지금 한 것처럼 실제로 해보면 좋지. 무언가 새로운 것을 발견할지도 모르니깐. 모델의 가정도 결론에 이르기까지의 추론 과정도 모두 명확히 나타낸다는 것이 중요해. '이런 가정이므로 이러한 결론에 도달했다'라는 논리의 연쇄가 중요한 거지."

바다는 수찬의 설명을 듣고 모델을 사용하여 사람의 행동을 설명한다는 것이 어떤 의미인지를 조금은 알 것 같았다.

그러나 이때는 모델을 사용하여 생각하는 방법이 인생의 다양한 장면에서 도움이 되리라고는 상상하지 못했다.

내용 정리

- 모델이란 현실 세계를 단순화·추상화한 것으로, 명확한 가정을 통해 이루어진다.
- 모델의 목적은 단순한 원리로 현실을 설명하는 데 있다.
- 모델로부터 생각지 못한 시사점을 도출할 수 있다.
- 모델의 시사점은 세계를 새롭게 이해하도록 한다.
- 불확실한 상황에서의 의사결정 문제는 확률 모델로 표현할 수 있다.
- 응용 예: 복권을 살 것인가? 보험에 가입할 것인가? 공무원 시험에 응시할 것인가? 이러한 의사결정 문제에서는 기댓값의 비교가 그 기준이 된다.

참고 문헌

Lave, Charles A. and James G. March, *An Introduction to Models in the Social Sciences, Reprint*, University Press of America, Inc., 1975.

처음 배우는 사람을 대상으로 사회과학에서의 모델을 기초부터 자세히 설명한 책입니다. 고등학생 정도면 이해할 수 있는 내용으로, 풍부하고 구체적인 예를 사용하여 알기 쉽게 썼습니다. 저자가 준비한 각 요소의 이해를 돕는 문제를 풀면서 읽다 보면 모델을 사용하여 사물을 분석하는 방법이 몸에 밸 것입니다.

거짓 응답 속 진실, 알아낼 수 있을까?

1.1 의미 없는 설문지

"음, 모르겠어…." 바다는 연구실 모니터를 보며 중얼거렸다.

"왜 그래?" 맞은 편 컴퓨터 앞에 앉은 수찬이 화면에서 눈을 떼지 않은 채 물었다. 딸깍딸깍 거리는 일정한 리듬의 키보드 소리만이 주위에 울렸다.

"우리 대학은 전면 금연이잖아? 그런데도 몰래몰래 담배를 피우는 사람이 있나 봐. 그것도 제법."

"그러고 보니 A동 옆 화단에 자주 담배꽁초가 보이곤 하던데?" 수찬이 대답했다.

"그래서 사회조사방법론 실습을 겸해 학생의 흡연율을 조사하게 됐어. 그런데 교수님이 이 설문지로는 안 된대." 바다는 작성 중인 설문지를 출력해서 수찬에게 보여줬다.

> **당신은 학교 내에서 흡연을 한 적이 있습니까? 다음 선택지에서 하나를 골라 답해주세요.**
>
> **1. 흡연을 한 적이 있다.**
>
> **2. 흡연을 한 적이 없다.**

수찬은 설문지를 훑어보더니 이걸로는 안 되겠는 걸이라며 무표정으로 중얼거렸다.

"역시 안 되는 거야?"

"표면적으로는 전면 금연이므로 규칙을 어겼다고 솔직히 대답하지는 않을 거로 생각해. '물건을 훔친 적이 있습니까?'라거나 '약물을 사용한 적이 있습니까?'라는 설문과 마찬가지지. 경험자가 솔직하게 '예'라고 대답할까?"

"그렇게는 대답 안 하겠지?"

"이런 일탈행위와 관련된 설문에는 사회적으로 바람직한 응답을 고르려 하는 편향(bias)이 나타나곤 하지."

"음, 역시나. 하지만, 설문조사 외에는 방법이 없는데…"

"개별 응답자가 흡연을 했는지는 특정할 수 없어도 전체의 흡연율을 추정하는 방법이라면 있지."

"응? 그게 가능해? 그럼 좀 알려줄래?"

1.2 응답의 무작위화

"우선 응답자에게 설문에 답하기 전에 100원짜리 같은 동전을 던지도록 하는 거야."

"응?"

"동전을 던진 결과를 조사자가 보지는 않을 거야. 그리고 응답자는 동전 앞면이 나오면 솔직하게 설문에 답하도록 하는 거지. 뒷면이 나오면 반드시 '예'를 선택하도록 하고."

"그래서?" 바다는 몸을 앞으로 내밀며 물었다.

"이게 다야."

"응? 어떻게 이걸로 흡연율을 알 수 있는 거지? 게다가 동전을 던지면 왜 응답자는 솔직히 답하는 거야?" 바다의 머릿속에는 무수히 많은 물음표가 떠올랐다.

“엄밀히 말하면 응답자가 솔직히 답하는지 아닌지는 알 수 없어. 다만, 이 방법을 쓰면 단순한 설문보다도 솔직한 응답을 얻을 가능성이 커져.”

“정말 그럴까?” 바다는 여전히 반신반의였다.

“응답자의 관점에서 생각해보면 이해가 될 거야.” 수찬의 말대로 바다는 응답자의 심리를 상상해보았다.

“음, 만약 내가 학교에서 몰래 담배를 피웠다고 해보자. 그리고 동전의 앞면이 나왔어. 내가 솔직하게 ‘예’를 고르면 내가 ‘예’라고 응답한 것을 조사자는 알게 되지. 음, 그렇지만 동전의 뒷면이 나온 사람은 모두 ‘예’라고 응답하지만, 그중에는 피지 않은 사람도 ‘예’라고 응답하고…, 아 모르겠어. 머릿속이 너무 복잡해.”

“지금 우리가 생각하는 상황에는 2종류의 행위자가 있어. 응답자와 조사자, 2종류지. 그리고 응답자가 보는 세계와 조사자가 보는 세계는 서로 달라. 먼저 이를 명확히 해두자.” 수찬은 화이트보드에 그림을 그리며 설명했다.

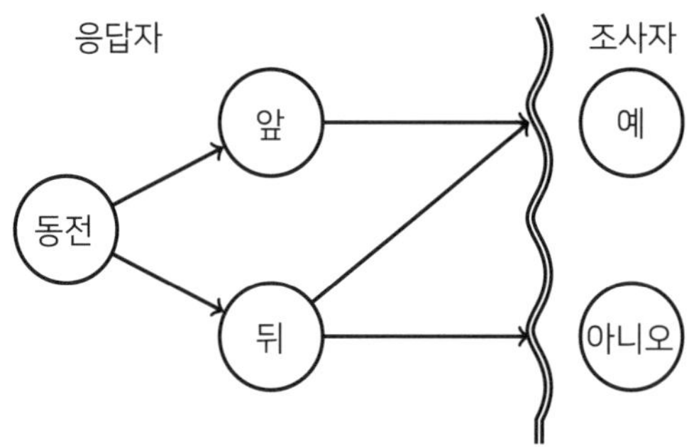

"물결선 왼쪽이 응답자의 세계고 오른쪽이 조사자가 보는 세계야. 조사자가 볼 때 '예'라는 응답은 동전의 뒷면이 나왔을 때의 '예'인지, 앞면이 나왔을 때 솔직하게 응답한 '예'인지를 구별할 수 없어."

"그런 거구나. 예를 들어 내가 담배를 피웠을 때 사실대로 '예'라고 응답하더라도 이 응답은 뒷면이 나온 사람의 '예'와 함께 섞여버린다는 거네."

"섞여버린다라… 표현 좋은데? 맞아. 말 그대로야."

"그렇지만, 솔직한 '예'와 동전에 따른 거짓의 '예'를 어떻게 구별하지?"

"지금부터 재미있어져. 단순한 모델로 설명해볼게." 수찬은 즐거운 듯 말했다.

"모델? 이 그림이 모델이야?"

"그림은 모델의 일부야. 이 그림만으로는 모델로서의 정보가 부족하므로 집합이나 확률을 사용해서 더 정확하게 표현할 필요가 있지. **현상을 모델링한다**는 건 현실 세계에서 일어나는 것을 추상화하여 잡음을 제거한 이념의 세계를 만든다는 뜻이야."

"무슨 말인지 잘 모르겠어."

"지금부터 구체적으로 조금씩 모델을 만들어보도록 하자. 모델이 만들어지면, 솔직한 '예'와 동전에 따른 거짓의 '예'를 어떻게 구별해야 하는지와 같은 질문에 답할 수 있게 돼. 중요한 것은 시점을 고정하여 생각하는 거야. 조금 전 네가 혼동한 것은 응답자의 시점과 조사자의 시점을 마구 뒤섞었기 때문이지. 모델을 만들 때는 모델 세계 전체를 바라보는 모델 설계자로서의 시점이 필요해. 당사자 모두의 시점을 조감하는 시점이지."

1.3 집합을 생각하다

"모델 설계자로서 시점에서 집합을 이용해서 지금 생각하는 상황을 나타내 볼게. 집합을 사용하면 모델을 구성하는 대상에는 무엇이 있는지를 명확히 정의할 수 있어. 먼저 조사 대상자는 다음과 같은 집단으로 나뉜다고 볼 수 있어."

$$A = \{\text{동전 앞면이 나온 사람}\}$$

$$B = \{\text{동전 뒷면이 나온 사람}\}$$

$$C = \{A\text{ 중 담배를 피운 사람}\}$$

$$D = \{B\text{ 중 담배를 피운 사람}\}$$

"음, 그룹으로 나누는 거네."

"조사 대상자가 모두 n명이라고 할 때 이를 집합 N으로 나타낼 수 있어.

$$N = \{1, 2, \cdots, n\}$$

$1 \in N$은 1이 N의 요소임을 나타내는 기호야. $i \in N$이라고 쓰면 i가 N의 요소라는 의미지. 자주 쓰는 i라는 표현을 사용하면 A, B, C, D는 다음과 같이 쓸 수 있지.

$$A = \{i \mid \text{동전 앞면이 나온 } i\}$$

$$B = \{i \mid \text{동전 뒷면이 나온 } i\}$$

$$C = \{\, i \mid A \text{ 중 담배를 피운 } i \,\}$$

$$D = \{\, i \mid B \text{ 중 담배를 피운 } i \,\}$$

세로 막대 오른쪽에 쓴 문장은 그 집합의 요소가 될 조건을 나타낸 것이야. 예를 들어 $A = \{\, i \mid \text{동전 앞면이 나온 } i \,\}$는 N의 요소인 i 중 동전을 던져 앞면이 나온 i를 모두 모아 만든 집합임을 나타내지."

"음, 잠시만. 집합이란 걸 잘 모르겠는데?"

"여기서는 집단이나 그룹을 뜻한다고 생각하면 돼. $\{\quad\mid\quad\}$ 안에 적힌 성질을 만족하는 사람의 모임에 A부터 D까지의 이름을 붙인 것이지. 그림으로 표현하면 더 쉬울 거야." 수찬은 화이트보드에 다음과 같은 그림을 그렸다.

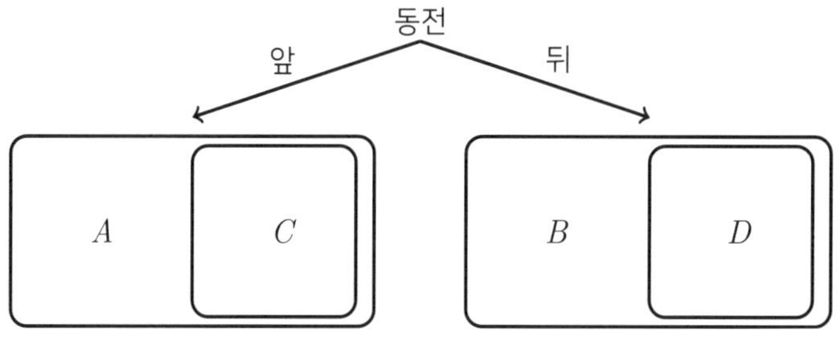

"이 그림은 동전 던지기 결과에 따라 사람들을 무작위로 집합 A와 B로 나눈 모습을 나타내지. 단, 데이터로 보이는 것은 단순히

'예'라고 대답한 사람 수와 '아니오'라고 대답한 사람 수

뿐이야. 데이터만으로는 이 그림을 그릴 수는 없어. 뒤집어 이야기하면 이 그림은 관찰 데이터를 일반적인 시점에서 이미 추상화한 것이라 할 수 있지."

"음, 조금 알 것 같아."

"여기서 포인트는

> C에 속한 사람은 반드시 A에 속한다.
>
> D에 속한 사람은 반드시 B에 속한다.

라는 것이지. 바꿔 말하면

> 앞면이 나온 사람 중 담배를 피우는 사람은 앞면이 나온 사람이기도 하다.
>
> 뒷면이 나온 사람 중 담배를 피우는 사람은 뒷면이 나온 사람이기도 하다.

라는 것이지. 의미를 생각해보면 당연한 이야기임을 알 수 있을 거야. 이를 기호로는

$$C \subset A,\ D \subset B$$

라고 나타내지. 'C는 A의 부분 집합', 'D는 B의 부분 집합'이라고 읽어."

"OK. 이해했어."

"다음으로, 집합의 요소 수를 나타내는 기호를 정의해보자. $|A|$라는 기호를 이용하여 집합 A에 속한 요소의 개수를 표시하는 거야. 예를 들어 $A=\{1, 2, 4, 6\}$이라면 요소가 4개이므로 기호로 쓰면 $|A|=4$가 되지."

"$|A|$는 집합 A에 속한 요소의 수라는 거지? 알겠어. 근데 이 기호는 절댓값 기호와 모양이 같은데? 어떻게 구별하면 되지?"

"좋은 지적이야. 수학에서는 같은 기호를 문맥에 따라 다른 의미로 사

용할 때가 있어. 즉, 1개의 기호가 항상 같은 의미를 나타내는 것이 아니라 문맥에 따라 의미가 달라지는 것이지. 글쓴이가 친절하다면 '지금부터 이 기호는 이런 의미로 사용합니다. 틀리지 않도록 주의하세요.'라고 설명해주기도 하지만, 그렇지 않을 때는 문맥에 따라 판단해야 해."

"그렇구나. 그런 건 항상 설명해줬으면 좋겠다."

"예를 들어 π는 원주율을 나타내는 기호로 사용하지만, 경제학에서는 이윤을 나타내는 기호로 사용하기도 하지. 이윤 profit의 p는 그리스 문자로는 π이니깐. 그리고 기호뿐 아니라 때로는 같은 이름의 개념이라도 분야에 따라서는 그 의미가 달라지기도 해. 예를 들어 특성함수(characteristic function)라는 개념은 확률론과 게임 이론에서 전혀 다른 의미로 사용하지. 이는 수학에만 한정되지 않고 다양한 영역에서 일어나는 일이야."

"음, 전부 모르고 있던 것들이네. 설명이 없으면 헷갈리겠는데?"

"뜻밖에도 기호의 의미나 읽는 방법에서 막힐 때가 잦아. 안타까운 일이지."

1.4 흡연율 추정

"그러면 수식 예를 이용하여 흡연율 추정을 생각해보자. 1,000명을 조사했을 때 '예'라고 응답한 사람이 600명이라고 가정할게. 이 600명에는

C = { 동전 앞면이 나와 솔직하게 '예'라고 응답한 사람 }

B = { 동전 뒷면이 나온 사람 }

이라는 2개의 집합에 속한 사람이 섞여 있어."

"그래 맞아. 조사자가 보면 B 안에는 실제로는 피우지 않으면서도 피운다고 응답한 사람이 있으니까 피우는 사람의 정확한 수는 알 수 없을 거야."

"잠깐만, 계속해서 들어줬으면 좋겠어. 집계 결과 '예'라고 대답한 600명은 B나 C에 속할 거야. B 또는 C에 속한 사람을 모아 만든 집합을 기호로 $B \cup C$라 쓰고 이를 B와 C의 합집합이라고 말해."

$$\begin{aligned} B \cup C &= \{ B \text{ 또는 } C\text{에 속한 사람들} \} \\ &= \{ i \mid i \in B \text{ 또는 } i \in C \} \end{aligned}$$

이 요소의 개수는 $|B \cup C| = 600$이야."

"응? 왜 그렇지?"

"B 또는 C에 속한 사람들은 실제 행동과는 상관없이 데이터상으로는 '예'라고 응답했기 때문이지. 그리고 집계 결과 '예'라고 응답한 사람이 600명이라는 것은 알고 있고."

"아, 그렇구나!" 바다는 고개를 끄덕였다.

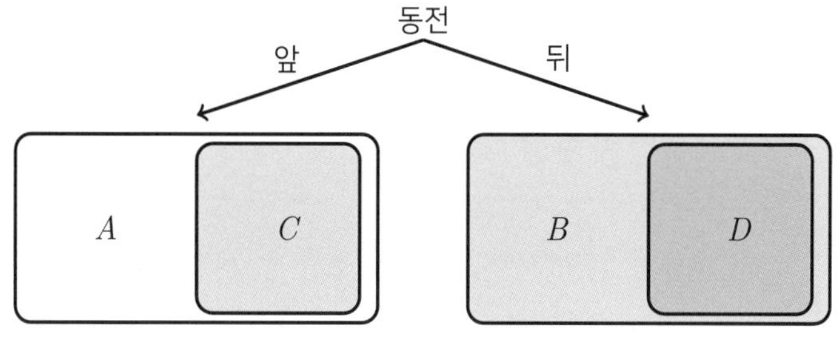

$B \cup C$ = {'예'라고 응답한 사람들}

"음영으로 표시한 부분이 $B \cup C$야. 그럼 $|B|$는 얼마일까?

"$|B|$라는 것은 집합 B에 속한 사람 수였지. 음, 집합 B는 동전을 던져 뒷면이 나온 사람들이므로……, 전체의 절반 정도가 아닐까?"

"그렇지. 동전에 휘어짐이 없는 것과 동시에 전체 사람 수가 많을수록 A와 B의 사람 수 비율은 1:1에 가까워지게 되지. 그렇다는 것은 전체가 1,000명이므로 $|B|$는 대체로 500이라 가정할 수 있어. 남은 $|A|$ 쪽도 500명 정도가 될 거고. 수식 예의 가정으로부터

$$|B \cup C| = 600, \ |B| = 500, \ |A| = 500$$

이 되지. 또한, 동전의 앞뒤는 무작위로 정해지므로

$$\frac{|C|}{|A|} = \frac{|D|}{|B|}$$

라고 추측할 수 있지. 즉, 집합 A 안에서 담배를 피우는 사람(C)의 비율과 집합 B 안에서 담배를 피우는 사람(D)의 비율은 같아. 그리고 이 값은 전체에서 담배를 피우는 사람의 비율과 일치해."

"엉? 잠시만. 어떻게 다음과 같이 되지?" 바다가 궁금한 눈빛으로 바라보았다.

$$\frac{|C|}{|A|} = \frac{|D|}{|B|}$$

"좋은 질문이야. 만약 전체 1,000명 중 400명이 흡연자라고 가정해보자. 모두에게 동전을 던지게 한 다음, 앞면이 나온 사람만을 모아 집합 A를 만들었다고 할게. 이 집합 A 안에는 흡연자가 몇 명이라 생각해?"

"음, 그러니까 동전으로는 대체로 반반으로 나뉜다고 했지. 그렇다는 것은 흡연자도 반반으로 나뉘므로 200명이 아닐까?"

"맞아. 직감적으로는 동전 던지기에 의해 전체를 무작위로 반씩 나누었을 때, 흡연자도 반씩 나뉘게 될 거라 상상할 수 있어. 다음과 같은 모습이지."

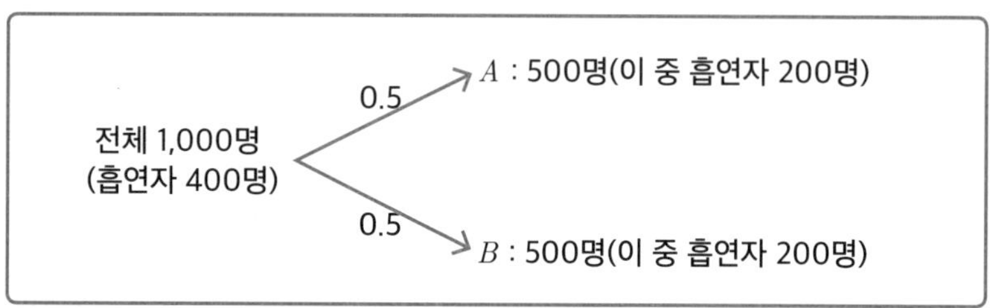

"동전 던지기를 통해 전체의 0.5를 집단 A로, 0.5를 집단 B로 나눈 모습이야. 어디까지나 이상적인 세계를 가정해 떠올려본 것으로, 현실에서는 1,000명이 동전을 던졌을 때 500명씩 깔끔하게 나뉘지는 않으므로 주의해야 해."

"알았어."

"이를 사람 수가 아니라 %로 표현하면 다음과 같아."

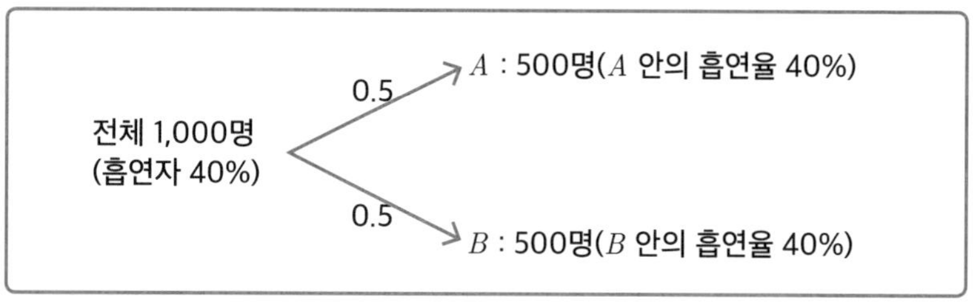

"동전 던지기의 결과가 무작위이므로 *A* 안의 흡연율은 전체 흡연율과 같을 것으로 기대할 수 있어. *B*의 흡연율도 마찬가지지."

"그렇구나."

"예를 들어 한국인 전체에서 일부를 표본으로 하여 무작위로 추출하면 표본의 남녀 비율이나 나이 구성은 한국인 전체의 남녀 비율, 나이 구성과 거의 일치하지. 지금 살펴본 예와 그 원리는 기본적으로 같아."

· · · · · · · · · · · · · · · · · · · ·

그럼 계속해서 살펴보자. $|C|$의 개수만 알면 $\frac{|C|}{|A|}$의 값을 알 수 있으므로 $|C|$의 개수를 $|B \cup C|$로 계산해보자. $B \cap C = \{ i \mid i \in B$이고 $i \in C \}$라 정의하고 이를 B와 C의 교집합이라 부른다. 여기서

B에 속한 사람은 동전이 뒷면

C에 속한 사람은 동전이 앞면

이므로 B와 C에 동시에 속하는 사람은 없다. 이를

$$B \cap C = \varnothing$$

이라 쓰고 B와 C는 서로 배반 상태라 한다. 기호 $\varnothing$은 공집합이라는 의미로, 그 집합에 속하는 요소가 하나도 없음을 나타낸다.

이때

$$\begin{aligned} |B \cup C| &= |B| + |C| \\ |B \cup C| - |B| &= |C| \end{aligned}$$

양변에서 $|B|$을 뺌

가 성립한다. $|B \cup C| = 600$과 $|B| = 500$을 사용하여 계산하면

$$\begin{aligned} |B \cup C| - |B| &= |C| \\ 600 - 500 &= 100 \end{aligned}$$

그러므로 $|C| = 100$임을 알 수 있다. 따라서

$$\frac{|C|}{|A|}=\frac{100}{500}=0.2$$

이다. 이러한 사실로부터 A 안의 흡연율은 20%이며 따라서 전체 흡연율도 20%라고 추측할 수 있다.

....

"음, 그렇구나. 조금 신기한 느낌이네."

"동전 던지기를 이용한 무작위 할당과 응답자의 심리적 경향에 대한 통찰을 잘 조합한 방법이라 할 수 있지. 이를 응답의 무작위화라 불러. 마지막으로 순서를 정리해볼게."

- 응답자는 동전을 던져 뒷면이라면 무조건 '예'라 응답하고 앞면이라면 솔직하게 응답한다.
- 조사자는 응답자가 던진 동전을 볼 수 없고 응답만 볼 수 있다.
- 동전의 앞면이 나올 확률과 뒷면이 나올 확률이 모두 0.5로 같다면 전체의 절반이 동전의 뒷면에 따라 '예'라고 응답했다고 예측할 수 있다.
- 모든 '예' 응답자에서 전체의 절반을 뺀 수가 동전 던지기에서 앞면이 나온 사람 중 흡연자 수와 거의 일치한다.

1.5 | 확률변수

"그럼 원리에 대해 좀 더 설명해볼게. 고등학교 때 확률 배웠지?"

"음, 동전을 던지면 앞면이 나올 확률이 1/2이라던가 그런 내용만 기억나."

"그 정도면 충분해. 동전 던지기를 예로 확률변수라는 사고방식을 설명할게." 수찬은 화이트보드에 다음과 같이 썼다.

> 뒷면이 나옴 → 0
> 앞면이 나옴 → 1

"이처럼 '뒷면이 나옴'이라는 사건에 숫자 0을, '앞면이 나옴'이라는 사건에 숫자 1을 대응시키는 거야."

"응."

"이 사건과 숫자를 대응시킨 규칙을 확률변수라 불러. 그리고 확률변수에 의해 사건에 대응시킨 수치를 확률변수의 실현값이라 하지. 이때 실현값의 확률은 정의되어 있어. 예를 들어……"

사건		실현값	확률
뒷면이 나옴	→	0	0.5
앞면이 나옴	→	1	0.5

"이런 형태야. 숫자 0이나 1을 확률변수의 실현값이라 부르는 거야. 앞면과 뒷면이 나올 확률이 반반이 아니어도 상관없어. 예를 들어 동전이 약간 휘어진 바람에 앞면이 조금 더 잘 나온다면 다음처럼 되지."

사건		실현값	확률
뒷면이 나옴	→	0	0.4
앞면이 나옴	→	1	0.6

"확률변수는 모든 사건에 대해 숫자를 대응시킨 함수이므로 그림으로 설명하면 점선으로 감싼 범위의 대응을 일컫는 거지."

사건		값	확률
뒷면이 나옴	→	0	0.4
앞면이 나옴	→	1	0.6

"사건의 집합을 다음과 같이 나타내고 이를 표본공간 Ω라 불러.

$$\Omega = \{ \text{앞면, 뒷면} \}$$

확률변수에는 변수라는 말이 있긴 하지만, 실제로는 표본공간 Ω에서 실수 집합 ℝ로의 함수야. 예를 들어 동전 던지기의 확률변수 X는 표본공간 $\Omega = \{ \text{앞면, 뒷면} \}$의 요소인 앞면과 뒷면을 0과 1에 대응시킨 함수

$$X(\text{뒷면}) = 0$$

$$X(\text{앞면}) = 1$$

로 정의되지. 이때 각각의 확률은 예를 들어 다음과 같이 정의해.

$$P(X(\text{뒷면}) = 0) = 0.4$$

$$P(X(\text{앞면}) = 1) = 0.6$$

$X = 0$일 확률이 0.4, $X = 1$일 확률이 0.6이라 읽으면 돼. 이를 간단하게 다음과 같이 나타낼 수 있어."

$$P(X = 0) = 0.4$$

$$P(X = 1) = 0.6$$

"확률변수라……, 음…. 왜 일부러 숫자로 바꿔야 하지? 그렇게 하면 뭐 좋은 점이라도 있는 거야? 앞면·뒷면인 채로 두는 것이 더 간단하고 좋잖아." 바다가 조금은 불만스럽게 물었다.

"숫자에 대응시키면 편리해. 예를 들어 '뒷면과 0', '앞면과 1'로 대응시키면 앞면이나 뒷면이 나온 횟수를 쉽게 셀 수 있지. 평균 계산도 간

단하고. 그 밖에도 1,000명이 휘지 않은 동전을 던질 때 앞면이 나온 사람 수가 500명 가까이라는 것을 설명할 수 있어."

"응? 그건 너무도 당연한 거 아냐?"

"경험상 당연하다고 생각할지 모르지만, 이와 관련된 확률론의 정리가 있어. 큰 수의 약한 법칙이란 거지."

"큰 수의 약한 법칙……. 왠지 강한 건지 약한 건지 헷갈리는 이름이네."

"편리한 정리야. 이를 증명하려면 기댓값, 분산, 체비쇼프의 부등식이 필요해. 흥미가 있다면 다음에 가르쳐줄게.[1]

"음, 어려워 보이는걸. 나 실은 분산도 잘 몰라."

1.6 기댓값과 분산

"그럼 오늘은 확률변수의 기댓값과 분산만 설명할게. 기댓값은 고등학교에서 배웠지?"

"음, 확률변수의 평균 비슷한 것 같은데……" 바다가 자신 없는 목소리로 중얼거렸다.

"그래 맞아. 복습을 겸해 예를 들어 확인해보자."

---

1 큰 수의 약한 법칙에 대해서는 Model. 9에서 설명합니다. 약한 대수의 법칙이라 부르기도 하는데, 의미는 모두 같습니다(영어로는 weak law of large numbers라 합니다).

• • • • • • • • • • • • • • • • • • •

동전 던지기를 확률변수 X로 나타내면 다음과 같다고 하자.

확률 0.6으로 $X=1$

확률 0.4로 $X=0$

이때

$$\big(\underbrace{1}_{\text{실현값}} \times \overbrace{0.6}^{\text{1이 될 확률}}\big)+\big(\underbrace{0}_{\text{실현값}} \times \overbrace{0.4}^{\text{0이 될 확률}}\big)=0.6+0=0.6$$

을 확률변수 X의 기댓값이라 하며 기호로는 $E[X]$라 쓴다. 기댓값은 영어로 expectation이므로 $E[X]$의 E는 그 약자이다.

• • • • • • • • • • • • • • • • • • •

"그러니까 기댓값은 '확률변수의 실현값'과 '그 실현값의 확률'을 곱한 값을 모두 더한 거야?"

"그렇지. 예를 하나 더 들어볼게."

• • • • • • • • • • • • • • • • • • •

주사위를 확률변수 X로 나타내고 그 확률을 다음과 같이 정의한다.

주사위 눈	1	2	3	4	5	6
확률	1/6	1/6	1/6	1/6	1/6	1/6

이때 주사위의 기댓값 $E[X]$는 다음과 같다.

$$\underbrace{1}_{\text{확률변수의 실현값}} \times \overbrace{\frac{1}{6}}^{\text{확률}} + 2\times\frac{1}{6}+3\times\frac{1}{6}+4\times\frac{1}{6}+5\times\frac{1}{6}+6\times\frac{1}{6}=3.5$$

• • • • • • • • • • • • • • • • • • •

"음, 계산은 알겠어. 하지만, 주사위의 기댓값이 3.5라는 건 어떤 의미지? 주사위의 눈 중에는 3.5라는 건 없잖아."

"그럼 {1, 2, 3, 4, 5, 6}의 평균값은 알겠니?"

"평균값이라면 알지. 모두 더한 다음 개수로 나눈 값이잖아.

$$\frac{1+2+3+4+5+6}{6}=\frac{21}{6}=3.5$$

이지. 응? {1, 2, 3, 4, 5, 6}의 평균값 3.5가 주사위의 기댓값 $E[X]=3.5$와 같네."

"{1, 2, 3, 4, 5, 6}이라는 데이터의 평균과 주사위의 기댓값이 일치한다는 것은 다음과 같이 확인할 수 있어.

$$\begin{aligned}\text{평균} &= \frac{1+2+3+4+5+6}{6} \\ &= \underbrace{1\times\frac{1}{6}+2\times\frac{1}{6}+3\times\frac{1}{6}+4\times\frac{1}{6}+5\times\frac{1}{6}+6\times\frac{1}{6}}_{\text{기댓값의 계산식과 일치함}} \\ &= 3.5\end{aligned}$$

개수로 나눈다는 계산은 각 눈에 1/6을 곱한 것과 같지. 이 1/6은 찌그러지지 않은 주사위의 각 눈이 나올 확률과 같은 거고. 찌그러지지 않은 주사위를 많이 던져 나온 눈을 기록하면 그 평균값은 3.5에 가까워질

거야. 물론 던진 횟수가 많으면 많을수록 데이터로 계산한 평균과 이론상 기댓값의 차이는 점점 작아져. 이를 나타낸 정리가 큰 수의 약한 법칙이야."

"와우!"

"그럼 기댓값의 일반적인 정의를 확인해보자."

정의 1.1

확률변수의 기댓값

확률변수 X의 확률분포가 다음과 같이 주어졌다고 가정한다.

실현값	x_1	x_2	$\cdots$	x_n
확률	p_1	p_2	$\cdots$	p_n

이때 다음의 모든 합 $x_1p_1+x_2p_2+\cdots+x_np_n=\sum_{i=1}^{n}x_ip_i$
를 확률변수 X의 기댓값이라 부르며 기호로는 $E[X]$라 쓴다.

$$E[X]=\sum_{i=1}^{n}x_ip_i$$

"확률변수 X는 대문자로, 그 실현값은 x_1, x_2와 같이 주로 소문자로 써."

"우와~ Σ다~. 이거 잘 못하는데."

"단순히 덧셈을 표현한 것일 뿐이야. 서메이션이라 읽는데, 기호의 의미는 '첨자 i를 1씩 늘려가면서 모두 더하기'이지. 예를 들어

$$\sum_{i=1}^{3}x_i=x_1+x_2+x_3$$

고등학교에서는 대부분 이 기호 Σ를 시그마라 불렀을 거야."

"이런 기호 없이 모두 덧셈으로 쓰면 되잖아." 바다는 뾰로통한 표정을 지으면 말했다.

"덧셈이 너무 많으면 하나하나씩 모두 쓰기가 귀찮지. 하지만 서메이션을 사용하면 x_1부터 x_{1000}까지 더할 때 다음 한 마디로 끝나지."

$$\sum_{i=1}^{1000} x_i$$

"뭐, 어쩔 수 없는 건가? 역시 여러 번 쓰려면 귀찮으니."

"Σ를 사용하는 장점은 그 밖에도 많지만, 다음에 알려줄게. 그럼 다음은 분산을 이야기해볼까? 분산은 확률변수의 실현값이나 데이터의 흩어짐 정도를 나타내는 수치야. 예를 들어 확률변수 X와 Y가 다음과 같이 분포되어 있다고 하자."

X의 확률분포

X	-1	0	1
확률	1/3	1/3	1/3

Y의 확률분포

Y	-3	0	3
확률	1/3	1/3	1/3

• • • • • • • • • • • • • • • • • •

분산의 정의는 다음과 같다.

(실현값 − 기댓값)^{2}의 평균

확률변수 X의 분산은 기호로 $V[X]$라고 쓴다. 분산은 영어로 variance인데 V는 그 약자이다.

그럼 확률변수 X와 Y의 분산을 이 정의에 따라 계산해보자. 먼저 X와 Y의 기댓값을 계산한다.

$$E[X] = -1 \cdot \frac{1}{3} + 0 \cdot \frac{1}{3} + 1 \cdot \frac{1}{3} = -\frac{1}{3} + 0 + \frac{1}{3} = 0$$

$$E[Y] = -3 \cdot \frac{1}{3} + 0 \cdot \frac{1}{3} + 3 \cdot \frac{1}{3} = -1 + 0 + 1 = 0$$

양쪽 모두 0이다. 이번에는 기댓값을 사용하여 분산의 정의를 적용해보면 다음과 같다.

$$\begin{aligned} V[X] &= (\underbrace{-1}_{\text{실현값}} - \underbrace{0}_{\text{기댓값}})^2 \cdot \underbrace{\frac{1}{3}}_{\text{확률}} + (0-0)^2 \cdot \frac{1}{3} + (1-0)^2 \cdot \frac{1}{3} \\ &= 1 \cdot \frac{1}{3} + 0 \cdot \frac{1}{3} + 1 \cdot \frac{1}{3} \\ &= \frac{1}{3} + 0 + \frac{1}{3} = \frac{2}{3} \end{aligned}$$

$$\begin{aligned} V[Y] &= (-3-0)^2 \cdot \frac{1}{3} + (0-0)^2 \cdot \frac{1}{3} + (3-0)^2 \cdot \frac{1}{3} \\ &= 9 \cdot \frac{1}{3} + 0 \cdot \frac{1}{3} + 9 \cdot \frac{1}{3} \\ &= 3 + 0 + 3 = 6 \end{aligned}$$

분산은 평균에서 떨어진 정도의 평균이므로 평균에 가까운 값이 많을수록 작고 멀리 떨어질수록 커지게 된다. 그림으로 나타내면 다음과 같은 모습이다. 흰색 ○는 확률변수의 실현값을 나타낸다.

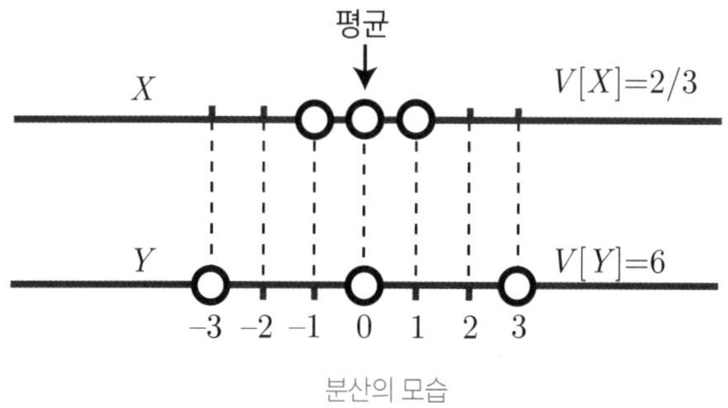

분산의 모습

"Y 쪽 실현값 범위가 넓으니까 분산이 커지는구나."

"그렇지. 이제 일반적인 정의를 확인하고 넘어가자."

정의 1.2

확률변수의 분산

실현값 $\{x_1, x_2, \cdots, x_n\}$에 대응하는 확률이 $\{p_1, p_2, \cdots, p_n\}$, 기댓값이 $E[X] = \mu$인 확률변수 X에 대해 다음의 모든 합

$$(x_1 - \mu)^2 p_1 + (x_2 - \mu)^2 p_2 + \cdots + (x_n - \mu)^2 p_n$$
$$= \sum_{i=1}^{n} (x_i - \mu)^2 p_i$$

를 확률변수 X의 분산이라 부르고 기호로는 $V[X]$라 쓴다.

$$V[X] = \sum_{i=1}^{n} (x_i - \mu)^2 p_i$$

"우와~ 식으로 쓰니까 역시 어려워~"

"분산은 기댓값의 한 종류라 생각하면 이해하기 쉬울 거야. 기댓값의 정의는 다음과 같았지?

$$\sum_{i=1}^{n} x_i p_i = E[X]$$

마찬가지로 기댓값 기호로 분산을 표현하면 다음과 같아.

$$V[X] = \sum_{i=1}^{n} (x_i - \mu)^2 p_i = E\left[(X-\mu)^2\right]$$

즉, 분산은 $(X-\mu)^2$ 의 기댓값인 거지. 그 밖에도 다음과 같은 X^2의 기댓값이나 X^3 의 기댓값

$$E\left[X^2\right] = \sum_{i=1}^{n} (x_i)^2 p_i$$
$$E\left[X^3\right] = \sum_{i=1}^{n} (x_i)^3 p_i$$

이 있으므로 각각 응용할 때 사용할 수 있어. 일반적으로 말하면 기댓값이나 분산은

$$E[f(X)] = \sum_{i=1}^{n} f(x_i) p_i$$

라는 확률변수 함수 기댓값의 한 예야.

그런데 확률변수 Y의 실현값에 주목하면 Y는 X의 정확히 3배임을 알 수 있을 거야. 분산을 비교해보면 $V[X] = 2/3$, $V[Y] = 6$이므로 $9V[X] = V[Y]$라는 관계가 성립하지. 즉, $Y = 3X$일 때

$$V[Y] = V[3X] = 3^2 V[X]$$

가 되지. 일반적으로 $V[aX] = a^2 V[X]$가 성립해. 간단한 식이니 한번

증명에 도전해보는 건 어때?"

1.7 이해가 안 될 때는

"조금 어렵지만, 전보다는 분산을 이해하는 것 같아." 바다는 분산의 정의와 계산 방법을 다시 보게 되었다.

"조금 전에도 이야기했듯이 금방 이해하지 못해도 괜찮아. 계산을 한 단계씩 종이에 써가며 천천히 시간을 들여 이해하면 돼. 오늘 시간이 없다면 알지 못한 채 중단하고 언젠가 다시 그곳으로 돌아와 생각하면 되는 거지. 이해하지 못했는데, 자신을 속이고 '아는 것'으로 해서는 안 돼. 알지 못한다는 것은 나쁜 것이 아니야. 나도 때때로 아는 척을 하고 싶지만 결국 그렇게 되면 척하는 것일 뿐, 정말로 이해하는 것과는 거리가 멀지."

"오호, 때로는 수찬이도 아는 척하는구나. 약간 뜻밖인데?"

"허영심이랄지, 겉멋이랄지……. 다른 사람으로부터 똑똑하다는 소리를 듣고 싶은 거지. 이런 태도는 결국 자각하지 못한 채 스스로 자신의 머리를 나쁘게 만들지. 이해 안 되는 것은 머릿속 한구석에 두고 몇 번이고 그곳으로 되돌아가는 것이 중요해. 도중에 포기하거나 눈을 돌리지 않고 끈기 있게 맞서는 거야."

"흠. 그렇게 하면 언젠가 알 수 있게 될까?"

"반드시 언젠가는 이해하게 될 거야. 때로는 알지 못하는 곳은 그대로 두고 앞으로 나가는 것도 중요해. 교과서에 실린 순서대로 이해하지 않아도 좋아. 자기가 아는 곳부터 읽어도 상관없는 거지."

"그렇지만, 알지 못한 채 앞으로만 나가면 뭔가 찜찜하잖아?"

"기분은 알겠지만 실제로는 때때로 그렇게 하는 것이 오히려 덜 좌절하게 되지."

"그럴까?"

"예를 들어, 직소 퍼즐을 풀 때 넌 어떻게 맞춰 가지?"

"응? 그게 수학과 관계있는 거야?"

"직소 퍼즐을 맞출 때는 우선 끝부터 시작하지?"

"그럼. 네 모퉁이나 변의 퍼즐을 먼저 찾으려 하지."

"그리고는?"

"알기 쉬운 색이나 그림 부분부터 먼저 맞춰 나가는 거지." 바다는 기억을 더듬으며 퍼즐 맞추기 방법을 생각해냈다. 그러고 보니 최근에는 거의 맞춰보지 못했다.

"알기 쉬운 부분부터 먼저 맞춰가다 보면 나중에는 다른 부분과 딱 맞을 때가 있지?"

"있어. 그럴 때 기분 좋지."

"먼저 완성된 부분과 부분을 연결하는 조각을 나중에 발견하면 큰 그림이 완성되지. 어려운 것을 이해한다는 것은 이 작업과 비슷하다고 생각해. 쉬운 부분을 먼저 이해해두고 아는 부분을 나중에 서로 연결하면 더 체계적이고 완전한 이해에 가까워지지. 부분과 부분이 연결되면서 비로소 전체로서의 큰 이론이 보일 때도 있어."

바다는 작은 조각 조각들이 드디어 하나의 큰 그림으로 커가는 장면을 상상했다.

"듣고 보니 큰 퍼즐을 그런 식으로 맞췄던 것 같아."

"만약 모퉁이 한 곳에서 시작하여 모든 조각을 이어 붙이며 맞추려 하면 어떻게 될까?"

"그야 당연히 비효율적이지." 바다는 말이 끝나기가 무섭게 대답했다.

"수학이나 수학을 사용한 이론을 1부터 순서대로 완전하게 이해하려고 하는 것인 이러한 비효율적인 방식과 닮았지."

"그런 거구나." 바다는 이러한 비유의 의미는 이해했다. 그러나 수학을 이해한다는 점에서는 아직 눈앞에 안개가 가득 낀 느낌이었다.

"그렇지만 수학에 재능이 없는 나로서는 말이야. 역시 수찬 너처럼 되지는 못할 거야."

"수학의 재능? 너가 생각하는 게 예를 들면 어떤 거야?"

"있잖아. 그러니까, 뭔가 이렇게 머리 위에서 반짝하고 켜지는 전구처럼 정리가 한번에 되는 거지. 마치 뉴턴이 떨어지는 사과를 보고 만유인력의 법칙을 알게 된 것처럼!"

"그런 한순간의 떠오름이나 깨달음이 필요할지 모르지만, 그런 게 없어도 괜찮아. 너에겐 재능이 있다고 생각해."

"응? 놀리는 거지? 어딜 봐서?"

"모르는 것을 모른다고 솔직하게 말하는 자세야." 수찬은 그렇게 말하고는 엷은 미소를 지었다.

그 후 바다는 수찬의 조언에 따라 응답의 무작위화를 이용한 설문지를 작성했다. 조사할 때는 응답자가 던진 동전이 조사자에게는 보이지 않도록 하고자 실험용 칸막이를 활용했다. 덕분에 알고자 했던 흡연율도 추정할 수 있었고 사회조사방법 학점도 무사히 딸 수 있었다.

덧붙여 학내 흡연율은 15%로, 전국 20대 평균보다 낮다는 것이 밝혀졌다.

내용 정리

- 솔직하게 응답하기가 꺼려지는 설문(흡연, 음주, 범죄, 교통위반, 성 경험, 약물 사용, 부정, 학대, 따돌림 등에 관한 설문)으로 얻은 데이터에는 편향이 섞일 가능성이 있다.
- 응답의 무작위화를 통해 편향을 없애고 솔직한 응답에 가까운 비율을 추정할 수 있다.
- 확률변수는 주사위와 같이 **특정 숫자가 특정 확률로 발생하는 것**을 추상화한 개념이다.
- 확률변수의 평균이나 데이터가 얼마나 흩어졌는지는 기댓값과 분산으로 표현한다. 분산이 크다는 것은 발생한 값의 크고 작음이 흩어졌다는 것을 뜻하고 분산이 작다는 것은 그 흩어짐이 작다는 것을 뜻한다.
- '찌그러지지 않은 동전을 많이 던지면 앞면이 나올 횟수가 전체 횟수의 절반에 가까워진다'라는 경험적 사실에 대응하는 확률론의 정리가 **큰 수의 약한 법칙**이다.
- 응용 예: 응답 무작위화에서 동전 던지기가 어려운 상황이라면 응답자의 휴대전화 번호나 생일이 짝수/홀수인가를 이용하는 방법이 있다.

참고 문헌

Fox, James Alan, *Randomized Response and Related Methods: Surveying Sensitive Data*(Second Edition), SAGE Publications, 2015.

응답의 무작위화와 관련된 방법을 자세히 설명한 책으로, 대학생부터 대학원생까지를 대상으로 합니다. 응답의 선택지가 3개 이상인 확장 모델에 대해서도 설명합니다.

Rosenthal, Jeffery S., 2005, *Struck by Lightning: the Curious World of Probabilities*, Granta Books. (＝박민서 역, 『1% 확률의 마술』, 부표, 2010.)

일반인을 상대로 확률·통계를 설명한 책입니다. 확률론을 이용한 의사결정이 일상생활에 얼마나 도움이 되는지를 풍부한 예제를 이용하여 수식 없이 쉽게 설명합니다.

거울아 거울아, 내가 연애를 할 수 있을지 알려줘!

2.1 | 연애결혼 비율

"하……, 이젠 끝이야." 바다가 연구실 책상에 얼굴을 묻고는 힘없이 중얼거렸다.

"왜 그래?" 컴퓨터 앞에 앉은 수찬은 화면에서 눈을 떼지 않았다. 키보드를 두드리는 규칙적이고 무미건조한 소리만이 울렸다.

"수찬 너도 '현대사회론' 수업 들었잖아. 그때 들었던 무서운 이야기 기억나?"

"무서운 이야기? 그런 게 있었던가?"

"2015년을 기준으로 우리나라 생애미혼율이 남자 10.9%, 여자 5%래.[1] 우리나라와 상황이 비슷한 일본의 생애미혼율은 남자 23%, 여자 14%라고 하는데 우리나라가 2035년 이후 추월할 것으로 전망된다고 해. 더 절망스러운 건, 중매결혼과 연애결혼의 비율이야. 아직 우리나라는 정확한 통계치가 없지만 비슷한 상황인 일본의 경우를 보면, 결혼하는 사람의 80%가 연애결혼이래. 큰일 아냐? 나, 결혼할 가능성이 없어 보여."

"어디? 자료 좀 보여줘. 수찬은 바다에게서 배포 자료를 건네받아 컴퓨터로 조사 개요를 검색했다."

"그렇군. 확실히 중매결혼은 줄어듦과 동시에 연애결혼은 증가하고 있네. 다만, 이 조사의 연애결혼 정의에는 직장에서의 만남이나 친구나

---

1 출처: 통계청, 인구총조사(2015), 장래인구및가구추계(2017)

아는 사람으로부터의 소개를 통한 결혼도 포함하고 있군. 연애결혼이란 말의 의미를 너무 좁게 생각하지 않는 게 좋을 듯해." 수찬은 냉정하게 대답했다.

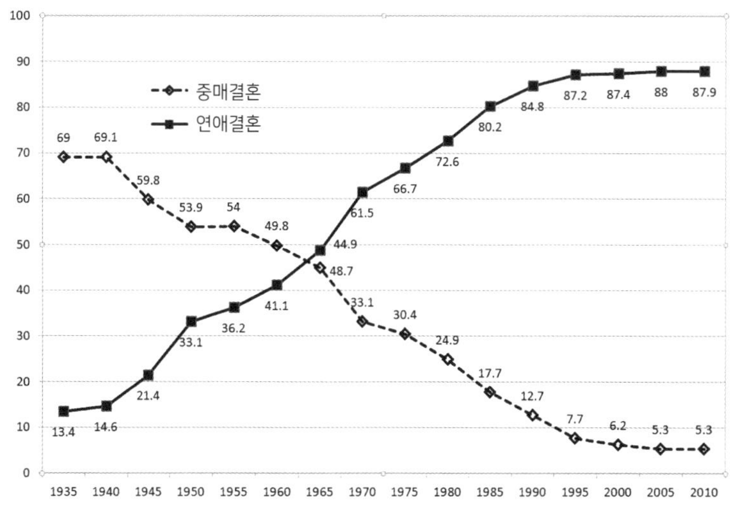

중매결혼 비율과 연애결혼 비율의 추이[2]

"그렇구나. 난 도서관에서 우연히 같은 책을 집게 되는 운명같은 만남이 아니면 안 된다고 생각했는데."

"그러면 연애결혼의 정의가 너무 좁아. 애당초 도서관에서 다른 사람 손이 닿을 정도로 손을 뻗는 사람이 이상한 거지. 너무 부주의해."

"그렇지만, 대학에 오고 나서의 만남도 적고, 앞날도 불안한걸." 바다

---

2 출처: 일본 국립사회보장·인구문제연구소, 2017『현대 일본의 결혼과 출산 — 제15회 출산동향 기본조사(독신자 조사와 부부 조사) 보고서』

는 크게 한숨을 내쉬었다.

"걱정이라면 계산해보면 되잖아." 머릿속에 무언가가 떠오른 수찬은 즐거운 듯 말했다.

"그게 가능해?"

"모델을 이용한 대략적인 계산이라면." 그는 한 손으로 화이트보드를 책상 옆으로 끌어당겼다.

"모델이라…. 이전에도 배웠지만 말이야 아직 잘 모르는 부분이 있는 걸."

"그럼 실제 모델 만들기부터 설명할게."

2.2 베르누이 분포

"확률변수에 관해서는 앞서 동전 던지기를 사용하여 설명했었지 (Model 1 참조)? 이번에는 다음과 같은 확률변수를 사용해보자."

좋아하지 않음	→	0
좋아하게 됨	→	1

"네가 만난 이성이 '너를 좋아하지 않음'일 때가 0이고 '좋아하게 됨'일 때가 1이야."

"흠. 이제 이 정도는 간단하지."

"동전 던지기와 이성과의 만남에는 공통점이 있어. 둘 다 결과가 2가지뿐이라는 거지. 동전 던지기일 때는

{앞면, 뒷면}

의 2가지이고 이성과의 만남에서는 상대가 너를

{좋아하지 않음, 좋아하게 됨}

의 2가지야. 한쪽이 실현되면 다른 쪽은 실현되지 않아. 그러므로 일반적으로 한쪽이 실현될 확률을 p라 하면 다른 쪽은 $1-p$가 돼."

사건	수	확률
좋아하지 않음	0	$1-p$
좋아하게 됨	1	p

"이럴 때 확률변수가 베르누이 분포를 따른다고 말해."

"베르누이 분포? 이름은 어려운 듯해도 간단히 말하면 동전 던지기나 만남을 확률로 표현한 거라는 거네."

"바로 그거야. 정의는 다음과 같지."

정의 2.1

베르누이 분포

확률변수 X가 확률 p로 $X=1$이 되고 확률 $1-p$로 $X=0$이 될 때 확률 분포 X는 베르누이 분포를 따른다고 말한다.

"이를 기본으로 하여 n명의 이성과 만났을 때 x명이 좋아하게 될 확률을 계산해보자."

"오~ n명이라든지 x명이라는 표현이 나오니 뭔가 수학 같은걸?"

"n이나 x를 변수로 해두면 50명이든 100명이든 원하는 숫자를 대입할 수 있으므로 편리하지. 변수를 사용할 때는 그 범위가 무척 중요해. 예를 들어 x의 범위는 1부터 n까지가 아니라 0부터 n까지가 되므로 조심해야 해."

"응? 그건 왜 그렇지?" 바다는 잠시 생각에 빠졌다. "아, 그렇구나. 그 누구도 나를 좋아하지 않게 되면 '0명이 좋아하게 됨'이라는 거구나. 헉, 그건 너무 슬픈걸."

"처음부터 n명이라면 어려울 수 있으므로 이해를 위해 3명 정도부터 시작해보자."

"그렇게 적어도 돼?"

"간단하고 구체적인 예부터 시작해서 점점 일반화하는 거야. 이는 수학 모델을 만들 때의 대원칙이기도 하지. 단순 예는 계산도 편하고 모델 구조도 쉽게 파악할 수 있어."

• • • • • • • • • • • • • • • • • • •

확률변수 X_1로 남자1을 나타낸다. 의미는 다음과 같다.

$X_1 = 1$: 남자1이 너를 좋아하게 됨
$X_1 = 0$: 남자1이 너를 좋아하지 않음

이때 각각의 확률을

$$P(X_1 = 1) = p$$

$$P(X_1 = 0) = 1 - p$$

라 정의한다. 이후는 X_2와 X_3도 마찬가지 확률변수라 하고 각각 남자2, 남자3을 나타내도록 한다.

• • • • • • • • • • • • • • • • • • •

2.3 | 확률 p의 해석

"확률 p는 '확률 p로 나를 좋아하게 됨'인가……. 음, 이게 무슨 의미일까? 예를 들어 '확률 0.01로 좋아하게 됨'이라고 해도 언뜻 봐서는 무슨 뜻인지 모르겠어. 조금 좋아하게 됐다는 말?"

"아니야. 여기에서 확률은 얼마만큼 좋아하는지, 좋아하는 정도를 뜻하는 게 아니야. 지금 내가 생각하는 모델 세계에서는 '조금 좋음'이나 '무척 좋음'을 구별하지 않아. 개인이 취할 수 있는 상태는 '좋아하게 됨'이거나 '좋아하지 않음' 2가지 중 하나야."

바다는 눈을 감고 생각했다.

"그렇다면 오히려 더 모르겠어. 상태로는 '좋아하게 됨'이나 '좋아하지 않음' 2가지밖에 없는데, '확률 0.01로 좋아하게 됨'이라니 도대체 무슨 말이야?"

"아, 네가 지닌 의문점을 이제 알 것 같다. 예를 들어 남자1이 너를 포함하여 100명과 만나고 그중 1명만을 좋아하게 된다고 가정해보자. 남자1이 이성을 좋아하게 될 확률을 상대빈도로 정의하면 $1/100 = 0.01$이 되지. 즉, 비율을 말하는 거고. 이것이 한 가지 해석이야."

"비율이라. 그러면 이해가 돼."

"다른 해석도 있을 수 있어. 예를 들어 남자1의 마음속에 회전판이 있는데, 누군가를 만나는 순간 회전판이 돌기 시작하지. 그리고 당첨에 멈추면 상대를 좋아하게 되지. 꽝에 멈추면 좋아하지 않게 되고. 이때 전체 면적을 1, 당첨 면적을 p라 가정하면 당첨 면적은 남자1이 누군가를 좋아하게 될 확률을 나타내지."

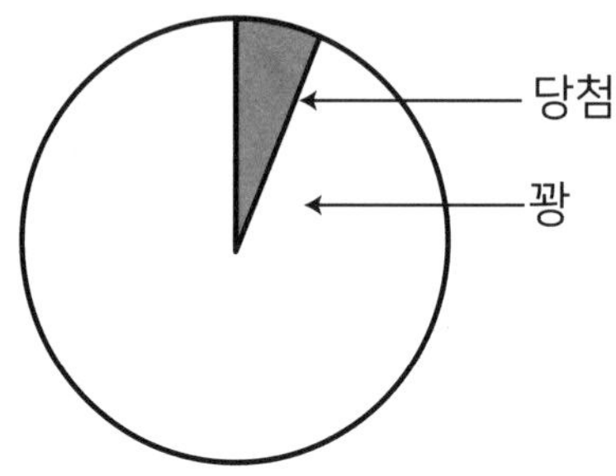

"음, 대충 어떤 건지는 알 것 같아."

"지금 네가 가진 의문은 중요해. 확률이 애당초 현실의 '무엇'에 대응하는가를 잘 알지 못하는 바람에 중도 포기해버리는 사람이 많거든. 비율로 해석하는 편이 쉬울 때는 그렇게 생각하면 되고 회전판으로 생각하는 편이 좋을 때는 그렇게 생각하면 돼."

"OK"

"너와 만난 상대 한 명 한 명이 마음속에 회전판을 갖고 있고 너를 만난 순간 돌기 시작하지. 그리고 당첨에 멈추면 너를 좋아하게 되는 거야. 여기서 확률 p로 좋아하게 된다는 것은 회전판의 당첨 부분 면적이 p라는 비율과 일치하는 것이라고 해석할 수 있어."

"이 확률 p라는 것은 누구나 같은 거야? 이상형이라는 것도 있는데 모두 같은 확률로 좋아하게 된다는 건 자연스럽지 않은데?"

"역시 좋은 질문이야. 확실히 이 가정도 현실적이지 않아. 네 이상형인 사람도 있을 테고 전혀 네 취향이 아닌 사람도 있을 거야. 그러므로 이 가정은 사실을 상당히 단순화하고 있어. 이 가정을 일반화할 수 있는가 그렇지 않은가는 나중에 생각해보도록 하자.[3] 단, 지금과 같은 의문은 중요하니까 꼭 기억해두고."

"처음부터 더 현실적으로 가정하면 되는 거 아냐?" 바다가 불만스러운 투로 말했다.

"모델을 만들 때 보는 흔한 실패가 처음부터 현실적인 가정에 집착한 나머지 너무 복잡해져 모델조차 완성하지 못한다는 거야. 그러니 처음에는 될 수 있는 한 단순한 모델을 만들고 점점 현실에 가까워지는 쪽이 당연히 좋겠지. 너무 단순한 가정이라도 명확히 가정하면 나중에 수정하기 쉬워. 현실적이기만 하고 완성되지 않은 모델보다는 **단순하지만 완성된 모델** 쪽이 훨씬 나아. 단순한 모델은 복잡한 그림을 그릴 때의 밑그림과 같거든. 세세한 수정은 나중에 추가하면 돼."

"흠, 그런 거야?"

"그리고 대부분 보통의 언어를 사용하여 표현하는 것에 비해 수학 표현력이 부족하다는 점에도 주의해야 해."

"그게 무슨 말이야?"

"넌 우리말과 영어 중 뭐가 더 유창하지?"

"당연히 우리말이지." 바다는 망설일 틈도 없이 대답했다.

"수학의 어휘력이 영어의 어휘력과 같은 정도라고 상상해봐. 수학이라는 언어로 현상을 표현하려 한다는 것은 마치 한국 사람이 영어로 소설을 쓰는 것 같은 거야."

---

3 좋아하게 될 확률이 사람마다 다른 경우는 Model 3에서 생각해봅니다.

"그렇구나. 수학을 영어와 같은 외국어라고 생각하면 확실히 자유롭게 표현하기는 어렵겠네." 바다는 고개를 끄덕였다.

"그러니까 기본적인 단어만을 사용한 영어 회화처럼 수학을 사용한 모델 표현도 처음에는 가능한 한 단순한 수식만을 사용하는 것이 좋아. 그러다 익숙해지면 다양한 것을 표현할 수 있게 돼."

2.4 | 조합은 몇 가지?

"3명의 이성을 만났을 때 각자 개개인은 '좋아하게 됨'인가 '좋아하지 않음'인가를 결정하게 되지. 이때 너를 좋아하게 될 사람 수에만 주목한다면 패턴은 몇 가지나 될까?"

"그러니까… 3패턴. 앗, 아니다. 아무도 좋아하지 않을 때도 있으니까 4패턴이네."

"그렇지. 일어나는 패턴은 다음과 같이 4패턴이지.

0명이 좋아하게 됨

1명이 좋아하게 됨

2명이 좋아하게 됨

3명이 좋아하게 됨

시험 삼아 각각의 확률을 한번 계산해볼래?"

"음." 바다는 머릿속에 어떤 패턴이 실현될지를 생각하기 시작했다.

'그러니까…….'

그러나 생각해야 할 것이 너무 많아 도중에 포기하고 말았다.

"그것도 흔히 보는 실패 중 하나지. 머릿속에서만 계산하는 것은 생각 이상으로 어려워."

"그러네. 게다가 계산에 익숙하지도 않고."

"간단하고 최강인 해결 방법이 있지."

"엥? 그게 뭐야? 가르쳐줘!" 바다가 몸을 내밀었다.

"종이에 쓰는 거야."

"뭐야, 겨우 그거야?" 바다는 실망한 듯 어깨를 떨어뜨렸다.

이 모습을 보고 수찬이 물었다. "암산으로 345 × 587을 계산할 수 있어?"

"무리지, 그건."

"그럼 종이에 쓰면서는 345 × 587을 계산할 수 있어?"

"끙, 그런 거였어?" 바다는 수찬이 말하고자 하는 바를 이해했다.

"적어 놓은 정보는 일단 머릿속에서 지워도 좋아. 차례대로 하나씩 기억을 바깥으로 꺼내 기록하면 인간의 계산 능력은 비약적으로 향상되지. 당연한 말이지만, 종이에 적는 습관을 들인 사람은 그렇지 않은 사람보다도 수학을 훨씬 깊게 이해할 수 있어. 뒤집어 이야기하면 종이에 적는다는 약간의 수고를 하는 것만으로도 넌 반드시 지금 이상으로 이해할 수 있을 거야." 수찬은 노트를 펴고 바다에게 내밀었다.

"그런 건가?" 바다는 들은 대로 0명의 패턴부터 생각하기 시작했다. "그럼, 우선 0명일 때는 1패턴밖에 없으므로 간단하네. 다음으로, 1명이 좋아하는 패턴은 ……"

"자, 거기서 0명일 때를 확정했으므로 그 부분만 표에 적는 거야. 그다음은 1명일 때만을 집중해서 생각하면 되고."

수찬의 지시대로 바다는 차례대로 하나씩 생각했다. 이 방법은 시간은 걸리지만 확실했다. 앞서는 머릿속에서 한꺼번에 모두 생각하려 하니 혼란스러웠지만, 종이에 적으면서 진행하니 사고가 한 방향으로 정해져 한 걸음씩 앞으로 나갈 수가 있었다. 이윽고 바다는 표를 완성했다.

"좋아. 모든 패턴을 다 썼어.

X_1	X_2	X_3	합계
0	0	0	0
1	0	0	1
0	1	0	
0	0	1	
1	1	0	2
1	0	1	
0	1	1	
1	1	1	3

모두 8패턴이네. 0명이나 3명인 패턴은 1가지씩이지만, 1명과 2명이 되는 패턴은 각각 3종류네…. 음, 그럼 지금부턴 어떻게 해야 하지?"

표를 바라보던 바다는 어떤 규칙이 성립한다는 것을 깨달았다.

"그래, 나를 좋아하게 되는 사람의 합계는 언제나 다음과 같구나!

$$X_1 + X_2 + X_3$$

근데 잘 생각해보면 당연한 건가? 확률변수의 정의가 원래 좋아하면 1 좋아하지 않으면 0이라는 규칙이었으니."

"아니, 중요한 점을 잘 짚었어. 특히 확률변수 X_1, X_2, X_3을 더해서 1개의 확률변수 X로 정리한 부분은 무척 좋은 아이디어야."

"정말이야?" 바다는 조금 부끄러웠다.

"다만, '확률변수를 더한다'라는 부분을 좀 더 명확히 설명해야 해. 할 수 있겠어?" 수찬이 물었다.

"끙… 그렇게 듣고 보니 어렵네. 실현값의 합이 전체 사람 수가 된다는 의미에서 생각했었는데, 확률변수란 애당초 대응하는 규칙을 말하는 거잖아. 규칙을 더한다는 건 어떤 거지?"

2.5 독립 확률변수의 덧셈

"확률변수 덧셈의 뜻을 생각하기 전에 독립성이라는 사고방식을 설명할게. 예를 들어 주사위를 2개 던졌을 때 한쪽의 눈은 다른 쪽의 눈에 영향을 주지 않아. 이때 2개의 주사위는 독립이라 하지."

"독립? 들어 본 적 있어."

"2개의 확률변수 X_1과 X_2가 있다고 하자. 이 확률변수 X_1, X_2가 독립이라는 것은 어떤 실현값 x_1, x_2에 대해서도 다음이 성립한다는 뜻이야."

$$\underbrace{P(X_1 = x_1,\, X_2 = x_2)}_{X_1 = x_1 \text{ 또는 } X_2 = x_2 \text{일 때의 확률}} = \underbrace{P(X_1 = x_1)P(X_2 = x_2)}_{X_1 = x_1 \text{일 때의 확률} \times X_2 = x_2 \text{일 때의 확률}}$$

"무슨 말인지 잘 모르겠어."

"$P(X_1 = x_1,\, X_2 = x_2)$는 X_1의 실현값이 x_1 그리고 X_2의 실현값이 x_2일 때의 확률이라는 뜻이야. 이 확률이 $P(X_1 = x_1)P(X_2 = x_2)$와 일치할 때 2개의 확률변수는 독립이라고 하지.

구체적인 예로, X_1과 X_2가 베르누이 분포를 따를 때를 생각해볼게. 그러면 실현값의 패턴은 0과 1밖에 없으므로 모든 조합을 생각해보면 되지. 즉, 확률변수 X_1, X_2가 독립이란 것은

$$P(X_1=0,\ X_2=0)=P(X_1=0)P(X_2=0)$$
$$P(X_1=0,\ X_2=1)=P(X_1=0)P(X_2=1)$$
$$P(X_1=1,\ X_2=0)=P(X_1=1)P(X_2=0)$$
$$P(X_1=1,\ X_2=1)=P(X_1=1)P(X_2=1)$$

이 모든 것이 성립한다는 것을 말해. 어때? 구체적인 모습을 이해할 수 있겠지?"

"요컨대 어떤 실현값에서도 2개 확률변수의 동시 확률을 각각의 확률을 곱한 값으로 나타낼 수 있다는 의미잖아."

"그렇지. 독립성을 사용하면 확률변수를 더한다는 것의 의미를 쉽게 이해할 수 있어. 구체적인 예로 확인해볼게. 먼저 베르누이 분포를 따르는 2개의 확률변수를 다음과 같이 정의하자." 수찬이 확률변수 2개의 실현값과 그 확률의 대응을 표로 나타냈다.

	X_1		X_2	
실현값	0	1	0	1
확률	1/2	1/2	1/2	1/2

"확률변수의 실현값과 확률의 대응을 정한 함수를 **확률함수**라 불러. 예를 들어 X_1의 확률함수를 그래프로 나타내면 다음과 같아."

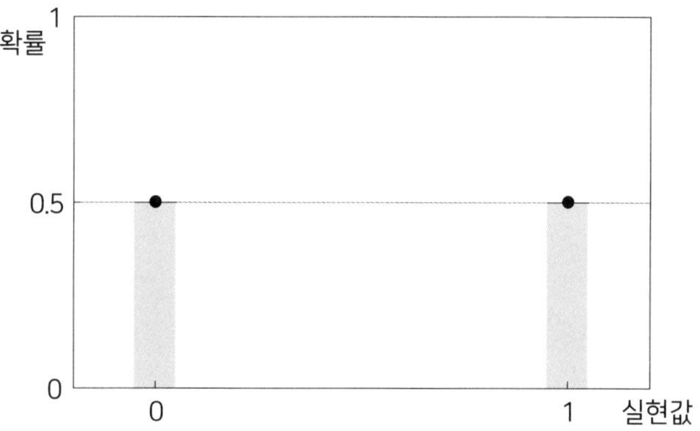

"X_2의 확률함수 그래프는 어떻게 될지 알겠니?"

"X_1의 그래프와 같잖아."

"맞아. 확률함수는 똑같고 이름만 다르지. 그러므로 X_2의 확률함수 그래프는 생략할게. 다음으로, 2개의 확률변수 X_1, X_2를 더해서 새로운 확률함수를 만들어보자."

• • • • • • • • • • • • • • • • • • •

실현값 패턴마다 합계를 계산한 결과는 다음과 같다.

X_1	X_2	$X_1 + X_2$
0	0	0
1	0	1
0	1	1
1	1	2

실현값의 조합은 4가지지만, 합계 수치는 0, 1, 2의 3 패턴으로 줄어들었다는 점에 주의한다. 다음으로, 합성하여 만든 확률함수 $X_1 + X_2$의 확률분포를 생각해보자. 바꿔 이야기하면 $X_1 + X_2$를 하나의 덩어리인 1개의 확률변수로 간주하여 실현값과 확률을 생각한다. 즉, '확률변수를

더한다'라는 것은 더한 결과로 만들어진 새로운 확률변수의 분포를 특정하는 것과 같다.

	X_1+X_2		
실현값	0	1	2
확률	?	?	?

확률변수 X_1+X_2의 실현값이 0, 1, 2의 3가지라는 것은 이미 알고 있다. 그러면 각각의 값이 실현되는 확률은 어떻게 정의하면 될까?

합계가 0이 되는 때를 생각해보자. 합계가 0이 되는 패턴은 1가지뿐 이므로 그 패턴이 실현되는 확률은 $X_1=0$이고 $X_2=0$이 되는 확률 $P(X_1=0,\ X_2=0)$과 같다.

이때 X_1과 X_2가 독립이다. 즉,

$$P(X_1=0,\ X_2=0)=P(X_1=0)P(X_2=0)$$

이라는 가정을 사용한다. 직관적으로 말하면 남성2는 남성1의 판단과는 전혀 관련 없이 좋아할 것인지를 결정한다는 의미이다.

이때

$$\begin{aligned}P(X_1+X_2=0)&=P(X_1=0,\ X_2=0)=P(X_1=0)P(X_2=0)\\&=\frac{1}{2}\times\frac{1}{2}=\frac{1}{4}\end{aligned}$$

이 되므로

$$P(X_1+X_2=0)=\frac{1}{4}$$

이다. 마찬가지 방법으로 합계가 2가 될 때의 확률도

$$P(X_1+X_2=2)=P(X_1=1,\ X_2=1)=P(X_1=1)P(X_2=1)$$
$$=\frac{1}{2}\times\frac{1}{2}=\frac{1}{4}$$

이 됨을 알 수 있다.

다음으로, 합계가 1이 되는 확률 $P(X_1+X_2=1)$을 생각해보자.

X_1과 X_2의 합계가 1이 되는 패턴은 2가지이다.

- $X_1=1$이고 $X_2=0$일 때
- $X_1=0$이고 $X_2=1$일 때

둘 다 합계는 1이다. 이때 이 2가지는 동시에 일어날 수 없는 사건이다. 이러한 사건을 배반사건이라 하며 배반사건의 확률은 각각의 확률을 더하여 구할 수 있으며 다음과 같다.

$$P(X_1+X_2=1)=P(X_1=1,\ X_2=0)+P(X_1=0,\ X_2=1)$$
$$=P(X_1=1)P(X_2=0)+P(X_1=0)P(X_2=1)$$
$$=\frac{1}{4}+\frac{1}{4}=\frac{1}{2}$$

이것이 $P(X_1+X_2=1)$의 확률이다. 이상을 정리하면 X_1+X_2의 확률분포는 다음과 같이 된다.

	X_1+X_2		
실현값	0	1	2
확률	1/4	1/2	1/4

이는 $X=X_1+X_2$라 가정했을 때 X의 확률분포와 같다.

	X		
실현값	0	1	2
확률	1/4	1/2	1/4

• • • • • • • • • • • • • • • • • •

"$X_1 + X_2$의 확률함수 그래프를 확인해보자."

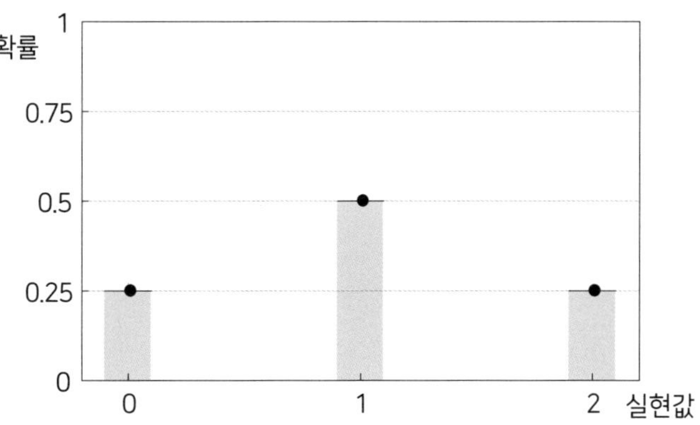

"이 예에서 보듯이

'확률변수 X_1과 X_2를 더하여 1개의 확률변수 $X_1 + X_2$를 만든다'

라는 것은

'새롭게 만든 확률변수 $X_1 + X_2$의 분포를 X_1과 X_2의 정보를 이용하여 특정한다'

는 것이지."

"그렇구나. 2개의 확률변수를 더하면 또 하나의 새로운 확률변수 1개를 만들 수 있구나."

"그래프를 비교해보면 알겠지만, X_1이나 X_2의 확률함수는 막대의 높이가 같았지만, $X_1 + X_2$의 확률함수는 한가운데의 확률이 높은 산 모양이야. 그러면 베르누이 분포를 따르는 확률변수 X_1, X_2, X_3 3개를 더한 $X_1 + X_2 + X_3$의 확률함수는 어떤 모양일까?"

"좋아. 그럼 나머지는 내가 한번 해볼게." 바다는 계산 용지를 책상 위에 펼쳤다.

• • • • • • • • • • • • • • • • • •

$X_1 + X_2 + X_3$은 나를 좋아하게 될 이성의 수와 같다. 이를 하나의 기호로 정리하면

$$X = X_1 + X_2 + X_3$$

이 된다. 그러므로 결국 알고자 하는 것은 이 X가 0, 1, 2, 3이 될 각각의 확률, 즉

$$P(X=0) = ?$$
$$P(X=1) = ?$$
$$P(X=2) = ?$$
$$P(X=3) = ?$$

이다.

그러므로…….

여기서부터는 확률을 어떻게 계산하면 될까…….

우선, 앞서 수찬이 보여준 계산을 흉내 내보자. 0명이나 3명이 될 패턴은 1개뿐이므로 다음과 같다.

$$
\begin{aligned}
P(X_1+X_2+X_3=0) &= P(X_1=0,\ X_2=0,\ X_3=0) \\
&= P(X_1=0)P(X_2=0)P(X_3=0) \\
&= \frac{1}{2}\times\frac{1}{2}\times\frac{1}{2}=\frac{1}{8} \\
P(X_1+X_2+X_3=3) &= P(X_1=1,\ X_2=1,\ X_3=1) \\
&= P(X_1=1)P(X_2=1)P(X_3=1) \\
&= \frac{1}{2}\times\frac{1}{2}\times\frac{1}{2}=\frac{1}{8}
\end{aligned}
$$

패턴이 1개밖에 없으므로 간단하다.

다음으로, 합계가 1이 되는 패턴은 3가지므로

- $X_1=1$이고 $X_2=0$이고 $X_3=0$일 때
- $X_1=0$이고 $X_2=1$이고 $X_3=0$일 때
- $X_1=0$이고 $X_2=0$이고 $X_3=1$일 때

이 패턴은 모두 합계가 1이다. 이 3가지는 동시에 일어나지 않으며 이때 이를 배반사건이라 부른다. 따라서 3개의 확률을 더하면 다음과 같다.

$$
\begin{aligned}
P(X_1+X_2+X_3=1) &= P(X_1=1,\ X_2=0,\ X_3=0) \\
&\quad +P(X_1=0,\ X_2=1,\ X_3=0) \\
&\quad +P(X_1=0,\ X_2=0,\ X_3=1) \\
&= P(X_1=1)P(X_2=0)P(X_3=0) \\
&\quad +P(X_1=0)P(X_2=1)P(X_3=0) \\
&\quad +P(X_1=0)P(X_2=0)P(X_3=1) \\
&= \frac{1}{8}+\frac{1}{8}+\frac{1}{8}=\frac{3}{8}
\end{aligned}
$$

계산 과정 중에는 확률변수의 독립성을 이용했다. 이것이 $P(X_1+X_2$

$+ X_3 = 1)$의 확률이다. 이제 남은 건 $P(X_1 + X_2 + X_3 = 2)$의 확률뿐이다.

$$\begin{aligned} P(X_1 + X_2 + X_3 = 2) &= P(X_1 = 1,\ X_2 = 1,\ X_3 = 0) \\ &\quad + P(X_1 = 0,\ X_2 = 1,\ X_3 = 1) \\ &\quad + P(X_1 = 1,\ X_2 = 0,\ X_3 = 1) \\ &= P(X_1 = 1)P(X_2 = 1)P(X_3 = 0) \\ &\quad + P(X_1 = 0)P(X_2 = 1)P(X_3 = 1) \\ &\quad + P(X_1 = 1)P(X_2 = 0)P(X_3 = 1) \\ &= \frac{1}{8} + \frac{1}{8} + \frac{1}{8} = \frac{3}{8} \end{aligned}$$

모든 결과를 정리하면 다음과 같다.

	$X_1 + X_2 + X_3$			
실현값	0	1	2	3
확률	1/8	3/8	3/8	1/8

• • • • • • • • • • • • • • • • • •

바다는 여기까지 자기 생각을 정리한 결과를 수찬에게 보여줬다.

"그렇지. 이런 느낌이야. 그럼 이번에는 $X_1 + X_2 + X_3$의 확률함수 그래프를 한번 그려봐." 수찬은 만족한 듯이 웃으며 새 종이를 바다에게 건넸다. 바다는 계산 결과를 활용하여 다음과 같은 그래프를 그렸다.

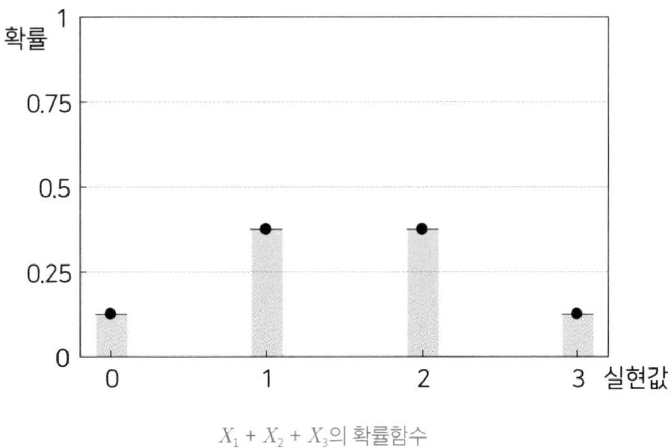

$X_1 + X_2 + X_3$의 확률함수

"베르누이 분포를 3개 더하여 만든 확률변수의 확률함수는 산 모양이 되네."

단순하다고는 하지만 자신이 새롭게 확률변수를 만들었다는 사실에 바다는 조금 감동했다.

이는 그녀로서는 처음 있는 일로, 새로운 수학적 대상을 만든 경험이었다.

그리 어렵지 않은 계산이었지만, 신선한 경험이었다.

'그렇구나……. 이렇게 자신이 직접 의미를 자유롭게 생각하여 예를 만들어도 되는구나. 지금까지 이렇게 생각해본 적은 없었는데…….'

2.6 나무 그래프로 생각해보기

"이번에는 지금까지 생각했던 아이디어를 확인해보면서 이를 다른 형태로 표현해보도록 하자." 수찬은 화이트보드에 그림을 하나 그렸다.

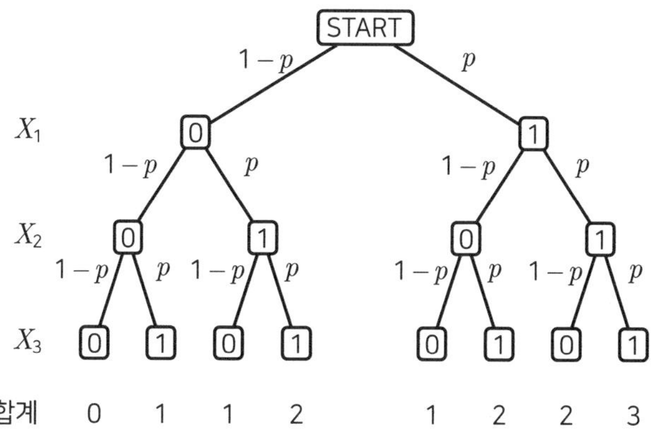

$n=3$일 때의 나무 그래프

"이런 그림을 확률 모델의 나무 그래프라 불러. ▢ 안은 확률변수의 실현값을, ▢를 연결하는 선은 다음 실현값으로 분기되는 길을 나타내고 있어. 선 옆에 쓴 p, $1-p$는 실현값의 확률이야."

"음." 바다는 보드에 그려진 나무 그래프를 주의 깊게 관찰했다.

"X_1, X_2, X_3은 각각 '0'이나 '1'의 값을 취하므로 2가지로 분기해. 분기하는 확률은 항상 'p'와 '$1-p$'야. START에서 출발하여 어느 길을 선택해도 좋으니 가장 아래까지 지나가 봐."

수찬이 이렇게 말하자 바다는 나무 그래프 위의 길을 따라갔다. 0 → 0 → 0이라는 길이었다.

"지금 네가 지난 길옆에 쓰인 확률을 전부 곱하면 도달할 확률이 되는 거야. 즉, $X_1=0$, $X_2=0$, $X_3=0$이 되는 확률은 $(1-p)(1-p)(1-p)$인 거지."

"와~ 간단하잖아. 편리한걸."

"합계 행은 지나온 길에 있는 숫자의 합계야. 예를 들어 지금 지나온 길의 합계가 0이 되는 경로에 주목해보자."

• • • • • • • • • • • • • • • • • • • •

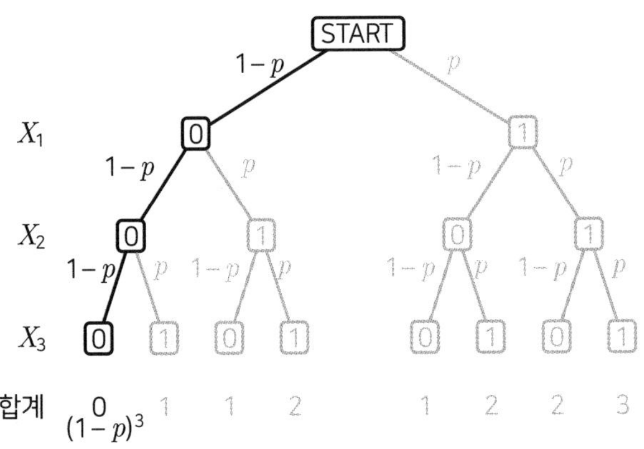

합계가 0이 되는 패턴

합계가 0이 되는 경로는 하나밖에 없다. 0 아래에 적힌 확률 $(1-p)^3$은

$$X_1=0 \rightarrow X_2=0 \rightarrow X_3=0$$

이라는 경로로, 합계가 0이 되는 확률을 나타낸다. 바꾸어 말하면

$$P(X_1=0)=1-p,\ P(X_2=0)=1-p,\ P(X_3=0)=1-p$$

그러므로 독립성에 따라 다음과 같이 된다.

$$(1-p)\times(1-p)\times(1-p)=(1-p)^3$$

다음으로, 합계가 1이 되는 경로를 살펴보자.

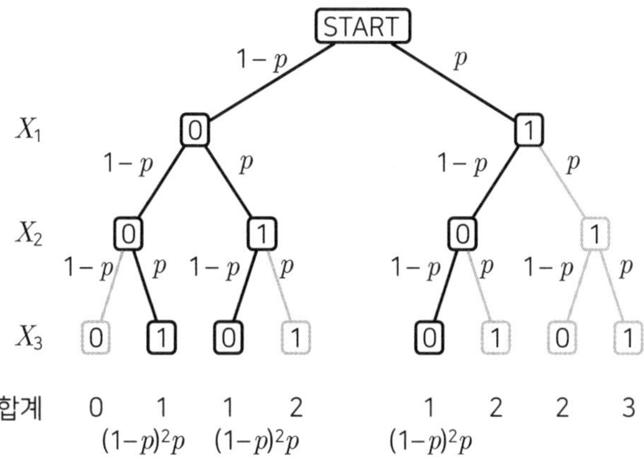

합계가 1이 되는 패턴은 3가지

합계가 1이 되는 패턴은 3가지이므로 각각의 확률을 계산해보자.

$$0 \to 0 \to 1\text{을 지날 확률은 } (1-p)\times(1-p)\times p=(1-p)^2 p$$

$$0 \to 1 \to 0\text{을 지날 확률은 } (1-p)\times p\times(1-p)=(1-p)^2 p$$

$$1 \to 0 \to 0\text{을 지날 확률은 } p\times(1-p)\times(1-p)=(1-p)^2 p$$

이 3패턴은 서로 배반이다. 따라서 합계가 1이 되는 확률은 이들의 합이므로

$$\begin{aligned}P(X_1+X_2+X_3=1)&=(1-p)^2 p+(1-p)^2 p+(1-p)^2 p\\&=3(1-p)^2 p\end{aligned}$$

가 된다.

마찬가지로 나무 그래프를 보면 합계가 2인 패턴은 3가지이므로

$$P(X_1+X_2+X_3=2)=(1-p)p^2+(1-p)p^2+(1-p)p^2$$
$$=3(1-p)p^2$$

이다. 지금까지의 내용을 정리하면 다음과 같다.

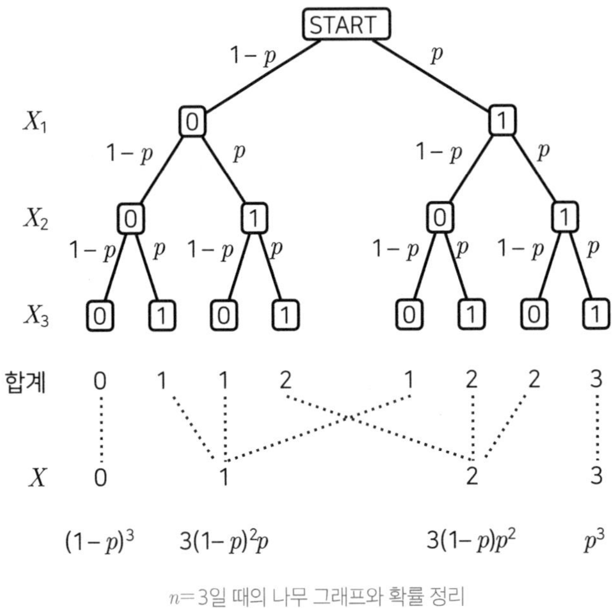

$n=3$일 때의 나무 그래프와 확률 정리

…………………

"표 형태로도 써보도록 하자."

3명의 시행 예. 각 이성이 확률 p로 좋아하게 될 때

사건	0명이 좋아함	1명이 좋아함	2명이 좋아함	3명이 좋아함
실현값	$X=0$	$X=1$	$X=2$	$X=3$
확률	$(1-p)^3$	$3(1-p)^2p$	$3(1-p)p^2$	p^3

"그렇구나~"

2.7 n명일 때와 콤비네이션

"그럼 3명을 가정하여 생각한 만남 모델을 n명일 때로 일반화해보자." 수찬은 다시 계산 용지에 문제를 썼다.

"아까도 말했지만, 문제를 머릿속에서 생각하기만 해서는 엉망진창이 되어 쓸데없이 시간만 낭비하게 되므로 때로는 종이에다 쓰는 것이 좋아. 이렇게 하면 생각해야 할 문제가 명확해지지."

> Q: n명의 이성과 만나 각 이성이 확률 p로 독립적으로 자신을 좋아하게 된다. 이때 x명의 이성이 자신을 좋아하게 될 확률은 얼마인가?

"사람 수를 n명으로 일반화하려면 n개 확률변수의 독립이라는 개념을 정의해야 해.

우선 X_1, X_2, ⋯, X_n은 첨자가 다를 뿐 모두 같은 확률변수라 가정하자. $X_k = 1$이라면 k번째의 이성이 너를 '좋아하게 됨'이라는 의미야. 그리고 확률변수 X_k의 실현값은 0 또는 1이지만, 대신 이를 기호 x_k로 나타내도록 하자. 대문자로 쓴 X_k는 확률변수이고 소문자로 쓴 x_k는 실현값 0 또는 1이 되는 거지."

정의 2.2

n개 확률변수의 독립

확률변수 $X_1, X_2, \cdots, X_n$이 독립이란 것은 임의의 실현값 $x_k (k=1, 2, \cdots, n)$에 대해

$$P(X_1 = x_1, X_1 = x_2, \cdots, X_n = x_n)$$
$$= P(X_1 = x_1)P(X_2 = x_2)\cdots P(X_n = x_n)$$

이 성립한다는 것을 말한다.

"끙, 정의가 어렵네. 임의의라는 말만 나오면 무슨 뜻인지 모르겠단 말이야."

"임의의는 다른 말로 하면 모든이라는 뜻이야. 요컨대 n개 확률변수의 실현값 조합이 어떤 것이든 그 동시확률은 확률변수 1개씩의 확률 곱으로 나타낼 수 있다는 의미야. 극단적인 경우를 예로 들어 생각해보자. 예를 들어 'n명과 만났을 때 그 누구도 좋아해 주지 않을 확률'을 계산해보자. 이때 n개의 확률변수가 독립이라고 가정하면

$$P(X_1 = 0, X_2 = 0, \cdots, X_n = 0)$$
$$= P(X_1 = 0)P(X_2 = 0)\cdots P(X_n = 0)$$
$$= \underbrace{(1-p)}_{\text{1이 좋아해 주지 않을 확률}} \times \underbrace{(1-p)}_{\text{2가 좋아해 주지 않을 확률}} \times\cdots\times \underbrace{(1-p)}_{n\text{이 좋아해 주지 않을 확률}}$$
$$= (1-p)^n$$

즉, '그 누구도 좋아해 주지 않을 확률'은 $(1-p)^n$이야. 1단계에서 2단계로 변형될 때 확률변수의 독립성 가정을 사용하는 거지.

좀 더 구체적으로 $n = 50$, $p = 0.05$라는 조건으로 계산해보자."

$$(1-p)^n = (1-0.05)^{50} = 0.95^{50} \approx 0.076945$$

대략 8% 정도라고 할 수 있겠지. 이 $\approx$라는 기호는 '거의 같음'이라는 의미야."

"8%라. 누구도 좋아해 주지 않을 확률임에도 뜻밖에 높네. 왠지 불안해지는 걸……." 바다의 표정이 조금 어두워졌다.

"그렇다면 거꾸로 생각하면 돼. '누구도 좋아해 주지 않음'의 여사건은 '1명 이상이 좋아해 줌'이므로 8% 확률로 '누구도 좋아해 주지 않음'이란 92% 확률로 '1명 이상이 좋아해 줌'이라는 거야.[4]"

"헤~ 그렇구나. 조금은 희망이 보이네."

"다음 필요한 것은 콤비네이션이라는 사고방식이야. 고등학교 때 배웠을 거로 생각하는데?"

"음, 그러니까 예를 들어 1부터 5까지의 숫자 중 2개의 숫자를 고르는 선택 방법이 몇 가지 있느냐를 계산하는 거지? 그렇지만 식은 까먹어 버렸네."

수찬은 화이트보드에 다음과 같은 식을 썼다.

> n개 중 x개를 고르는 조합의 총 개수는 다음과 같다.
>
> $${}_nC_x = \frac{n!}{x!(n-x)!} \text{ 또는 } \binom{n}{x} = \frac{n!}{x!(n-x)!}$$

4 '사건 A'에 대해 'A가 아닌 사건'을 A의 여사건이라 하며 기호로는 A^C로 나타냅니다. 이때 $P(A)=p$라면 $P(A^C)=1-p$가 성립합니다.

이전에 배웠던 $_nC_x$ 라는 기호뿐 아니라 $\begin{pmatrix} n \\ x \end{pmatrix}$ 라는 표현을 사용한 텍스트도 자주 볼 수 있다. 물론, 의미는 모두 같다.

"이 $_nC_x$ 라는 기호는 어떻게 읽는 거야?"

"특별히 정해진 것은 없는 듯해. 영어로는 'n choose x'라고 읽는 것 같아. 난 '엔 씨 엑스'라고 읽는 쪽이지."

"오호~ 정해진 게 없구나."

"읽는 방법보다 계산 방법이 중요하니깐. 그럼 확인해볼까? {1, 2, 3} 중에서 숫자를 1개 고르는 패턴의 총 개수는?" 수찬이 계산 용지를 꺼냈다. 바다가 이를 건네받자 생각을 시작했다.

"음, 그러니까 3개 중에서 1개를 고르므로 $n=3$, $x=1$을 대입하면 되는 거네.

$$_nC_x = {}_3C_1 = \frac{3!}{1!(3-1)!}$$

이러면 되나? 이 느낌표를 계산하려면……, 응?

!는 팩토리얼(계승)이라 읽는다고? 뭐야. 방금 읽는 방법은 무엇이든 괜찮다고 했잖아. 어쨌든 수를 1씩 줄여가면서 곱하면 되는 거지?

$$\frac{3!}{1!(3-1)!} = \frac{3\times2\times1}{1\times2\times1} = 3$$

이러면 되나?"

"OK. 맞았어." 수찬은 바다의 계산 결과를 확인한 다음, 계속해서 n명일 때의 확률을 계산했다.

• • • • • • • • • • • • • • • • • • • •

확률변수 X를

$$X = X_1 + X_2 + \cdots + X_n$$

이라 하면 X는 n명 중 당신을 좋아하게 될 사람의 수를 나타내게 된다.

예를 들어 n명 중 3명이 당신을 좋아하게 될 확률 $P(X=3)$을 계산해 보자. 만약 이성 1번부터 3번까지가 당신을 좋아하게 되고 나머지는 좋아하지 않는다고 할 때 그 확률은 다음과 같다.

$$\underbrace{ppp}_{3\text{명}}\underbrace{(1-p)(1-p)\cdots(1-p)}_{n-3\text{명}} = p^3(1-p)^{n-3}$$

그런데 3명이 당신을 좋아하게 될 패턴은 최초 3명만이 좋아하게 될 경우 외에도 많다. 그 총 개수는 n명에서 3명을 고르는 선택 방법만큼 있으므로 모두

$${}_nC_3\text{가지}$$

가 된다. 그러므로 확률 $p^3(1-p)^{n-3}$을 ${}_nC_3$가지만큼 모두 더한 수가 확률 $P(X=3)$이 되는 것이다. 그러므로 다음과 같다.

$$P(X=3) = {}_nC_3 p^3 (1-p)^{n-3}$$

그러면 일반적으로 n명 중 x명이 당신을 좋아하게 될 확률은?

• • • • • • • • • • • • • • • • • • • •

"좋아. 한 번 해볼게." 바다는 새 계산 용지를 꺼냈다.

바다는 $n=3$일 때 나무 그래프를 보면서 어떤 방법으로 확률을 계산했는지를 떠올렸다.

"$P(X=x)$를 계산할 때는 최초 x명이 자신을 좋아하게 될 확률을 계산하여 모든 패턴 개수만큼 더했었지. 최초 x명이 자신을 좋아하게 될 확률은 다음과 같았어.

$$\underbrace{pp\cdots p}_{x\text{명}}\underbrace{(1-p)(1-p)\cdots(1-p)}_{n-x\text{명}}=p^x(1-p)^{n-x}$$

다음으로, n명에서 x명을 고르는 패턴의 모든 개수는

$${}_nC_x$$

가지이므로 결국

$$P(X=x)={}_nC_x p^x(1-p)^{n-x}$$

이 되는구나!"

x명일 때의 확률을 예상한 바로 순간 그녀는 머릿속에서 짜릿한 전율을 느꼈다.

2.8 이항 분포의 확률함수

바다가 예상한 바를 수찬이 계속 이어갔다.

"여기까지의 결과를 정리해두도록 하자. 확률변수 X_1, X_2, $\cdots$, X_n은 1

부터 n까지의 각 이성이 자신을 좋아하게 될 것인가 아닌가를 나타내지. 이 합계를

$$X = X_1 + X_2 + \cdots + X_n$$

이라 정의하면 확률변수 X는 'n명 중 자신을 좋아하게 될 사람의 수'를 나타내게 돼."

• • • • • • • • • • • • • • • • • • • •

지금까지의 고찰에 의해 $X = x$가 되는 확률 즉, 'n명과 만났을 때 x명이 좋아해 줄 확률'은

$$P(X = x) = {}_nC_x p^x (1-p)^{n-x}$$

임을 알 수 있었다. 이는 확률변수의 실현값을 확률에 대응시킨 함수이다. 이를 **확률함수**라 불렀었다.

확률함수는 **확률변수의 실현값**과 그 **확률**이 어떻게 대응하는지를 정한다. 특히 확률함수 ${}_nC_x p^x(1-p)^{n-x}$에 의해 정의되는 확률변수가 따르는 분포를 이항 분포라 한다.

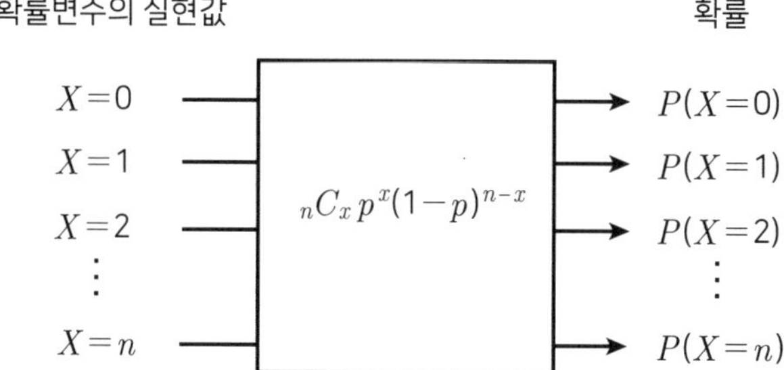

확률변수 X의 실현값은 '자신을 좋아해 줄 사람의 수'이므로 0, 1, 2,

$\cdots$, n명의 $(n+1)$가지가 있다. 그러나 각각이 실현될 확률은 단 하나의 식으로 나타낼 수 있다.

$$ {}_nC_x p^x (1-p)^{n-x} $$

• • • • • • • • • • • • • • • • • • •

"이 확률함수를 사용하면 재학 중에 너에게 이성친구가 생길 대략의 확률을 계산할 수 있지. 그럼 바로 해볼까? 대략 1년간 몇 명 정도의 이성과 마주치게 되지?" 수찬이 즐거운 듯 계속했다.

"음, 학교와 아르바이트 합쳐서 50명 정도일걸?"

바다의 대답을 듣고 수찬이 계산을 이어 갔다.

"지금 대학교 2학년이니 졸업까지 3년이라 할 때 $n=150$이라 생각할게. p의 값은 우선 $p=0.05$ 정도면 될 듯한데. 이 조건에서 졸업할 때까지 1명 이상이 좋아하게 될 확률은……

$$ P(X \geq 1) = 1 - P(X=0) = 1 - 0.95^{150} \approx 0.9995 $$

이지. 기호 $P(X \geq 1)$은 X가 1 이상이 될 확률이야. 덧붙여 $\geq$는 ≧와 같은 의미란다. 그건 그렇고 잘 됐네. 이 조건이라면 졸업까지 너에게 이성 친구가 생길 확률은 거의 100%야."

"오~ 조금은 안심이다…… 잠깐, 잠깐." 바다의 표정이 다시 어두워졌다.

"그렇다는 건 상대가 어떤 사람인지는 고려하지 않았다는 거잖아."

"그렇지."

"그렇다면, 전혀 좋아하지 않는 사람이 좋아해 줄 가능성도 있는 거잖아.”

“그야 그렇지.” 수찬은 당연하다는 듯 대답했다.

“그건 안 되지.”

“안 돼?”

“절대 안 돼! 수찬 너, 뭘 모르는 거 아냐?”

바다는 계산 결과를 다시 확인하면서 손으로 턱을 괴었다.

“이상형과 마주칠 것인가 아닌가는 별도의 모델로 계산할 수 있어. 기회가 되면 함께 생각해보자.” 수찬은 쿨한 표정으로 말했다.

“이번에 생각해본 만남 모델은 다음과 같아.”

- n명의 이성과 만남
- 각 이성은 독립적이며 확률 p로 너를 좋아하게 됨

“모델이 어떤 건지 이제 알았어?” 수찬이 물었다.

“응, 자신과 직접 관계가 있는 현상이라 그런지 무척 흥미 있었어. 그나저나 수찬 넌……”

“?”

“아무것도 아냐.”

바다는 ‘수찬 넌 여자 친구 있어?’라는 질문이 튀어나오려는 걸 참았다. 왠지 대답을 듣는 게 두려웠기 때문이었다.

내용 정리

- 개인 i가 자신을 좋아하게 되는가 어떤가를 베르누이 분포에 따른 확률변수 X_i로 나타내면 그 합 $X=X_1+X_2+\cdots+X_n$은 'n명 중 몇 명이 자신을 좋아하게 되는가?'를 나타낸다.
- 베르누이 분포 X_i의 합 $X=X_1+X_2+\cdots+X_n$은 이항 분포를 따른다.
- 콤비네이션을 사용하면 n명 중 x명이 자신을 좋아하게 되는 조합의 총 개수를 계산할 수 있다.
- 조합의 총 개수를 알면 n명 중 x명이 자신을 좋아하게 되는 확률을 계산할 수 있다.
- 확률함수는 확률변수의 실현값과 그 확률을 대응시킨 것이다.
- 응용 예: 개인 i가 행동 A를 취할 것인가를 베르누이 분포로 나타낸다. n명의 행위가 독립이라면 n명 중 행동 A를 취한 사람 수가 x명일 확률은 이항 분포의 확률함수 $P(X=x)={}_nC_x\, p^x(1-p)^{n-x}$로 계산할 수 있다.

Model 3

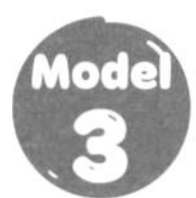

취업 성공 확률을 높이려면 '이것'을 많이 하면 된다?!

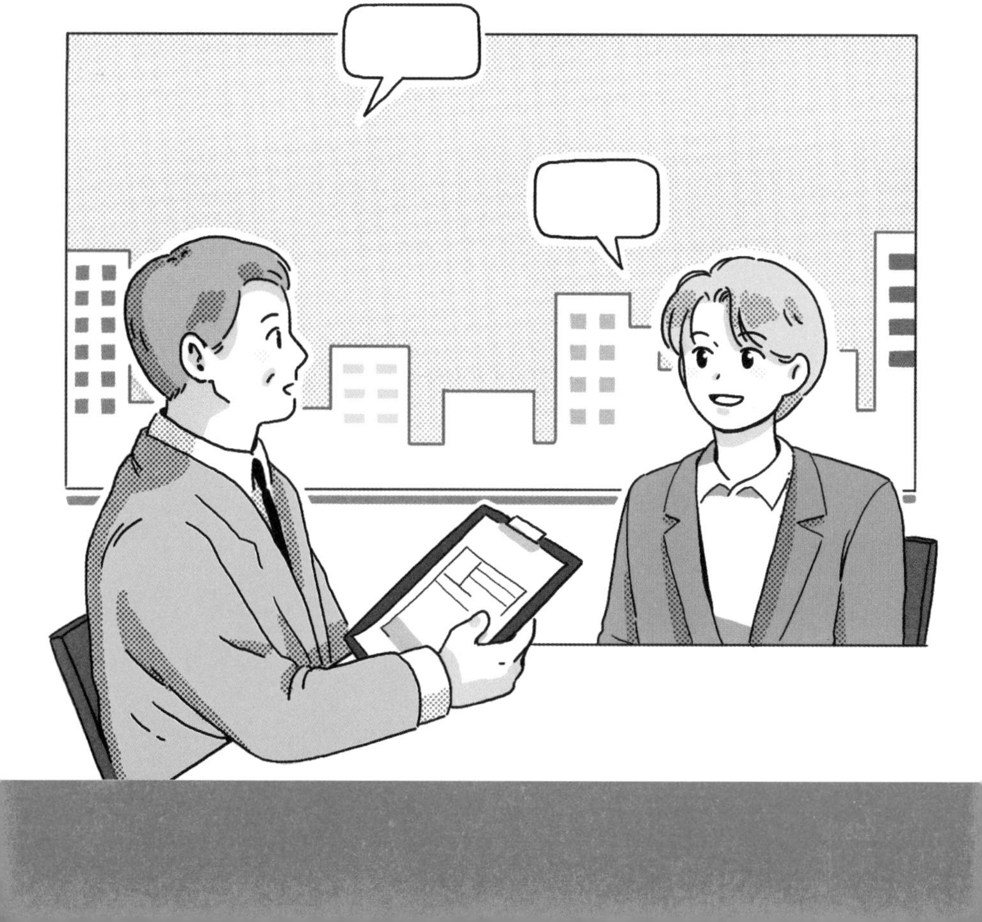

3.1 취업 활동

연구실 의자에 앉은 바다는 혼자 차를 마시며 쉬고 있었다. 조금은 지친 표정으로 창밖 경치를 멍하니 바라보고 있었다.

"어라? 정장을 다 입고, 웬일이야?" 느지막이 연구실에 나타난 수찬이 말을 걸었다. 바다는 책상 위에 어지럽게 흩어진 기업 안내 자료를 가리켰다.

"보듯이 취업 준비 중이야. 오늘은 채용설명회에 참석했지." 어색한 정장은 입는 것만으로 숨이 막히는 듯했다.

"취업 준비라……. 고생이네." 수찬은 남 일인 듯 말했다. 그가 취업 세미나에 참가하거나 입사지원서를 쓰는 모습은 본 적 없었다.

"수찬 너도 슬슬 시작하는 편이 좋아. 제법 힘든 일이니까 말이야." 이렇게 말하는 바다도 대학 졸업 후 일하는 자신의 모습은 잘 떠오르지 않았다. 마치 인터넷에서 보는 웹드라마처럼 현실감이 없었다. 그녀는 아직 어떤 기업에 지원할지도 정하지 못했다.

"최근 대학 졸업 후 취직하기가 쉽지 않다는 말도 많고. 부디 졸업 전에 채용 통보를 받으면 좋겠는데……." 바다는 불안한 표정으로 혼잣말을 했다.

"걱정이 된다면 계산해보면 어때?" 책상 위 기업 안내 자료를 정리하며 수찬이 말했다.

"응? 그런 것도 계산할 수 있는 거야?"

"이항 분포를 사용하면 대략의 근삿값은 계산할 수 있지."

"이항 분포라면 만남 모델에서 사용했던 거지? 취업 활동에도 사용할 수 있어?"

"좋을 대로 사용하면 돼. 사용 방법이 정해진 것도 아니고." 그는 화이트보드를 책상 옆으로 옮기고 나서 누군가가 쓴 메모를 지우개로 지웠다.

"어떻게 하면 돼?"

"파라미터 해석을 변경하기만 하면 되지. 자신이 방문할 회사 수 n, 특정 기업으로부터 합격 통지를 받을 확률을 p라 하자. 모든 기업의 p는 같고 각 기업은 독립적으로 해당 학생을 채용할 것인가를 판정한다고 가정할게."

• • • • • • • • • • • • • • • • • • •

예를 들어 한 기업으로부터 0.05의 확률로 합격 통지를 받는다는 조건으로 100개 기업에 지원한다고 가정하자.

확률변수 X를 'n개 기업에 응시하여 받은 채용 통지 수'라 정의한다. 특정 1개 기업에서 합격 통지를 받을 확률이 0.05이므로 받지 못할 확률은 0.95이다. 즉, 100개 기업 전부에서 합격 통지를 받지 못할 확률은

$$P(X=0)=\underbrace{0.95\times0.95\times\cdots\times0.95}_{\text{100개 기업}}$$
$$=0.95^{100}\approx0.00592053$$

이 된다. 여기서부터 앞서 본 $P(X\geq1)$이라는 표현을 사용하자. 의미는 X가 1 이상일 확률, 즉 1개 기업 이상으로부터 채용 통지를 받을 확률이란 뜻이다.

1개 기업 이상으로부터 채용 통지를 받을 확률 $P(X \geq 1)$

은 1에서

100개 기업 모두에서 채용 통지를 못 받을 확률 $P(X=0)$

을 빼면 된다. 즉,

$$P(X \geq 1) = 1 - P(X = 0) = 1 - 0.95^{100} \approx 0.99408$$

이 되는 것이다.

덧붙여 50개 기업에만 지원했다면 50개 기업 모두에서 채용 통지를 못 받을 확률은

$$P(X = 0) = 0.95^{50} \approx 0.076945$$

이므로 50개 기업에 지원하여 1개 기업 이상으로부터 채용 통지를 받을 확률은 다음과 같다.

$$P(X \geq 1) = 1 - 0.95^{50} \approx 0.923055$$

만약 지원 기업 수를 줄여 10개 기업에만 지원했다면 다음과 같다.

$$P(X \geq 1) = 1 - 0.95^{10} \approx 0.401263$$

따라서 90% 정도의 안심을 원한다면 45개 정도는 지원해야 한다.

· · · · · · · · · · · · · · · · · · · ·

"그렇구나."

"채용 통지를 아무리 많이 받아도 최종적으로 취직할 곳은 반드시 1곳이야. 그러므로 가능하면 많은 회사에 지원해서 여러 개의 채용 통지

를 받아 가장 바라던 기업에 취직하는 것이 최적의 전략이라 할 수 있지. 어느 업종이나 직종이 나에게 맞는지 여부나 1개 기업당 채용 확률 추정에 대해서는 기회가 있을 때 다시 생각하자."

수찬은 휘갈겨 쓴 계산 용지 내용을 즐거운 듯이 바라보았다.

"이성과의 만남과 취업 활동은 서로 전혀 다른 행동임에도 같은 확률 변수로 표현할 수 있구나." 바다가 놀랍다는 듯이 말했다.

"현상을 개인의 행동으로 분해해서 생각하면 개인의 상태는 반드시 행위이거나 비행위 중 하나가 되지. 이를 0 또는 1의 2개 값으로 표현할 수 있어. 확률변수로 나타낸다면 베르누이 분포인 거지. 그렇게 되면 독립적인 행위가 모인 결과를 이항 분포로 표현할 수 있게 되고."

"오~ 그런 식으로 생각할 수 있구나."

"추상화하여 본질적인 구조를 생각할 수 있다면 다르게 보이는 현상의 공통점을 발견할 수 있어."

"수학을 좀 더 공부하면 나도 그런 구조를 발견할 수 있을까?"

"물론이지. 기본적인 형태를 알면 다양한 현상에 적용할 수 있어. 물론, 단순히 끼워 맞추기만 해서는 재미있는 모델을 만들 수는 없겠지만 말이야."

3.2 이항 분포의 기댓값

"하는 김에 이항 분포의 기댓값을 이용하여 모델을 분석해보자. 확률변수 X가 이항 분포를 따를 때 그 기댓값은 파라미터 n, p에 의해 정해

지지." 수찬은 화이트보드에 수식을 적었다.

"이항 분포의 확률함수가

$$P(X=x)={}_nC_xp^x(1-p)^{n-x}$$

일 때 그 기댓값은

$$E[X]=np$$

가 되지. 예를 들어 $n=50$, $p=0.05$라면 기댓값은

$$np=50\times0.05=2.5$$

야."

"오잉? 왜 그렇지?" 바다는 신기한 듯이 화이트보드를 바라보았다.

"그건 지금부터 설명할게."

명제 3.1

이항 분포의 기댓값

파라미터 n, p의 이항 분포를 따르는 확률변수 X의 기댓값은 다음과 같다.

$$E[X]=np$$

"기댓값이란 확률변수의 평균값이잖아. 좀 더 복잡한 식이 아닐까 했는데." 바다가 신기한 듯 물었다.

"기댓값의 정의를 이용하여 쓰면 다음과 같아.

$$E[X]=\sum_{x=0}^{n}x\cdot P(X=x)=\sum_{x=0}^{n}x\cdot{}_nC_xp^x(1-p)^{n-x}$$

명제는 이 식을 계산한 결과가 np가 된다고 주장하고 있지."

"${}_nC_x$같은 건 어디로 사라진 거야?"

"그걸 설명하려면 다음 기댓값의 성질을 이용하면 되지."

확률변수에

$$X = X_1 + X_2 + \cdots + X_n$$

이라는 함수가 있을 때 X의 기댓값 $E[X]$는

$$E[X] = E[X_1] + E[X_2] + \cdots + E[X_n]$$

이라는 덧셈 형식으로 분해할 수 있다.

"확률변수 합의 기댓값은 각각의 기댓값의 합과 같다는 거지?" 바다가 내용을 확인했다.

"말한 그대로야. 증명은 나중에 하기로 하고 우선은 기댓값의 합은 분해된다고 알아두자. 그러면 기업 i가 확률 p로 너에게 채용 통지를 보내고($X_i = 1$) 확률 $1 - p$로 채용 통지를 보내지 않는다($X_i = 0$)고 가정하자. 즉, 확률변수 X_i를

$$X_i = \begin{cases} 0, \text{ 채용 통지를 보낼 때} \\ 1, \text{ 채용 통지를 보내지 않을 때} \end{cases}$$

라고 정의하는 거지. n개 기업에 지원한 결과 채용 통지 수의 합계 X는

$$X = X_1 + X_2 + \cdots + X_n$$

으로 나타낼 수 있어. 그런데 기업 i에 대해 X_i의 기댓값은

$$E[X_i] = 0 \times (1 - p) + 1 \times p = p$$

가 되지. 각 기업의 기댓값은 모두 똑같은 p야. 따라서 합의 기댓값을 분해하면 다음과 같이 되는 거지."

$$\begin{aligned} E[X] &= E[X_1 + X_2 + \cdots X_n] \\ &= E[X_1] + E[X_2] + \cdots + E[X_n] \\ &= \underbrace{p + p + \cdots + p}_{n\text{개}} \\ &= np \end{aligned}$$

"오~ 그렇구나." 바다는 명료한 결과에 만족했다.

3.3 확률변수 합의 기댓값

"그러면 앞서 증명 없이 사용했던 확률변수 합의 기댓값에 대해 설명해볼게. 먼저 2개의 확률변수를 X, Y라 할 때 이 2가지의 특정 값 조합으로 실현하는 확률을 동시확률분포라 해."

동시확률분포의 예

		Y: 0	1	합계
X	0	0.1	0.2	0.3
	1	0.2	0.1	0.3
	2	0.3	0.1	0.4
	합계	0.6	0.4	1

• • • • • • • • • • • • • • • • • • •

X의 실현값은 $\{0, 1, 2\}$이고 Y의 실현값은 $\{0, 1\}$이다. 이 표는 2개

의 확률변수가 특정 실현값의 조합으로 발생할 때의 확률을 정의한다. 예를 들어 $(X, Y) = (0, 0)$일 때의 확률은 0.1이고 $(X, Y) = (2, 0)$일 때의 확률은 0.3이다. 2개의 실현값이 정해졌을 때의 확률을 함수 $f(x, y)$로 나타내면

$$f(0,0) = 0.1,\ f(2,0) = 0.3$$

이다. 이 함수 f를 확률변수 X와 Y의 동시확률함수라 한다. 각각의 실현값이 x, y일 때 동시확률함수는 $f(x, y)$이다. 따라서 $X = x$이고 $Y = y$일 때 확률은

$$P(X = x, Y = y) = f(x, y)$$

에 의해 정해진다.

2개의 확률변수 X, Y 합의 기댓값 $E[X + Y]$는 이 동시확률함수를 사용하여

$$E[X+Y] = \sum_x \sum_y (x+y) P(X = x, Y = y) = \sum_x \sum_y (x+y) f(x, y)$$

라 정의한다. 여기서

$$\sum_x$$

는 X의 실현값 x를 모두 더한다는 의미다(y에서도 마찬가지).

동시확률함수 $f(x, y)$를 X의 실현값 x에 대해 모두 더하면 x에 대한 항은 지워지고 y만의 함수 $f(y)$가 남는다. 이 $f(y)$를 Y의 주변확률분포라 한다. 이를 기호로 나타내면 다음과 같다.

$$\sum_x f(x, y) = f(y)$$

주변확률분포 $f(y)$는 확률변수 Y의 단독 확률분포다.

마찬가지로 동시확률함수를 Y의 실현값 y에 대해 모두 더하면 y의 값에 구체적인 수치가 대입되어 계산 결과는 미지수 x만을 포함하는 함수가 된다.

$$\sum_{y} f(x,y) = f(x)$$

이 $f(x)$를 X의 주변확률분포라 한다. 이는 확률변수 X의 단독 확률분포이다. 이 기법을 사용하여 합의 기댓값을 계산하면

$$\begin{aligned}
E[X+Y] &= \sum_{x}\sum_{y}(x+y)f(x,y) && \text{정의} \\
&= \sum_{x}\sum_{y}\left(x\cdot f(x,y)+y\cdot f(x,y)\right) && \text{괄호 전개} \\
&= \sum_{x}\left(\sum_{y}x\cdot f(x,y)+\sum_{y}y\cdot f(x,y)\right) && y\text{의 덧셈을 나눔} \\
&= \sum_{x}\left(x\sum_{y}f(x,y)+\sum_{y}y\cdot f(x,y)\right) && x\text{를 } \textstyle\sum_{y} \text{ 밖으로 빼냄} \\
&= \sum_{x}\left(xf(x)+\sum_{y}y\cdot f(x,y)\right) && x\text{의 주변분포로 계산} \\
&= \sum_{x}xf(x)+\sum_{x}\sum_{y}y\cdot f(x,y) && x\text{의 덧셈을 나눔} \\
&= E[X]+\sum_{y}\sum_{x}y\cdot f(x,y) && \text{덧셈 순서를 바꿈} \\
&= E[X]+\sum_{y}y\sum_{x}f(x,y) && y\text{를 } \textstyle\sum_{x} \text{ 밖으로 빼냄} \\
&= E[X]+\sum_{y}y\cdot f(y) && y\text{의 주변분포로 계산} \\
&= E[X]+E[Y]
\end{aligned}$$

· · · · · · · · · · · · · · · · · · ·

"어때? 좀 어려웠지?"

"응. 겨우겨우 따라갔어. 얼핏 어려워 보이긴 해도 덧셈과 곱셈밖에 사용하지 않으니깐."

"이를 반복하여 적용하면 앞서 증명에 사용한 명제

$$E[X]=E[X_1]+E[X_2]+\cdots+E[X_n]$$

을 나타낼 수 있지. 특히 이 증명에서는 X와 Y의 구체적인 분포나 독립성을 가정하지는 않는다는 점이 포인트지. 그러므로 X와 Y가 어떤 분포여도 상관없고 독립이 아니라도 이 성질은 성립해."

3.4 시사점

"이항 분포의 기댓값을 알았으므로 바로 이를 사용하여 모델에서 시사점을 도출해보자."

"시사점이란 게 뭐였지?"

"모델에서 논리적으로 도출한 명제를 말해. 얼마나 흥미로운 시사점을 도출하는가에 따라 모델의 평가가 결정되지. 수학 모델과 현실 세계 사이를 잇는 다리라고도 할 수 있지. 이항 분포는 만남이나 취업 활동 외에도 다양한 현상에 적용할 수 있어. 그러므로 겉으로는 다른 현상처럼 보여도 그 핵심 구조를 이항 분포로 추출할 수 있다면 이항 분포에 관해 성립하는 수학적 성질은 모든 현상에 공통으로 성립하지. 예를 들어, 만남 모델의 경우 평균 np에 대해 다음과 같다고 말할 수 있어."

- p가 클수록 자신을 좋아해 주는 사람의 평균 수는 커진다.
- n이 클수록 자신을 좋아해 주는 사람의 평균 수는 커진다.

"취업 활동 모델에도 같은 내용이 적용되지."

- p가 클수록 합격 통지를 보내는 기업의 평균 수는 커진다.
- n이 클수록 합격 통지를 보내는 기업의 평균 수는 커진다.

"만남이나 취업 활동을 이항 분포로 표현할 수 있다는 명제로부터 이상의 명제를 즉시 말할 수 있어. 참고로 이러한 명제를 흔히 계라 불러. 만남 모델이나 취업 활동 모델이 가진 의미 중 하나는 더 많은 사람이 좋아해 주도록(더 많은 합격 통지를 받도록) 하는 기본 전략은 다음 2가지라는 점이지."

- p를 높임: 자신의 매력을 높여 이성 1인이 좋아해 줄(기업 1사로부터 합격 통지를 받을) 확률 p 자체를 높임
- n을 늘림: 더 많은 사람(기업)을 만남

"어느 쪽이 더 간단해 보여?" 수찬이 물었다.

"글쎄, 확률 p를 높이고 싶은 마음은 굴뚝같은데, 생각해보니 좀 어려운 듯해. 그렇지만 '더 많은 사람을 만남'은 비교적 간단히 가능할 듯해."

"확률 p를 높이는 방법은 사람에 따라 다르고 애매하지만, 더 많은 사람을 만나거나 더 많은 기업에 지원하는 것은 명확하고 간단하지. 수학적으로 n과 p는 같은 확률함수 파라미터이긴 하지만, 그 경험적 의미는

전혀 달라. 이를 더 구체적으로 알아볼까?"

• • • • • • • • • • • • • • • • • • •

$n=10$, $p=0.01$이라는 조건일 때 1명 이상이 좋아해 줄 확률(1개 이상 회사로부터 합격 통지를 받을 확률)은

$$\begin{aligned} P(X \geq 1) &= 1-(1-p)^{n} \\ &= 1-(1-0.01)^{10} \\ &\approx 0.0956 \end{aligned}$$

이다. 자신의 매력을 $p=0.05$까지 높이면 이 확률은

$$\begin{aligned} P(X \geq 1) &= 1-(1-0.05)^{10} \\ &\approx 0.40126 \end{aligned}$$

까지 올라간다. 이때 $p=0.01$인 채로 만나는 사람 수(기업 수)만 10에서 52로 늘리면 1명 이상이 좋아해 줄 확률(1개 이상 회사로부터 합격 통지를 받을 확률)은

$$\begin{aligned} P(X \geq 1) &= 1-(1-0.01)^{52} \\ &\approx 0.40703 \end{aligned}$$

이 되므로 거의 같은 수준의 확률을 달성할 수 있다.

• • • • • • • • • • • • • • • • • • •

"p를 높이는 확실한 방법은 난 잘 몰라. 그렇지만, n을 늘리는 방법이라면 알지. 즉, p와 n은 현실 세계에서 실행 가능성이 서로 달라. 인간 행동 모델에서 이러한 차이는 무척 중요하지."

"그렇구나……"

"이항 분포의 확률분포 자체는 무척 간단해. 그렇지만, 그 프레임을 통해 보면 주위의 풍경이 이전과는 다르게 보일 거야. 난 수학 모델의 이런 점이 좋아." 수찬은 화이트보드에 적은 계산 결과를 확인하면서 혼잣말을 했다. 바다는 그의 옆얼굴을 보면서 자신이 보는 세상과 그가 보는 세상이 전혀 다르지는 않을까 궁금했다.

3.5 모델 확장

"이전 만남 모델을 다루었을 때 n명의 이성이 모두 같은 확률 p로 자신을 좋아하게 된다는 가정이 비현실적이라는 이야기를 했었지? 기업에 관해서도 채용 확률이 모두 같다는 가정에는 무리가 있으므로 오늘은 그 가정을 일반화해보도록 할게."

"사람에게는 각각의 좋고 싫음이 있다는 거네."

"그림으로 그리면 이런 모습이야." 수찬이 화이트보드에 다음과 같은 그림을 그렸다.

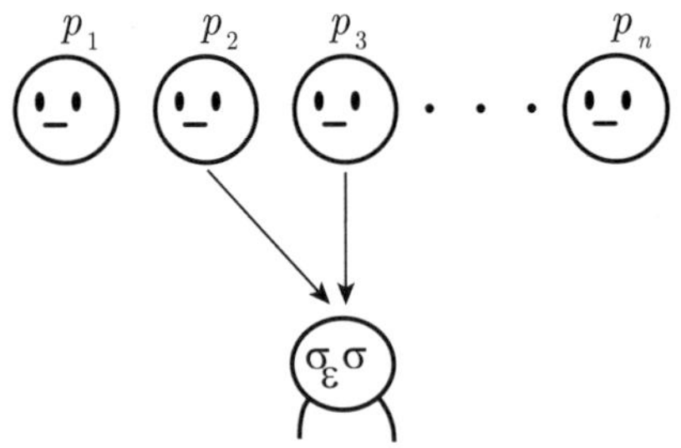

모델을 수정한 모습(p는 n명 모두 다름)

"음, 이 한가운데 있는 문어 같은 것이 혹시 나?"

"σ(시그마)로 표현한 속눈썹이 포인트야. 내가 그렸지만 참 잘 그렸어."

"뭐, 어쨌든 좋아. 그래서?" 바다는 입술을 문어처럼 내밀었다.

"다음으로, 이 p 그 자체가 확률분포를 이룬다고 가정해보자." 수찬은 앞의 그림에 p의 분포를 그려 넣었다.

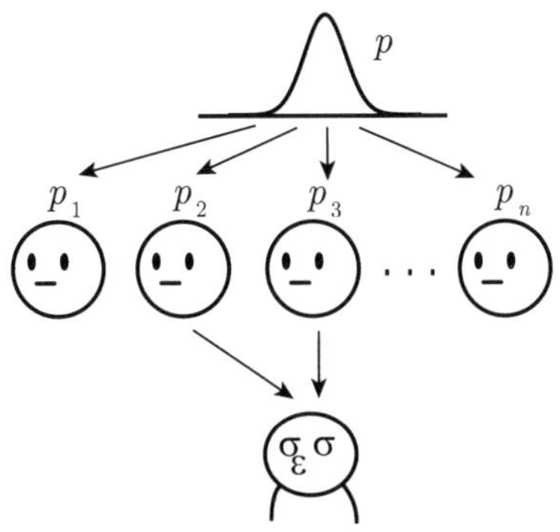

모델을 수정한 모습(p의 분포를 가정)

"p_i는 개인 i가 나를 좋아해 줄 확률이지? 여기서 p 그 자체가 확률분포를 이룬다는 건 무슨 뜻이야?" 바다가 고개를 갸우뚱했다.

"예를 들어 남성이 3명 있고 너를 좋아하게 될 확률이 $p_1 = 0.1$, $p_2 = 0.2$, $p_3 = 0.4$로 서로 다르다고 할게. 이 확률분포를 표로 만들면 다음과 같아."

	p		
실현값	0.1	0.2	0.4
확률	1/3	1/3	1/3

"알겠어. p를 0부터 1 사이의 실현값을 갖는 확률변수로 본다는 거네."

"이렇게 가정하면 개인 간 p의 값이 서로 다르다는, 달리 말해 '좋고 싫음'에 차이가 있는 상태를 표현할 수 있어. 이처럼 실현값이 0부터 1 사이인 대표적인 분포로 베타 분포가 있지. 이걸 사용하자."

3.6 베타 분포란?

"지금 p의 분포가 $\{0.1, 0.2, 0.3, \cdots\}$과 같은 띄엄띄엄한 값이 아니라 $[0, 1]$ 사이 임의의 구간일 때 이 구간에 대한 확률을 정의할 수 있다고 생각해보자. 이러한 분포를 연속분포라 불러. 참고로 지금까지 등장한 베르누이 분포나 이항 분포는 이산분포이고 정규분포나 베타 분포는 연속분포지."

수찬은 연속분포의 하나인 베타 분포의 정의를 화이트보드에 썼다.

정의 3.1

베타 분포

파라미터 $a > 0$, $b > 0$인 확률밀도함수는 다음과 같이 정의한다.

$$f(x) = \begin{cases} \dfrac{1}{\mathrm{B}(a,b)} x^{a-1} (1-x)^{b-1}, & 0 \le x \le 1 \\ 0, & x < 0 \text{ 또는 } 1 < x \end{cases}$$

그리고 이 확률밀도함수를 사용하여 정의한 분포를 베타 분포라 한다.

"식만으로는 잘 모를 테니 확률밀도함수 그래프를 함께 그려 둘게. 다음 그래프는 파라미터를 $a = 2$, $b = 8$로 설정한 베타 분포의 확률밀도함수를 $0 \le x \le 1$ 범위에서 그린 거야.

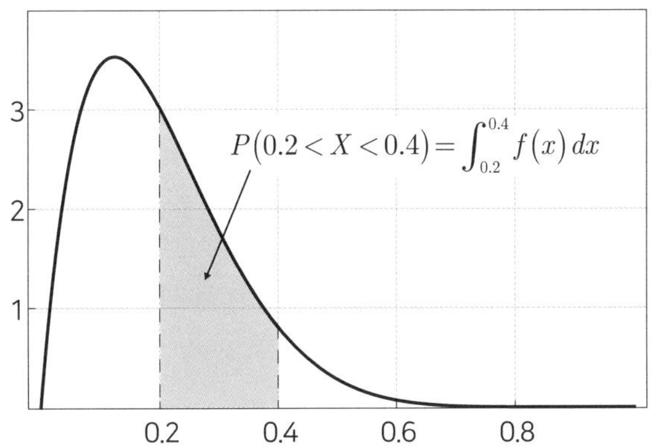

회색 부분의 넓이는 확률밀도함수를 0.2부터 0.4까지의 범위를 적분하면 계산할 수 있어. 이 넓이는 베타 분포를 따르는 확률변수 X가 $0.2 < X < 0.4$ 범위에서 실현될 확률, 즉

$$P(0.2 < X < 0.4)$$

와 일치하지. 구체적으로 쓰면

$$\begin{aligned} \text{회색 부분의 넓이} &= P(0.2 < X < 0.4) = \int_{0.2}^{0.4} f(x)dx \\ &= \int_{0.2}^{0.4} \frac{1}{\mathrm{B}(a,b)} x^{a-1}(1-x)^{b-1}\,dx \end{aligned}$$

가 되지. 확률밀도함수를 특정 범위로 적분하면 확률이 되는 거야.

확률밀도함수의 분모 $\mathrm{B}(a, b)$는 구체적으로 쓰면

$$\mathrm{B}(a,b) = \int_0^1 t^{a-1}(1-t)^{b-1}\,dt$$

라는 함수가 돼. 이를 베타 함수라 부르지."

"도대체 무슨 소린지 전혀 모르겠어." 바다가 실눈을 떴다.

"네가 다양한 사람과 만나려 하잖아."

"응."

"높은 확률 p로 너에게 호의를 가진 사람이 있기도 하지만, 낮은 확률 p로 너에게 호감을 느끼는 사람도 있을 거야. 그러므로 사람에 따라 p의 값이 달라지지. 만약 확률 0.2 전후에서 너를 좋아해 줄 사람이 많다고 하면 p 분포의 확률밀도함수는 앞서 본 그림과 같은 형태일 거야. 이 확률밀도함수를 사용하여 너를 좋아할 확률 p가 0.2에서 0.4 사이인 사람의 비율이나 0.5에서 0.6 사이인 사람의 비율을 계산할 수 있게 되지."

"음, 어려운 걸……. 어디서부터 이 베타 함수란 게 등장하게 되는 거지?"

"반드시 베타 분포여야만 하는 이유는 없어. 다만, 베타 분포를 사용하면 파라미터 a, b의 조합에 따라 개인의 다양성을 표현할 수 있어 편리하지. 예를 들어 다음과 같을 때야."

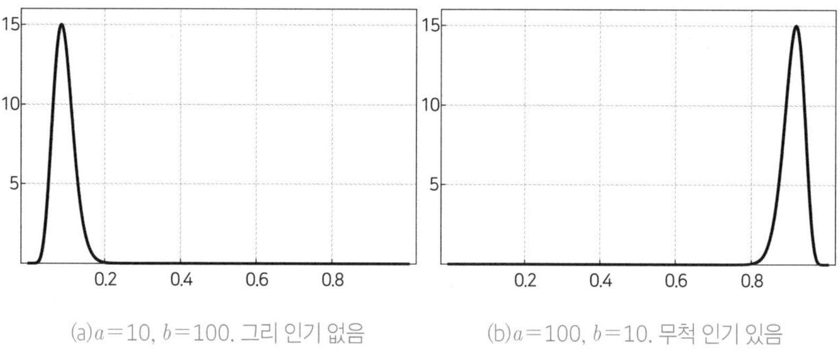

(a)$a=10$, $b=100$. 그리 인기 없음　　(b)$a=100$, $b=10$. 무척 인기 있음

"둘 다 베타 분포의 확률밀도함수이지만, 왼쪽 그림은 p가 0 가까이에 치우쳐 있어. 이는 만난 상대 대부분이 자신을 좋아해 주지 않는 상황을 나타내지. 대체로 자신을 좋아해 줄 확률이 0부터 0.2까지 사이에 집중

된 거야."

"흠, 흠. 요컨대 이성에게 그리 인기가 없다는 의미네."

"이와는 달리 오른쪽 그림은 p가 1에 가까운 쪽에 몰려 있으므로 모두가 쉽게 이성에게 반하는 상황이지."

"오~ 누가 봐도 오른쪽이 좋아. 인기 엄청나네."

"p를 자신의 인기도를 나타내는 파라미터라고 해석할 수도 있겠지. 참고로 단봉형 이외의 분포도 표현할 수 있어."

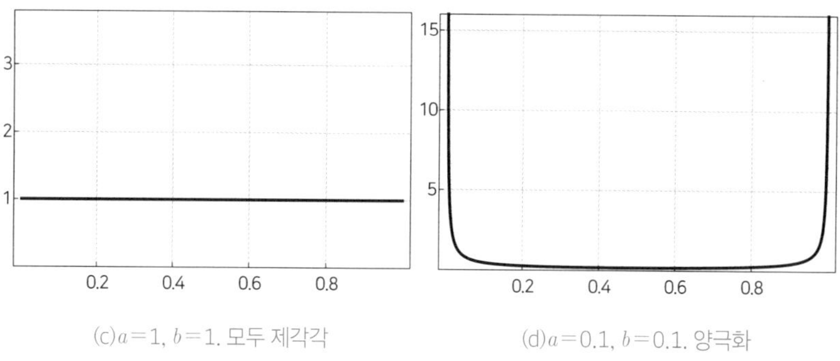

(c) $a=1$, $b=1$. 모두 제각각 (d) $a=0.1$, $b=0.1$. 양극화

"헤헤, 재밌네. 가로로 일직선이 되거나 양단으로 나뉘거나 하는구나."

$a=1$, $b=1$일 때는 균등분포라 불리는 확률분포와 일치하지. 이 경우는 좋고 싫음이 골고루 퍼져 있으므로 편중이 없다고 할 수 있어. 반대로 오른쪽의 패턴은 p가 0에 가까운 사람과 1에 가까운 사람으로 분명하게 나뉘지. 이는 개성이 강해서 좋고 싫음이 분명히 나뉘는 패턴이라 할 수 있어."

"좋아하는 사람은 좋아한다는 거네. 분포의 정의는 어렵지만, 다양한 해석이 가능하다는 건 재밌네."

"함수를 응용해서 사용하면 풍부한 표현력을 얻을 수 있다는 한 예지.

그러면, 다음은 p의 분포를 이항 분포와 조합하는 방법에 관해 생각해 볼게."

3.7 베타 이항 분포

수찬은 계산 용지에 식을 쓰기 시작했다.

···················

좋아해 주는 사람 수 X가 파라미터 n, p를 가진 이항 분포를 따르고 게다가 p가 파라미터 a, b를 가진 베타 분포를 따른다고 가정하자. 이를 기호로는

$$X \sim \mathrm{Bin}\left(n, p\right)$$
$$p \sim \mathrm{Beta}\left(a, b\right)$$

로 쓴다고 하자. Bin은 이항 분포 binomial distribution의 약자이다. $f(x|p)$를 이용하여 p를 파라미터로 하는 x의 확률분포(확률함수)를 나타내도록 하자. $f(x|p)$는 p가 주어졌을 때 x의 조건부 확률분포라 한다. 조건부 확률분포의 정의에서[1]

1 조건부 확률에 대해서는 '7.4 조건부 기댓값'을 참고하세요.

$$f(x \mid p) = \frac{f(x, p)}{f(p)} \qquad \text{정의로부터}$$

$$f(x \mid p) f(p) = f(x, p) \qquad \text{양변에 } f(p)\text{를 곱함}$$

$$f(x, p) = f(x \mid p) f(p) \qquad \text{좌우를 바꿈}$$

가 된다. 따라서 x, p의 동시확률함수 $f(x, p)$는

$$f(x, p) = f(x \mid p) f(p) = {}_{n}C_{x} p^{x} (1-p)^{n-x} \cdot \frac{1}{\mathrm{B}(a, b)} p^{a-1} (1-p)^{b-1}$$

이 된다.

이 동시확률함수에서 확률변수 X만의 분포를 뽑아내고자 p로 적분하여 $f(x, p)$에서 p를 없앤다. 즉, X만의 확률함수

$$f(x) = \int f(x, p)\, dp$$

를 계산하여 구하고자 한다. p가 가질 수 있는 범위는 $[0, 1]$이므로 X의 확률함수는 다음의 적분

$$\begin{aligned} f(x) &= \int_0^1 f(x, p)\, dp \\ &= \int_0^1 {}_{n}C_{x} p^{x} (1-p)^{n-x} \cdot \frac{1}{\mathrm{B}(a, b)} p^{a-1} (1-p)^{b-1}\, dp \end{aligned}$$

로 생각할 수 있다. 이때 앞서 본 대로 $f(x)$는 동시확률분포 $f(x, p)$의 주변확률분포이다(3.3절 참조). 이를 계산하면

$$f(x) = \frac{1}{\mathrm{B}(a,b)} {}_nC_x \int_0^1 p^x (1-p)^{n-x} \, p^{a-1} (1-p)^{b-1} \, dp$$ p를 포함하지 않는 항을 적분 밖으로 뺌

$$= \frac{1}{\mathrm{B}(a,b)} {}_nC_x \int_0^1 p^{x+a-1} (1-p)^{n-x+b-1} \, dp$$ p의 지수부를 정리

$$= {}_nC_x \frac{\mathrm{B}(a+x,\, b+n-x)}{\mathrm{B}(a,b)}$$ 베타 함수 정의 사용

즉, 파라미터 p가 베타 분포 Beta(a, b)를 따를 때 n명과 만나 그중 x명이 좋아해줄 확률은 확률함수

$$P(X = x) = {}_nC_x \frac{\mathrm{B}(a+x,\, b+n-x)}{\mathrm{B}(a,b)}$$

로 구할 수 있다.

• • • • • • • • • • • • • • • • • • • •

"이 분포는 이항 분포와 베타 분포를 조합하여 만든 분포이므로 베타 이항 분포라 부르고 있지."

수찬은 펜을 놓고 계산 결과를 만족스럽게 바라보았다.

바다는 전부를 이해할 수는 없었지만, 그가 이항 분포를 확장한 새로운 확률분포를 도출했다는 것만은 알 수 있었다.

"이항 분포의 확률함수와 닮았지만, 뒷부분이 조금 다르네."

"그래프를 만들어 확인해보자. 앞서 본 베타 분포의 파라미터와 같은 파라미터 a, b를 사용한 베타 이항 분포의 확률함수이지. 만날 사람 수 n은 $n = 50$이라 가정했어."

"앗, 이런 형태가 되는구나!"

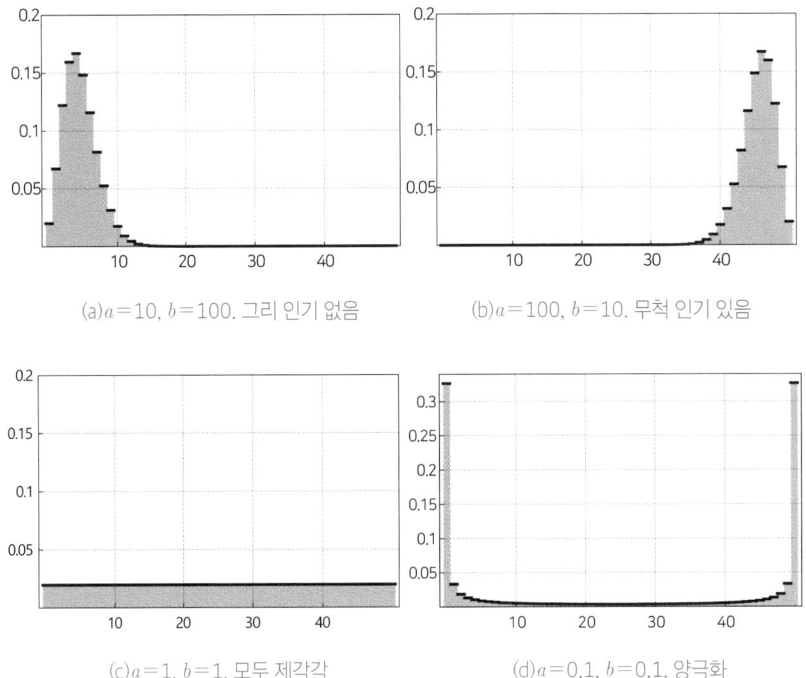

(a)$a=10$, $b=100$. 그리 인기 없음

(b)$a=100$, $b=10$. 무척 인기 있음

(c)$a=1$, $b=1$. 모두 제각각

(d)$a=0.1$, $b=0.1$. 양극화

"p의 분포인 베타 분포와 이 p와 이항 분포를 조합하여 만든 베타 이항 분포는 분포 모양이 닮았지. 다만, 베타 분포는 연속분포지만, 베타 이항 분포는 이산분포야. 그런데 베타분포가 쌍봉형일 때 베타 이항 분포도 쌍봉형이 된다는 건 나도 몰랐던 사실이야. 역시 계산을 해봐야 알게 돼."

"엥? 수찬 너도 몰랐다는 거야?" 바다가 물었다.

"모델이란 미리 모든 게 정해진 것이 아니야. 기존의 모델을 확장해 만든 모델은 미지의 존재지. 그래서 잘 아는 모델이라도 확장하면 의외의 시사점을 얻을 때도 있어. 이런 점이 재미있어."

“이항 분포와 베타 이항 분포 어느 쪽이 만남이나 취업 활동의 모델로서 올바른 거야?”

“어려운 문제지만, 질문은 좋았어. 답은 ‘올바른’의 의미에 따라 달라지지. 경험적으로 어느 쪽이 올바른가를 조사해보고 싶다면 데이터를 얻어 모델에 대응시켜보고 예측 정밀도를 비교하면 돼. 표본 데이터를 이용하여 확률 모델을 평가하는 방법에 관해서는 세련된 논리가 있지. 무척 재미있으므로 기회가 되면 설명해줄게.”

수찬의 이야기는 여기서 끝났다.

바다는 데이터 분석을 위한 통계 수법에 대해 조금은 알고 있었다. 그러나 자신이 만든 모델과 데이터를 대응시키는 방법이 어떤 것인지를 상상하기는 어려웠다.

바다는 자신이 알지 못하는 세계가 아직 많다고 생각했다.

그리고 자신은 그 미지의 세계를 알기도 전에 대학을 졸업하겠지…….

그렇게 생각하니 대학을 떠나기가 조금은 아쉬웠다.

내용 정리

- 이항 분포는 다양한 현상(예를 들어 취업 활동)에 적용할 수 있다.
- 분포의 기댓값을 이용하여 모델에서 시사점을 얻을 수 있다.
- 이항 분포나 베르누이 분포는 이산분포이고 정규분포나 베타 분포는 연속분포이다.
- 연속분포일 때 확률변수가 있는 범위로 실현되는 확률은 확률밀도함수의 적분을 통해 정의한다.
- 베타 분포의 특징 중 하나는 확률밀도함수를 [0, 1]의 범위에서 적분하면 1이 된다는 것이다. 다른 말로 하면, 실현값의 범위가 [0, 1] 사이에 모두 포함된다는 것이다. 이 특징 덕분에 확률을 나타내는 확률변수로 종종 사용된다.
- 이항 분포 모델을 확장하여 개인의 다양성을 표현할 수 있다. 이항 분포의 파라미터 p가 베타 분포를 따른다고 가정하면 확률변수는 베타 이항 분포를 따른다.

발등에 불이 떨어져야 일하는 나, 비정상인가요?

4.1 다음 과제

수찬의 조언에 따라 바다는 취업 활동에 대한 생각을 새로이 했다. 지금까지 그녀는 면접에서 떨어질 때마다 기운이 빠지곤 했었다. 그러나 모델을 통해 객관적으로 떨어질 확률이 훨씬 크다는 것을 이해한 결과, 크게 신경 쓰지 않기로 했다. 단지 확률적으로 그런 것으로 생각하자, 조금은 마음이 가벼워졌다.

면접 결과 하나하나에 자기 자신이 부정당했다고 생각하면 도무지 견딜 수 없었기 때문에 자기 자신을 타인으로 보고자 노력했다. 이러한 태도는 처음에는 스트레스에 대처하는 자기방어에 지나지 않았지만, 이윽고 자신을 객관적으로 보는 능력으로 진화하게 되었다. 그리고 이 능력 자체가 지원자로서 평가받는 상황에서 유리하게 작용한다는 것을 알았다.

비로소 그녀는 인사담당자가 봤을 때 자신이 어떤 사람으로 보이는가를 생각하기 시작했다. 모델로 보면 세계가 달리 보인다는 수찬의 말을 조금씩 이해할 수 있게 되었다.

n을 늘리면 합격 통지할 기업의 평균 수는 늘어난다. 이렇게 믿고 더 많은 기업에 지원함으로써 그녀는 더욱 자신을 객관화하는 힘을 길렀다. 비록 작은 수일지라도 시행수 n을 늘리면 1시행당 성공확률 p도 늘어나는 듯했다.

그리고 드디어……

바다는 합격 통지를 받게 되었다.

그러나……

산 하나를 넘으면 또 다음 산이 눈앞에 펼쳐지는 것이 인생이었던가. 취업 활동 중에는 가능하면 생각하지 않기로 했던, 어떤 무서운 존재가 숨을 죽이고 자신의 등 뒤로 몰래 다가오는 기척을 느꼈다.

"드디어 닥쳤군……." 연구실에 들어간 바다는 잠이 부족한 핼쑥한 표정으로 중얼거렸다.

"왜 그래?" 수찬은 커피를 내리면서 바다를 바라보았다.

"다음 주에 졸업논문 중간보고가 있잖아."

"응." 수찬은 태연한 얼굴로 답했다. 아무래도 그는 이미 준비를 끝낸 듯했다.

"전혀 손을 대지 못했어……. 이거 위험한데."

"왠지 잠을 못 잔듯한데, 밤이라도 샌 거야?"

"응……. 밤새 ……했어."

"응? 뭐라고?"

"밤새 〈해리포터〉 시리즈 23권을 쉬지 않고 읽었어. 지금은 엄청나게 후회하고 있지만."

"정말? 그거 제법 내용이 많아 읽는 것만으로도 오래 걸릴 텐데."

"멈추질 못했어."

"이렇게 바쁠 때 왜 그런 선택을……" 수찬은 어이없다는 표정으로 계속 커피를 내리고 있었다.

"마감이 가까워질수록 도망가고 싶어진단 말이야." 바다는 고개를 숙였다.

"뭐 기분은 알겠어. 나도 마감이 닥치면 관계도 없는 프로그램을 만들거나 증명을 고민하곤 했지."

"그건 수찬 너만 그런 것 같아. 여하튼 이번 주야말로 정신을 차리고 졸업논문을 준비할 거야." 바다는 주먹을 불끈 쥐고 결의를 다졌다.

수찬은 그 모습을 보고 짧은 한숨을 내쉬었다.

"그렇게 마음만 먹으면 이겨 내려 해도 결국 또 실패할 거야. 애당초 왜 뒤로 미루는 것을 자제할 수 없는가? 이 메커니즘을 이해하고 대책을 세우지 않으면 말이야."

"메커니즘?"

4.2 뒤로 미루기의 원리

"애당초 왜 뒤로 미루는 것일까? 이는 현재의 자신과 미래의 자신이 이념적 존재로는 자기동일성을 유지하지만, 우리가 지각하는 것은 항상 현재의 자신이라는 '현재의 자신의 특권성'에서 유래하기 때문이야."

"무슨 소리인지 잘 모르겠어." 바다는 한쪽 눈을 가늘게 떴다.

"졸업논문을 뒤로 미루면 미래의 자신이 고생할 것을 너는 알고 있어. 그럼에도, 현재의 자신을 우선하게 되지. 고생할 것을 알면서도 그때만을 넘겨 도망가려는 현재의 기분을 선택해버리는 걸 말하는 거야." 수찬은 표현을 바꿔 설명했다.

"처음부터 그렇게 알기 쉽게 말해주지."

"우선 직감적인 원리를 나타내볼게. 심리학자 피어스 스틸은 과제에 대한 동기는 다음과 같은 식으로 정해진다고 주장했어."

$$동기 = \frac{기대 \times 가치}{충동성 \times 뒤떨어짐}$$

"나 나름대로 조금 더 알기 쉬운 말로 바꿔 보면 이렇게 되지."

$$할\ 마음 = \frac{달성확률 \times 가치}{충동성 \times 마감까지의\ 시간}$$

"이렇게 복잡한 식이 아니더라도 뒤로 미루게 되는 이유는 알아. 귀찮으니까 나중에 하려는 거잖아." 바다가 입을 내밀었다.

"아니, 이 식처럼 '할 마음'을 몇 개의 요소로 분해하면 '할 마음'을 이끌어 내는 방법도 알 수 있게 돼."

"정말?" 바다는 의심스러운 눈으로 수찬을 바라보았다.

"애당초 졸업논문을 쓰는 것이 왜 귀찮은 것인지 알겠니?"

"그야 분량도 많고 뭘 써야 좋을지 모르기 때문이 아닐까?"

"즉, 졸업논문을 완성한다는 작업이 어렵기 때문이지. 이는 방금 나타낸 식의 분자인 달성확률에 해당해. 잘 쓸 수 있을지 불안하므로 주관적인 달성확률이 낮아. 그래서 할 마음이 안 생기는 거고."

"분명히 그럴지도 모르겠어. 그렇지만, 처음 쓰는 거니까 어쩔 수 없잖아?"

"보통, 최종학력이 대졸인 사람에게 졸업논문은 처음이자 1번뿐인 경험이야. 그러므로 잘 쓸 수 있을지 자신 없는 것은 당연한 거지. 과제를 달성할 수 있다는 자신감을 자기 효능감(self－efficacy)[1]이라 하는데, 이것이 부족하면 할 마음이 잘 안 생기지."

“자기 효능감……. 분명히 자신은 없을지도.”

“한마디 더 하자면 너는 졸업논문의 가치를 발견하지 못했어.” 수찬이 덧붙였다.

“그렇지만, 어쩔 수 없잖아. 가능하다면 쓰고 싶지 않은걸, 뭐.”

“그럼 만약 졸업논문을 쓰면 1억 원을 받을 수 있다고 한다면 어떻게 할래?” 수찬이 물었다.

“1억 원? 그럼 반드시 써야지. 여차하면 2편도 쓰지.” 바다는 몸을 내밀었다.

“논문 1편을 쓰기만 하면 1억 원을 받을 수 있다면 누구라도 할 마음이 한층 솟을 거야. 즉, 졸업논문에 금전적인 가치라는 인센티브를 부가하면 할 마음이 생겨. 이는 앞의 식에서 분자 부분의 가치에 해당하고. 과제의 가치가 클수록 할 마음도 커지지.”

“뭐, 그렇긴 하겠지만. 지금은 그저 예일뿐. 실제로 졸업논문에 1억 원의 가치가 있을 리가 없잖아.”

“아니, 졸업논문에는 1억 원 정도의 가치가 있지. 1억 원 이상의 가치가 있다고도 할 수 있어.” 수찬은 단언했다.

---

1 자기 효능감(self－efficacy)이란 어떤 상황에서 적절한 행동을 할 수 있다는 기대와 신념을 말한다. 예를 들어, 사람들은 자신의 자기 효능감에 근거하여 자신이 행동해야 할지의 여부 및 얼마나 많은 에너지를 특정 임무에 투자할 것인가를 결정한다(출처: 한국심리학회, 심리학용어사전, 2014년 4월).

"거짓말! 그런 가치가 있을 리가 없잖아. 기껏해야 무사히 졸업할 수 있을 정도의 장점밖에 없어."

"단순한 비유가 아냐. 네가 기한 내에 졸업논문을 쓰지 않으면 1억 원을 손해 볼 가능성이 있어. 어떻게 된 것인지 설명할게."

4.3 | 졸업논문의 가치

"넌 졸업 후 기업에 근무하며 월급을 받기 시작하겠지. 첫해 연봉을 3천만 원이라 하고 해마다 1번씩 상승하여 최종적인 연봉이 1억 원까지 올라간다고 가정할게. 만약 41년간 근무하여 연봉 상승 기회가 40번이라면

$$3\text{천만 원}+40\cdot x=1\text{억 원}\Leftrightarrow x=175\text{만 원}$$

이므로 연봉은 1회 오를 때마다 175만 원 증가하지. 따라서 연봉을 상승 기회 t의 함수로 나타내면

$$3\text{천만 원}+175\text{만 원}\times t$$

가 되지. $t=40$까지 상승 기회가 있다고 하면 생애임금은

$$\sum_{t=0}^{40}\left(3\text{천만 원}+175\text{만 원}\times t\right)=26\text{억 }6{,}500\text{만 원}$$

이야. $t=0$일 때는 $3\text{천만 원}+175\text{만 원}\times 0=3\text{천만 원}$이므로 첫해 연봉과 일치하고."

"그러면 여기서 문제. 네가 졸업논문을 완성하지 못하고 졸업이 1년 늦어졌다고 하자. 그 결과 1년 늦게 일하기 시작한다면 얼마만큼의 손해를 보게 될까?"

"잠깐, 재수 없는 소리 하지 말아 줄래? 1년 늦어진다는 건 첫해에 받을 3천만 원을 놓치게 되는 거잖아. 아마 이를 기회비용이라고 하지?[2] 음, 졸업논문을 쓰지 못하면 3천만 원씩이나 손해를 보는 거야? 제법 충격적인걸."

"단기적으로 생각하면 기회비용 3천만 원을 놓치는 것이 되겠지. 그러나 장기적으로 너의 인생 전체로 보면 기회비용은 1억 원이 돼."

"엥? 어째서?" 바다는 놀란 표정이었다.

"포인트는 많은 기업에서 정년은 자연 연령으로 일률적으로 정해져 있다는 점이야. 네가 일하기 시작한 시기와는 상관없이 특정 연령, 예를 들어 60세에 다다르면 넌 회사를 그만두어야 하지. 그러면 앞서 계산한 생애 임금은 $t=0$부터 $t=39$까지의 합계이므로

$$\sum_{t=0}^{39}(3\text{천만 원}+175\text{만 원}\times t)=25\text{억 }6{,}500\text{만 원}$$

생애 임금의 차이는

26억 6,500만 원 − 25억 6,500만 원 = 1억 원

즉, 1억 원의 차이가 생기지.

더 간단하게 말하면 $t=40$일 때의 연봉

2 어떤 것을 얻을 때 포기해야 하는 다른 것을 기회비용이라 합니다.

3천만 원+175만 원×40=1억 원

만큼 받지 못하게 된다는 거야."

"그렇구나. 일하는 게 1년 늦어지면 정년 직전에 받을 최대 상승 연봉을 받지 못하게 되므로 손해가 커지는 거구나. 음, 수찬 여전히 넌 보통 사람과는 다른 생각을 하는구나."

"지금은 알기 쉽도록 금전적인 인센티브를 예로 들었지만, 조금은 품위가 없는 예였지? 난 졸업논문의 진짜 가치는 그런 싸구려가 아니라고 생각해."

"엥? 싸구려? 그럴까? 1억 원이면 큰돈이잖아." 바다는 이해가 안 되는 듯 되물었다.

"내가 방금 든 예는 졸업논문을 기간 내에 쓰면 빨리 일할 수 있다는 것뿐이었어. 그러나 논문을 쓴다는 것은 단순히 졸업을 위한 학점을 얻기 위한 것이 아니라 처음으로 지적인 성과를 낼 수 있다는 것이야."

"지적인 성과를 낸다? 무슨 뜻이야?"

"졸업논문이란 우리가 배운 학문에 새로운 공헌을 더하는 거야. 즉, 처음으로 연구한다는 것이지. 이것이 가능한 것은 졸업까지 1번뿐이잖아? 게다가 다른 학부에서라면 졸업논문 주제를 학생이 고를 수는 없어. 그러나 인문학부에서는 학생이 연구하고 싶은 주제를 정할 수 있지. 이는 아주 멋진 일이야." 수찬은 조금은 흥분한 모습으로 설명했다.

"무슨 소린지 잘 모르겠어." 바다는 수찬이 말한 가치가 무엇인지 정확히는 이해할 수 없었다.

4.4 게으름 뒤의 괴로움

바다는 앞서 수찬이 설명한 '할 마음' 식을 다시 한번 살펴보았다.

"분모에 있는 충동성과 마감까지의 시간 말인데, 이건 어떤 의미야?" 그녀는 식 일부를 가리켰다.

$$\text{할 마음} = \frac{\text{달성확률} \times \text{가치}}{\text{충동성} \times \text{마감까지의 시간}}$$

"충동성은 지금 당장 하고 싶다는 욕구의 강도야. 졸업논문을 써야 하는데도 금방 SNS를 확인하거나 게임 앱으로 시간을 보낸다거나 이전에 읽은 만화책을 다시 읽는 것은 충동성이 강해 자신을 제어할 수 없기 때문이야. 게다가 이 충동성의 영향력과 마감까지의 시간에는 관련이 있어. 심리학에 따르면 평균 수치보다 충동성이 2배인 사람은 마감까지의 시간이 기간의 반 이하로 남으면 그때야 비로소 과제에 착수한다고 해."

"음, 그런 건가? 이거 무서운데."

"충동성에 의해 곧 게으름을 피운다면 이것이 미래의 자신을 얼마나 괴롭힐지 간단한 모델로 확인해보자."

"오, 나왔다. 모델! 이번에는 어떤 것일까?"

"먼저 특정 과제를 완수하는 데 총 10시간이 필요하다고 가정할게. 예를 들어 10시간 정도면 완성할 수 있는 보고서를 상상하면 될듯해.

이 보고서의 제출 기한은 10일 후로, 작업 시간은 전체 10일간 모두 있다고 가정하자. 그러면 1일당 작업 시간은

$$\frac{10\text{시간}}{10\text{일}} = 1\text{시간}/\text{일}$$

이야. 매일 1시간씩 부지런히 작업한다면 이 과제를 완성할 수 있겠지."

"매일 부지런히 라. 그게 된다면 고생할 필요가 없지."

"그래. 우리는 대체로 시작 즈음 며칠은 게으름을 피우게 되지. 해야만 한다고 머리로는 알아도 곧 인터넷을 보거나 다 읽은 만화책을 다시 읽거나 과제와는 상관없는 증명에 손을 댄다든가 새로운 언어로 알고리즘을 구현한다든가……"

"아니, 마지막에 말한 그 특이한 행동은 수찬 너뿐이라니까."

"어쨌든 시작할 때는 게으름을 피우지. 전혀 게으름을 피우지 않는다면 1일 1시간으로 끝났을 테지만, 1일 게으름을 피우면 남은 시간은 9일밖에 없어. 그러면

$$\frac{10\text{시간}}{10\text{일} - 1\text{일}} \approx 1.11\text{시간}/\text{일}$$

이므로 남은 9일간의 작업 시간은 조금 늘어 1.11시간이 되지."

"만약 2일 연속 게으름을 피우면 남은 8일로 10시간 작업을 하지 않으면 끝나지 않으므로 1일당 작업 시간은 10시간/8일 = 1.25시간이 돼."

"그렇구나. 그렇지만 뭐, 0.25시간밖에 안 늘었네. 이 정도라면 어찌어찌 될 거야."

"그럼 이를 일반화해보자. 작업 시작일까지 게으름을 피운 일 수를 t로 두면 1일당 작업 시간은

$$\frac{10\text{시간}}{10\text{일} - t\,\text{일}}$$

으로 나타낼 수 있겠지. 게으름을 전혀 피우지 않고 1일째에 작업을 시작한 경우부터 9일간 게으름을 피워 마지막 10일째에 겨우 작업을 시작한 경우까지 1일당 작업 시간을 그래프로 그려보자. 단, 작업을 시작했다면 그 이후는 게으름을 피우지 않는다고 가정할게." 수찬은 계산 용지에 다음과 같은 그림을 그렸다.

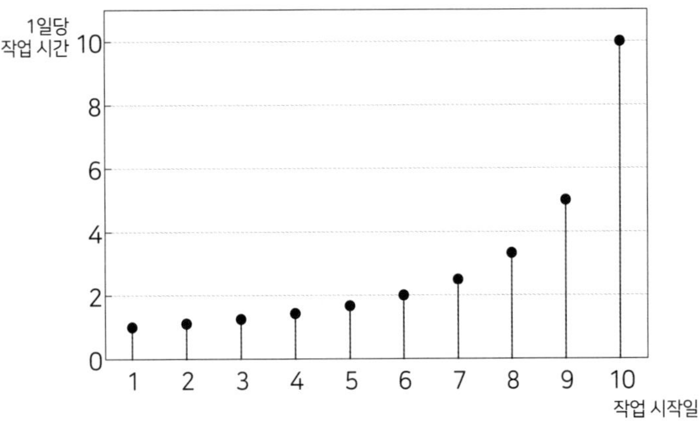

"가로축은 작업 시작일이고 세로축은 1일당 작업 시간이야. 예를 들어 첫날부터 게으름을 피우지 않고 작업을 시작하면 1일 1시간의 작업으로 완성되지."

"그게 이상이지. 절대 무리지만."

"처음 5일간 게으름을 피우고 6일째부터 시작하면 남은 것은 5일. 10/5 = 2이므로 1일 2시간 작업하지 않으면 완성할 수 없지. 즉, 마감까지의 일정 절반 동안 게으름을 피우면 작업 시간은 배가 돼."

"마감 시간이 가까워질수록 작업 시간이 급격하게 늘어나네. 10일째에 시작하는 건 역시나 지옥이야." 바다는 그래프의 수치를 확인하며 다른 사람 이야기하듯 말했다.

"처음에는 게으름을 피워도 그리 많은 증가량은 아냐. 3일 게으름을 피워도 1일당 증가량은 30분이 채 안 돼. 그런데 그렇게 하루하루가 지나감에 따라 되돌릴 수 없는 수준까지 1일의 작업 시간이 늘어나지. 게으름을 피운 일 수에 대한 작업 시간의 증가율은 일정하지 않으므로 게으름을 피운 일 수에 비례하여 작업 시간의 증가율이 높아진다는 것을 계산으로 알 수 있어."

"응. 이렇게 보니 일찍 시작하는 편이 좋다는 것은 알았는데 말이야."

4.5 시간 할인

"지금부터가 본 게임이야. 왜 사람은 해야 한다는 것을 알면서도 뒤로 미루게 되는 걸까? 이는 미래의 이득이나 손실을 할인하기 때문이야. 예를 들어

A: 지금 당장 10만 원 받음
B: 1개월 후에 10만 원 받음

이라는 2가지 선택이 있다면 어느 쪽을 고를래?" 수찬이 물었다.

"그야 당연히 A지." 바다는 조금의 망설임도 없이 답했다.

"너와 마찬가지로 많은 사람은 A를 선택해. 이 사실은 과거 조사 결과에서도 알 수 있지. 이러한 관찰 결과는 많은 사람이 1개월 후의 10만 원은 현재의 10만 원보다도 가치가 낮다고 느낀다는 것을 시사해. 즉,

미래에 받을 예정인 이득은 현재의 가치보다도 할인되는 거야. 현재의 가치에 대한 미래 가치의 비율을 δ(델타)로 나타내고 이를 시간할인인수라 부르기로 하자($0 < \delta < 1$). δ는 discount의 d를 그리스 문자로 표현한 거야.

예를 들어 1개월 후의 가치가 현재 가치의 90%라면 $\delta = 0.9$이므로 1개월 후의 10만 원은

$$\delta \times 10\text{만 원} = 0.9 \times 10\text{만 원} = 9\text{만 원}$$

이라는 가치가 되지. 이는 1개월 후에 받을 10만 원과 지금 당장 받을 9만 원의 가치가 같다는 뜻이야.

그러면 다음으로,

A: 1개월 후에 10만 원 받음
B: 3개월 후에 10만 원 받음

이라는 2가지 선택이라면 어느 쪽이 더 좋아?"

"이때도 A가 더 좋을 듯. 빨리 받는 쪽이 더 기쁜걸." 바다는 이전과 마찬가지로 망설임이 없었다.

"이 선택도 많은 조사 결과와 일치해. 즉, 사람은 먼 미래일수록 이득을 크게 할인하는 경향이 있어. 만약 1개월마다 시간할인인수를 $\delta = 0.9$라고 하면 3개월 후 10만 원의 가치는 다음과 같아."

시간	받을 금액	할인 후의 가치
현재	10만 원	10만 원
1개월 후	10만 원	0.9×10만 원 $= 90{,}000$원
2개월 후	10만 원	$0.9 \times 0.9 \times 10$만 원 $= 81{,}000$원
3개월 후	10만 원	$0.9 \times 0.9 \times 0.9 \times 10$만 원 $= 72{,}900$원

"같은 내용을 δ를 사용하여 나타내면 다음과 같지."

시간	받을 금액	할인 후의 가치
현재	10만 원	$\delta^0 \times$ 10만 원 = 10만 원
1개월 후	10만 원	$\delta^1 \times$ 10만 원 = 90,000원
2개월 후	10만 원	$\delta^2 \times$ 10만 원 = 81,000원
3개월 후	10만 원	$\delta^3 \times$ 10만 원 = 72,900원

"즉, 일정 기간의 시간할인인수를 δ라 하면 기간 t 후 10만 원의 현재 가치는

$$\delta^t \times 10\text{만 원}$$

이라는 δ의 지수함수로 나타낼 수 있지. 이 δ^t을 할인함수라 부르도록 하자.[3]"

"음. 이것과 뒤로 미루는 것이 어떤 관계인 거지?"

"이득과 마찬가지로 미래의 비용도 할인된다고 가정해보자. 예를 들어 작업 시간이라는 비용에는 1일당 $\delta = 0.88$의 시간할인인수가 적용된다고 가정하자. 그러면 1일째를 건너뛰고 2일째부터 작업을 시작할 때의 객관적인 작업 시간은

$$\frac{10\text{시간}}{10\text{일} - 1\text{일}} \approx 1.11\text{시간/일}$$

이지만, 할인인수를 곱하면

3 일반적으로 할인함수를 시간 t의 함수 $f(t)$로 나타낸다고 하면 시간할인인수는 $\frac{f(t+1)}{f(t)}$이라 정의합니다. 이때 $\frac{\delta^{t+1}}{\delta^t} = \delta$가 시간할인인수입니다.

$$\delta \times 1.11 = 0.88 \times 1.11 \approx 0.98$$

이므로 할인 후에는 1일당 작업 시간은 0.98로 느끼게 되지. 게으름을 피우지 않았을 때와 비교한 결과는

$$\underbrace{\frac{10}{10-0}=1}_{\text{첫날부터 시작했을 때의 1일당 작업 시간}} \quad > \quad \underbrace{0.88 \times \frac{10}{10-1}=0.98}_{\text{2일째부터 시작했을 때의 1일당 작업 시간(할인 후)}}$$

이 되지."

"그렇구나. 게으름을 피워도 주관적으로는 작업 시간이 그다지 변하지 않는 거네. 오히려 더 짧아졌어."

"그러니까 '오늘은 건너뛰고 내일부터 시작하자'라고 생각하게 돼. 다음으로, 1일째, 2일째를 건너뛰었을 때의 작업 시간과 그러지 않았을 때의 1시간을 비교해보자. 2일 연속으로 게으름을 피우고 3일째부터 작업을 시작했을 때의 1일당 작업 시간은 객관적으로는

$$\frac{10\text{시간}}{10\text{일}-2\text{일}} = 1.25\text{시간}/\text{일}$$

로 늘어나. 그러나 할인함수를 고려하면

$$\delta^2 \times 1.25 = 0.88^2 \times 1.25 = 0.968 < 1$$

이 돼. $0.88^2 \approx 77.4\%$이므로 그림으로 나타내면 다음과 같아. 세로축은 1일당 작업 시간이고 화살표는 할인 후의 작업 시간을 나타내."

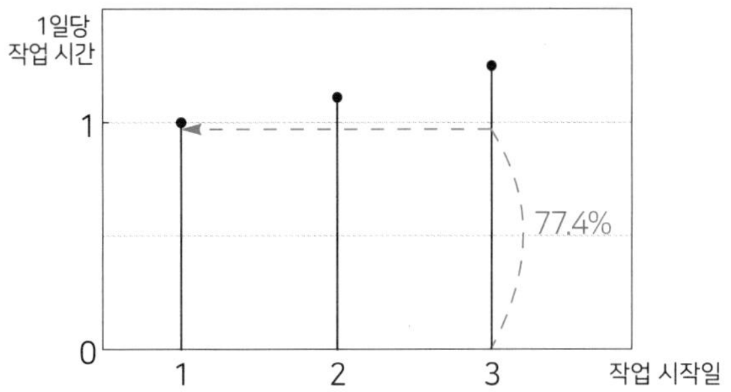

"이 결과, 지금 당장 작업을 시작하는 것보다도 '2일 건너뛰고 3일부터 시작하는 편이 더 낫네'라고 느끼게 되지."

"왠지 모를 데자뷔가……"

"첫날 의사결정 시점에 며칠 동안 게으름을 피우고 싶다고 생각하는지를 계산으로 예측해보자."

• • • • • • • • • • • • • • • • • • • •

t일간 게으름을 피우고 $t+1$일째부터 작업을 시작했을 때 1일당 작업 시간은 객관적으로는

$$\frac{10}{10-t}$$

이 된다. 이는 처음에 확인한 바와 마찬가지다. 다음으로, 할인함수를 고려하면 이 시간을

$$\delta^t \times \frac{10}{10-t}$$

이라고 느끼게 된다. $t=4, \delta=0.88$일 때

$$\delta^t \times \frac{10}{10-t} = (0.88)^4 \times \frac{10}{10-4} \approx 0.999$$

이고 $t=5$일 때

$$\delta^t \times \frac{10}{10-t} = (0.88)^5 \times \frac{10}{10-5} \approx 1.055$$

가 된다. 즉, $t=5$일 때 처음으로 1을 넘어서므로 첫날 시점으로는 최초 4일은 게으름을 피우지만 5일째부터는 작업을 시작하자고 판단하게 된다.

• • • • • • • • • • • • • • • • • • •

"그렇구나. 흐, 무서운걸."

"그런데 넌 오늘은 게으름을 피우지만 내일부터는 열심히 해야 한다고 마음을 다잡으면서도 막상 내일이 되면 또 미루게 되곤 하지 않아?"

"그랬었어. 무지하게 자주. 그보다는 일생 대부분이 그런 일의 연속이었다고 생각해."

"나도 때때로 그러곤 하지. 그런데 시간함수가 지금까지 생각했던 지수형이라면, 즉 δ^t이라는 형태라면 그런 일은 없어야 해."

"엥? 무슨 소리야?"

"처음 4일 동안은 게으름을 피운다고 가정하자. 지금이 5일째라고 하면 오늘 이후의 작업 시간은 다음과 같이 생각될 거야." 수찬은 그림을 추가했다.

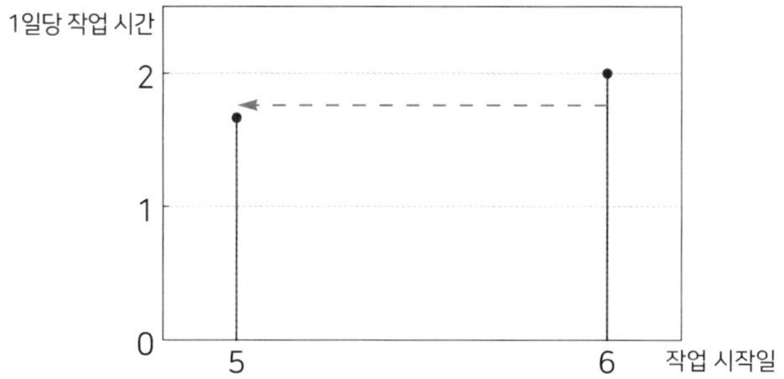

“그림에서 보듯이 할인 후에도 다음 날의 작업 시간 쪽이 길어. 5일째부터 작업을 시작할 경우 이미 4일 건너뛰었으므로 1일당 작업 시간은

$$\frac{10}{10-\underbrace{4}_{\text{게으름을 피운 일 수}}} \approx 1.667$$

이 돼. 만약 예정대로 5일째부터 작업을 시작하지 않고 6일째부터 시작하면 1일당 객관적 작업 시간은

$$\frac{10}{10-5} = 2$$

가 되지. 이 비용에 할인인수 $\delta = 0.88$을 곱하면 다음과 같지.

$$0.88 \times 2 = 1.76$$

이 2개를 비교하면

$$\underbrace{\frac{10}{10-4} \approx 1.667}_{\text{5일째부터 시작했을 때의 1일당 작업 시간}} < \underbrace{0.88 \times \frac{10}{10-5} = 1.76}_{\text{6일째부터 시작했을 때의 1일당 작업 시간(할인 후)}}$$

이므로 오늘(5일째) 지급하는 비용보다 다음 날 지급하는 비용이 할인 후에도 더 크지. 그러므로 역시 애초 예정대로 오늘(5일째)부터 시작하는 편이 좋으리라 판단하게 돼. 즉, 할인함수가 δ^t이라는 형태라면 시간이 지나더라도 과거에 세웠던 계획을 뒤집거나 하지 않아. 다른 말로 하면 특정 시점에서 세웠던 최적의 계획은 나중의 시점에서도 역시 최적이지."

"응응."

"그런데 내가 일상적으로 경험하는 바는 '내일이 되면 하자'라고 마음을 먹어도 막상 내일이 되면 또 미루게 된다는 거야. 이는 우리의 할인함수가 δ^t이 아님을 시사하지."

"그럼 뭐야?"

"경제학자 데이비드 레이브슨이 고안한 준 쌍곡선 할인(quasi-hyperbolic discounting) 모델이 우리의 행동을 잘 설명해주지."

"준 쌍곡선?" 바다는 처음 듣는 이 말을 되뇌었다.

4.6 | 준 쌍곡선 할인

"예를 들어 오늘 10만 원을 받는 것과 내일 10만 100원을 받는 것 중 어느 쪽이 더 좋아?" 수찬이 물었다.

"1일 기다리면 100원이 늘어나는 거라……, 음. 겨우 100원 더 받으려 1일 기다리는 건 싫네. 오늘 바로 10만 원 받는 편이 좋아." 바다는 잠시 생각한 후 답했다.

"그러면 1년 후 10만 원을 받는 것과 1년 1일 이후에 10만 100원 받는 건?"

"엣, 1년 후? 그렇게 오래 기다려야 해? 어차피 1년 기다리는 거라면 1년 1일 기다리는 것과 차이가 없잖아. 그렇다면 1일 더 기다려 10만 100원 받을래."

"둘 다 1일 더 기다리면 100원을 더 받는다는 조건은 공통이야. 네가 처음 선택에서는 기다리지 않는다고 했고 다음 선택에서는 기다린다고 했어. 만약 할인함수가 δ^t이라면 이 선택은 모순이야. 둘 다 비교하는 것은 1일 후의 이득이니까."

"그럴까?"

"계산해서 확인해보자. 처음 선택을 식으로 나타내면

$$10만원 > \delta \times 10만\ 100원$$

이고 다음 선택을 식으로 나타내면

$$\delta^{365} \times 10만\ 원 < \delta^{366} \times 10만\ 100원$$
$$10만\ 원 < \delta \times 10만\ 100원$$

이므로 모순이지."

"정말이네." 바다는 2개의 부등식을 비교했다. 같은 식임에도 부등호 방향은 달랐다.

"그러므로 현실의 인간은 가까운 미래일수록 크게 할인하고 먼 미래는 할인의 정도가 크게 다르지 않다고 예상하는 거야. 이러한 경향, 즉 가까운 미래일수록 크게 할인하는 경향을 현재 편향이라 부르지. 그리고 이런 편향을 표현한 할인함수를 준 쌍곡선 할인이라 해. 이는 다음과 같은 형태로 시점 t의 비용 C_t를 할인하지. 비용 C_t에 시간을 나타내는 첨자 t가 붙은 것은 할인함수뿐 아니라 시간과 함께 비용이 변화할 때도 있기 때문이지."

준 쌍곡선 할인

t	0	1	2	3	4
할인 후의 비용	$\delta^0 C_0$	$\beta\delta^1 C_1$	$\beta\delta^2 C_2$	$\beta\delta^3 C_3$	$\beta\delta^4 C_4$

지수형 할인

t	0	1	2	3	4
할인 후의 비용	$\delta^0 C_0$	$\delta^1 C_1$	$\delta^2 C_2$	$\delta^3 C_3$	$\delta^4 C_4$

"거의 같잖아. 뭐가 다르다는 거야?" 바다는 2개의 표를 비교하면서 물었다. 그녀는 뭐가 다른지 잘 알 수 없었다.

• • • • • • • • • • • • • • • • • • • •

할인함수를 $f(t)$로 나타내보도록 하자. 지수형 할인함수는 어느 시점 t에서도 항상 같으므로

$$f(t) = \delta^t$$

라는 형태가 된다. 한편, 준 쌍곡선 할인일 때는

$$f(t) = \begin{cases} \delta^t, & t = 0 \\ \beta\delta^t, & t > 0 \end{cases}$$

라는 형태로, 시점 t에 따라 식이 달라진다. 내일부터 시작하려고 마음먹어도 당일이 되면 또 뒤로 미루게 되는 행동은 이 차이로 설명할 수 있다.

구체적인 예를 들어 설명해보자. $\delta=0.95, \beta=0.7$이라 가정하고 첫날의 선택을 생각해보자. 그러면 2일째부터 시작했을 때의 1일당 작업 시간은 다음과 같고

$$\frac{10}{10-1}$$

이것을 할인하므로

$$\beta\delta^1 \times \frac{10}{10-1} = 0.7 \times 0.95 \times \frac{10}{9} \approx 0.739$$

가 된다. 게으름을 피우지 않았을 때의 작업 시간 1과 비교하면 0.739쪽이 작으므로 1일째는 놀아도 되겠다라는 생각이 들게 되는 것이다.

다음으로, 작업 시작일을 2일째, 3일째로 늦췄을 때 할인 후의 작업 시간을 계산하여 비교해보자.

게으름을 피운 일 수	작업 시작일	1일당 작업 시간(할인 후)
0	1	$\delta^0 \times \frac{10}{10-0} = 1$
1	2	$\beta\delta^1 \times \frac{10}{10-1} \approx 0.739$
2	3	$\beta\delta^2 \times \frac{10}{10-2} \approx 0.789$
3	4	$\beta\delta^3 \times \frac{10}{10-3} \approx 0.850$

4	5	$\beta\delta^4 \times \frac{10}{10-4} \approx 0.950$
5	6	$\beta\delta^5 \times \frac{10}{10-5} \approx 1.083$

이 계산 결과에서 5일간 게으름을 피우고 6일째부터 시작하면 할인 후의 작업 시간이 1.083이 되므로 1을 넘는다는 것을 알 수 있다. 그러므로 첫날 시점에 '4일간 게으름을 피우고 5일째부터 작업을 시작하자'라는 계획을 세울 것이라 예상할 수 있다. 여기까지의 계획은 지수형 할인일 때와 마찬가지다.

그런데 5일째 당일이 되면 다음과 같이 생각하게 된다.

5일째부터 시작했을 때의 1일당 작업 시간은 객관적으로는 다음과 같다.

$$\frac{10}{10-\underbrace{4}_{\text{게으름을 피운 일 수}}} \approx 1.667$$

이를 6일째부터 시작했을 때의 할인 후 작업 시간과 비교해보면

$$\underbrace{\frac{10}{10-4} \approx 1.667}_{\substack{\text{5일째부터 시작했을 때의} \\ \text{1일당 작업 시간}}} > \underbrace{0.7 \times 0.95 \times \frac{10}{10-5} = 1.33}_{\substack{\text{6일째부터 시작했을 때의} \\ \text{1일당 작업 시간(할인 후)}}}$$

이므로 오늘(5일째)도 게으름을 피우고 내일(6일째)부터 시작해도 된다고 느끼게 된다.

이렇게 해서 첫날 세웠던 계획에서는 '5일째부터 작업을 시작한다'라고 정했음에도 막상 5일째가 되면 오늘도 건너뛰어도 되겠지라고 생각해버리는 것이다. 이 점이 앞서 가정한 지수형 할인일 때와 다른 부분이다. 지수형 할인일 때도 뒤로 미루기는 생기지만, 더 미루는 일은 생기지 않았다. 그런데 쌍곡선 할인일 때는 어느 시점에서 세운 계획이 나중의 시점에서는 최적이 아니게 되는 경우가 있다.

그러므로 처음에는 게으름을 피울 생각이 아니었어도 실제로 하고자 예정했던 당일이 되면 또 뒤로 미루게 되는 것이다.

• • • • • • • • • • • • • • • • • • • •

"그렇구나. 그래서 뒤로 질질 미루기를 계속하는 거구나. 우와 무서운걸. 내가 마감일이 닥치지 않고서는 보고서를 쓰지 않는 이유를 알았어."

"결국, 다음 날의 할인 후 작업 시간이 오늘 해야 할 작업 시간보다 더 크지 않는 한은 뒤로 미루기는 계속돼. 즉, t일 게으름을 피운 다음의 1일당 작업 시간

$$\frac{10}{10-t}$$

과 1일 더 뒤로 미룬 다음의 할인 후 작업 시간

$$\beta\delta\times\frac{10}{10-(t+1)}$$

을 비교하여 후자가 전자보다 클 때 비로소 뒤로 미루기를 멈추는 거야. 덧붙여 $\delta=0.95, \beta=0.7$일 때는 $t=8$에서 드디어

$$\frac{10}{10-t} < \beta\delta \times \frac{10}{10-(t+1)}$$

$$\frac{10}{10-8} < 0.7 \times 0.95 \times \frac{10}{10-(8+1)}$$

$$5 < 6.65$$

가 성립해. 결국, 최초의 계획에서는 4일 놀고 5일째부터 시작하려고 했지만, 질질 끌다 보니 8일째가 돼서야 비로소 책상 앞에 앉는 거지."

"윽, 또 어디선가 본 듯한……"

4.7 뒤로 미루기 방지

"그럼, 결국 어떻게 해야 뒤로 미루기를 방지할 수 있는 거야?" 바다가 물었다. 지금까지의 설명을 듣고 뒤로 미루기를 피할 수는 없을 것 같았다.

"해결책은 크게 3가지로 나눌 수 있어.

1. 가치 부여
2. 과제 분해
3. 맹세[4]

이 중 가치 부여에 관해서는 앞서 설명했었지? 졸업논문이 너에게 어

4 '약속'보다는 더 강한 의미입니다. 책임을 가지고 참여하는 걸 선언하는 것을 말하며, 책임있는 약속을 의미합니다. 영어로는 commitment라고 합니다.

떤 가치가 있는가를 이해하는 거지. 가장 단순하게는 조금 전 설명했던 대로 금전적인 인센티브가 있고 이와 함께 졸업논문을 씀으로써 지적인 결과를 산출하는 능력을 익히게 되지. 이 범용적인 능력에는 금전적인 인센티브 이상의 가치가 있어."

"음. 솔직히 난 그 가치가 그리 와 닿지는 않았지만 말이야."

"만약 그렇다면 자신이 느낄 수 있는 가치에 현재의 과제를 연결하면 돼. 예를 들어 졸업논문을 끝내고 나서 하고 싶었던 즐거운 계획은 없어?"

"글쎄. 졸업논문이 무사히 끝나면 동기들과 졸업여행이라도 가자는 이야기는 있었어."

"그거면 되지. 이런 흐름을 생각해보자."

모두 함께 여행을 간다.

↓

여행을 가려면 졸업논문을 끝내야 한다.

↓

기간 내 끝낼 수 있도록 일찍 시작한다.

"이런 식으로 구체적이고 현실적인 긍정 인센티브를 생각하는 거지."

"응. 뭐 이거라면 확실히 할 마음이 조금은 생기겠는걸."

4.8 과제 분해와 맹세

"다음으로, 복잡하고 큰 과제를 작은 과제로 분해할 필요가 있지."

"분해?"

"졸업논문이라는 건 큰 과제의 총칭이야. 이를 최종적으로 완성하는 것이 목표인데, 이는 너무 추상적이라 전체를 파악하기가 쉽지 않아. 졸업논문을 쓴다는 작업은 실제로는 선행 연구 문헌 조사, 데이터 분석, 수학 모델 계산, 시뮬레이션용 코드 작성, 분석 결과를 그래프로 요약 등의 구체적인 작업을 하나하나 쌓아나가며 완성하는 거지. 그러므로 이들 작업 중 1일에 달성할 수 있는 작은 과제를 뽑아 우선은 이 작은 과제부터 정리하는 거야. 즉, 졸업논문이라는 큰 목표에 도달하기까지의 하위 목표를 설정하는 거랄까."

"세세하게 나누기만 하면 돼?"

"뒤로 미루기는 마감일이 멀수록 일어나기 쉬워. 그러므로 과제를 잘게 나누어 작은 과제의 마감을 인위적으로 앞쪽으로 설정하는 거야. 이렇게 하면 뒤로 미루기 자체가 일어나기 어렵지. 게다가 간단히 할 수 있는 작은 과제 달성을 반복하면 할 수 있다는 자신감이 조금씩 붙지. 이때 작은 과제는 구체적으로 설정해야 해. 예를 들어 막연하게 데이터 분석이라고 하는 건 좋지 않아. 잘게 나눈 과제는 더 구체적으로 '종속 변수를 주관적 행복감이라 하고 독립 변수를 나이, 학력, 직업, 결혼 상태, 주거지, 직위 등으로 하여 둘 간의 상관을 구한다' 정도로 설정할 필요가 있지."

"그렇구나."

"과제는 1일 단위로 생각하는 것이 좋아. 그리고 가장 어려운 작업에 할당하는 시간은 오전 중 2시간으로 정해두고."

"엥, 난 저녁형 인간인데."

"인간의 의사 능력은 유한해서 의사결정 때마다 조금씩 줄어든다는 설이 있어. 거꾸로 말하면 뇌가 피곤해진 저녁이라면 뒤로 미루기 유혹에 쉽게 넘어가지. 아침에 일어나자마자라든가 오전 중에 인지 부하가 높은 작업을 하는 것이 효율적이야. 오후나 저녁은 단조롭고 지루한 작업을 하는 게 좋지. 예를 들어 참고문헌 목록 작성이나 메일 확인은 조금 피곤해도 할 수 있는 일이야."

"그렇기는 하지."

"아침이 아니라도 반드시 이 시간대에는 이 작업을 한다고 정하여 루틴으로 만드는 것이 효과적이지. 습관이 되면 이것이 자신감으로 연결되고 뒤로 미루기에도 대항할 수 있어. 꾸준하게 장편소설을 쓰는 유명한 작가는 소설을 완성하는 요령으로 설령 1줄도 쓰지 못해도 정해진 시간에 책상에 앉을 것을 추천하지."

"음, 갑자기 아침부터 될까?"

"분해한 작은 과제에 대해 자그마한 보상을 줘도 좋지. 예를 들어 '오늘의 과제를 다하면 아이스크림을 먹는다'든가."

"앗, 그거 재밌겠다."

"즐겁게 하는 것이 중요해. 즐겁지 않은 작업을 계속하기는 쉽지 않으니깐."

"알겠어. 그럼 맹세란?"

"자신이 게으름을 피우지 않도록 미리 자기 자신의 행동 선택지를 제약하겠다고 다짐하는 것이지. 예를 들어 금방 게임 앱에 빠지곤 한다면 앱을 삭제하는 거야. 인터넷이나 메신저로 많은 시간을 뺏기는 경우라면 작업 시간 중에는 실행되지 않도록 설정하고. 멍하게 TV를 오랫동안 본다면 TV 전원을 끄는 것이고. 여하튼 유혹 그 자체나 유혹 대상으로 이끄는 계기가 되는 것을 멀리하는 거지. 자신이 유혹에 약하다고 자각하는 것이 중요해."

"그렇지만, 자신이 그런 제약을 지키지 못할 때가 있어."

"그럴 때는 약속을 지키지 못했을 때의 벌칙 혹은 공약을 다른 사람과 주고받으면 효과적이야. 예를 들어 1주일 동안 논문을 10쪽도 쓰지 못했다면 점심을 산다고 친구랑 약속하는 거지. 이때 벌칙이 크면 클수록 효과가 좋아. 물론 심리적인 벌칙도 포함하므로 단순히 친구나 선생님에게 '○○일까지 ㅁㅁ하겠다'라고 선언하기만 해도 돼. 자신이 선언한 이상 약속을 지키지 못하면 심리적으로 꺼림칙할 테니까 말이야."

"그렇게까지 자신을 몰아붙이다니 조금은 무서운걸?"

"그 밖에도 함께 작업할 동료를 찾는 것이 중요해. 예를 들어 이 연구실이라면……" 수찬은 졸업논문을 준비하는 3명 정도의 이름을 예로 들었다.

"이들은 계획대로 졸업논문을 써나가고 있어. 그러므로 이런 사람과 함께 작업하면 좋지. 주위에서 성공 예를 관찰하면 자신도 될 것이라는 자신감이 생기기 쉽지."

"이 이야기는 다른 곳에도 응용 가능하지? 좀 더 일찍 알았으면 좋았을걸."

"예를 들자면?"

"수험준비라든가, 취업 활동이라든가. 난 둘 다 그리 의욕이 없어서 겨우겨우 해왔지만. 제대로 자기관리를 한다면 더 잘할 수 있었을 것이라는 생각이 들어. 예를 들어 취업 활동이라 해도 명확한 목적이 없었거든. 가능한 한 일이 편하고 월급이 나쁘지 않은 곳이라면 그걸로 만족이라고밖에 생각하지 않았어."

"음."

"결국, 가치를 발견하지 못했던 거지, 뭐."

"대부분이 그렇지 않을까? 대학을 졸업할 때까지 '자신이 정말로 하고 싶은 것'과 '자신이 할 수 있는 일'을 타협 짓기는 쉽지 않지."

"수찬 넌 어때?"

"글쎄, 어떨까? 난……"

수찬은 심각한 표정을 띤 채 거기서 말을 끊었다.

바다는 수찬이 왜 취업 활동을 하지 않는지 지금은 그 이유를 몰랐다.

내용 정리

- 사람에게는 현재의 자신을 미래의 자신보다도 우선하는 경향이 있다.
- 사람은 미래의 이득이나 비용을 현재의 가치보다도 할인하여 생각하는 경향이 있다. 이를 시간 할인이라 한다.

- 시간 할인 때문에 뒤로 미루곤 한다.
- 가까운 미래일수록 이득을 크게 할인하는 경향을 현재 편향이라 한다. 그리고 이 편향을 표현한 할인함수를 준 쌍곡선 할인이라 한다.
- 뒤로 미루기를 방지하려면 1. 과제에 긍정적인 보상을 하나 부여하기, 2. 큰 과제를 금방 해결할 수 있는 간단한 과제로 분해하기, 3. 맹세하여 집중할 수 있는 상황 만들기 등의 방법이 효과적이다.

참고 문헌

池谷新介,『自滅する選択-先延ばしで後悔しないための新しい経済学』東洋経済新報社, 2012.

일반인과 약간의 전문가를 대상으로 한 뒤로 미루기 행동에 관한 행동경제학 책입니다. 뒤로 미루기 경향이 강한 사람과 약한 사람을 비교하여 후자가 흡연자, 비만 체형, 도박 중독, 알콜 중독, 부채보유자의 비율이 더 높다는 조사 결과 등을 소개합니다. 미래에 지급할 비용의 시간 할인 부분을 참고했습니다.

大垣昌夫·田中沙織, 行動経済学-伝統的経済学との統合による新しい経済学を目指して, 有斐閣, 2014.

대학생부터 대학원생까지를 대상으로 한 행동경제학 교과서입니다. 전망 이론, 시간 할인 행동, 게임 실험 등 행동 경제학의 대표적인 연구를 배우는 데 적합합니다. 다른 책에서는 잘 다루지 않는 신경경제학의 연구도 함께 소개합니다. 이 장에서는 시간 할인 부분을 참고했습니다.

Steel, Piers, *The Procrastination Equation: How to Stop Putting Things Off and Start Getting Stuff Done*, Harper, 2010.

뒤로 미루기 행동에 관해 주로 심리학의 관점에서 설명하는 일반인을 위한 책입니다. 뒤로 미루기를 극복하는 방법에 대해 자세히 설명합니다. 이 장에서는 그중 대표적인 방법을 소개했습니다.

두껍아 두껍아 확률 계산할게, 내 집 다오.

5.1 방 구하기의 어려움

미루지 않기 대책법은 수찬이 알려준 뒤로 상상한 것 이상으로 강력한 효과를 발휘했다. 우선 바다는 수찬의 조언을 따라 졸업논문이라는 큰 과제를 간단히 실행할 수 있는 작은 과제로 분해했다. 이는 단순하게 보였지만, 부가적인 효과도 있었다.

우선 과제를 분해함으로써 무엇부터 손을 대야 좋을지 모르는 상태에서 벗어날 수 있었다. 게다가 과제를 잘게 나눔으로써 현실적인 일정을 세울 수 있었다.

또한, 맹세하는 방법을 이용하여 뒤로 미루기를 최대한 피하도록 했다.

바다는 연구실 동기들과 함께 작업하면서 서로 격려하며 그럭저럭 기간 내에 졸업논문을 제출할 수 있었다.

이것으로 남은 것은 졸업을 기다리는 것뿐…….

졸업을 눈앞에 둔 그녀의 최대 걱정거리는 졸업 후 생활할 방을 찾는 것이었다. 졸업과 함께 지금 바다가 사는 학생 기숙사에서 나가야 했다. 그러므로 3월부터 새로운 생활을 준비하려면 방을 찾아야만 했다.

그러나 방 찾기는 생각한 것 이상으로 어려웠다. 그녀가 근무할 곳은 대학교가 있는 지역과 그리 멀지 않았기 때문에 부근 지리에는 익숙했다. 그러나 주변에 주거 이동이 집중된 탓인지 좋은 물건이라 생각해 후보에 두었던 방의 계약이 하나둘 끝나 버렸다.

아무리 수찬이라 해도 부동산 찾기 방법은 잘 모르리라 생각했지만,

일단은 그리 기대하지 않고 우선 상담해보기로 했다.

“이런 이유로 앞으로 약 1개월간 새로운 방을 구해야만 하는데, 무리인 듯해.”

“음, 최적의 방을 찾는 방법인가.” 수찬은 책을 읽다 말고 팔짱을 꼈다.

“역시나 좋은 방을 찾는 방법 같은 건 잘 모르는구나. 그도 그럴 게 수찬 넌 부모님과 함께 사니깐.”

“조건을 정리해보자. 만약 시간이 무한이고 경쟁 상대가 없다면 모든 후보를 관찰하고 그중 최선의 물건을 선택하면 되겠지.” 수찬의 모델 사고 스위치가 천천히 켜졌다.

“뭐, 당연히 그렇지만, 그게 안 되니깐 곤란하다는 거야.”

“현실에는 시간제한이 있지. 즉, 네가 관찰할 수 있는 후보에는 제한이 있다는 거야. 그 수를 n이라 두자. 그리고 부동산 찾기의 특수성은 경쟁 상대가 있다는 점이야. 즉, 좋아 보이는 물건을 그대로 두면서 더 좋은 물건을 찾는 건 어려워.” 수찬은 바다의 상담을 계기로 문제를 추상화하기 시작했다.

“그렇다니깐. 좋아 보인다고 생각하는 동안 다른 사람이 먼저 계약해버려.” 바다가 맞장구를 치며 말했다.

“즉, 원리적으로는 보류 불가능한 검색을 최적의 시점에 정지하는 문제네. 음, 이 문제는 ‘비서 문제’나 ‘결혼 문제’를 변형해서 응용하면 될 듯해.” 수찬의 눈이 순식간에 날카로워졌다.

“비서? 결혼? 방 찾기하고는 관계없잖아.”

"언뜻 보기엔 관계없어 보이지만, 기본적인 구조는 같아. 이 문제를 가장 먼저 명문화한 사람은 마틴 가드너라고 이야기들 해. 1960년 잡지 『사이언티픽 아메리칸』의 칼럼을 통해 수학 퍼즐 문제로 소개되었지. 이 퍼즐 자체는 1950년경부터 수학자나 통계학자 사이에서 알려졌다고 해."

"와, 꽤 옛날부터 있었던 문제네."

5.2 구골 게임

"가드너가 칼럼에서 소개한 문제는 구골 게임이라는 숫자 맞추기 게임이었어. 1명이 10장의 종잇조각에 좋아하는 숫자를 쓰고 이를 뒤집어 놓지. 그리고 상대방은 1장씩 종잇조각을 뒤집으며 마지막에 뒤집은 종이가 최댓값과 일치하면 이기는 게임이야."

"그게 뭐가 재밌어."

"실제로 해보면 알 거야." 수찬은 복사 용지를 잘라 10장의 종잇조각을 만든 다음, 바다에게 보이지 않도록 숫자를 썼다.

"그럼 1장씩 뒤집어봐. 네가 마지막으로 뒤집은 카드가 10장 중 가장 큰 수라면 너의 승리야. 가장 먼저 뒤집은 종이보다도 큰 수가 아직 남았다고 생각한다면 다음 종이를 뒤집으면 돼." 수찬은 규칙을 설명했다.

바다는 1장째 종이를 뒤집었다. 거기에는 '5'라는 숫자가 적혀 있었다.

"음, 5라……. 이게 큰 건지 어떤 건지는 몰라도 역시 1장째부터 가장 큰 숫자를 뽑지는 않았겠지. 그렇다면 1장 더."

바다는 2장째 종이를 뒤집었다. 2장째에는 '3'이라는 숫자가 적혔다.

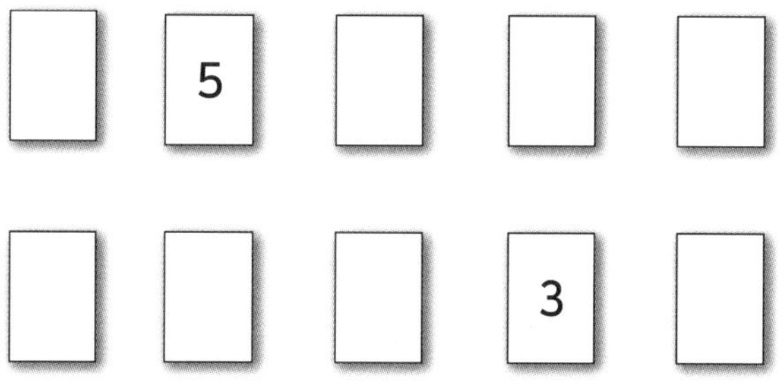

"앗, 오히려 줄었어. 그러므로 3은 최댓값은 아닌 거네. 오호, 이제야 방법을 알겠어. 그럼 1장 더 뒤집을게." 바다가 그다음 뒤집은 종이에는 '100'이라는 숫자가 있었다.

"오, 제법 큰 숫자가 나왔네. 이게 최댓값이 아닐까?"

"과연 어떨까?" 수찬은 여유로운 웃음을 띠었다.

"이건 숫자 범위가 정해진 건 아니지?" 바다가 물었다.

"그렇지. 상한도 하한도 없어."

"음, 100보다 큰 숫자가 숨었을 가능성도 있는 건가……. 어려운데?" 바다는 잠시 생각에 잠겼다. "좋아. 이걸로 하겠어. 100이 최댓값이라 생각해."

바다가 이렇게 결정한 후 수찬은 모든 종이를 뒤집었다. 그랬더니 그 중에 '10^{100}'이라 적힌 종이가 있었다.

"아쉽습니다. 최댓값은 10의 100승이었습니다~"

"칫, 그게 뭐야."

"10의 100승 단위를 구골(googol)이라 하지. 실제로는 1구골보다 큰 수를 사용해도 돼. 덧붙여서 검색 엔진 Google은 이 거대한 수에서 그 이름이 유래했다고 해."

"그 어떤 큰 수를 써도 좋다는 건 상대적인 순서만이 중요한 거네. 그렇다는 건 결국, 단순히 우연의 게임이라는 거잖아."

"그렇게 생각해? 그럼 최댓값을 맞추는 확률을 높이는 방법에 관해 생각해보자." 수찬은 화이트보드 앞에 섰다.

5.3 | 문제의 구조

"구골 게임에서 가장 큰 수를 맞추는 문제도, 방 찾기에서 가장 좋은 물건을 발견하는 문제도, 가장 우수한 비서를 선택하는 문제도, 운명의 상대를 찾는 문제도 모두 추상화하면 같은 구조를 가지게 돼. 바로 다음과 같은 거지."

1. n개의 대상을 무작위 순서로 관찰한다.
2. 대상을 관찰할 때 그것을 선택할 것인가 말 것인가를 결정한다.
3. n개의 대상에 대해 모두 순위를 정할 수 있다.
4. 한 번 패스한 대상은 선택할 수 없다.

"이 상황에서 어떻게 하면 1위를 고를 수 있다고 생각해?" 수찬이 물었다.

"그야 '모두 관찰한 다음 1위를 정한다'라는 방법이 가장 간단하겠지. 하지만 가정 4때문에 이 방법은 사용할 수 없는 거잖아." 바다는 수찬이 정의한 문제의 구조를 확인했다.

"그렇지. 그렇지만 가정 3에 따라 n개 중에 반드시 자신이 원하는 최선의 대상이 있지. 이 조건에서 1위를 찾을 확률을 최대화하려면 어떻게 하면 좋을까? 이것이 생각해야 하는 문제지." 수찬이 조건을 정리했다.

"그럼 현실감을 살리고자 방이 아니라 최선의 결혼 상대나 연인을 찾는 장면을 상상하며 생각해볼게."

"뭐 본질은 같으니까 그렇게 해도 돼. 그런 프레임으로 생각해서, 더 진지하게 임할 수 있다면 말이야."

바다는 눈을 감고 집중했다.

"먼저 1명째를 만났다고 할게. 이 사람은……. 음, ……, 역시 패스겠지? 처음 만난 사람이 우연히 1위가 되는 일은 아무래도 없을 거로 생각해."

"응. 첫 사람이 1위가 될 확률은 $1/n$. 거꾸로 이야기하면 $1-(1/n)$의 확률로 1위가 아니므로 확률론적으로는 합리적인 판단이야. 그럼 도대체 몇 명 정도를 관찰해야 할까?"

바다는 눈을 감은 채 생각했다.

'응, 몇 명까지 만난 다음이 좋을까?'

그러나 좀처럼 그럴싸한 생각이 떠오르지 않았다.

수찬은 화이트보드에 길이가 다른 막대를 10개 그렸다. 사람을 나타내는 듯했다.

"이 막대가 너와 만날 상대로, 그 높이가 상대의 매력을 나타내. 문제는 이들 중에서 가장 높은 막대를 찾는 거지."

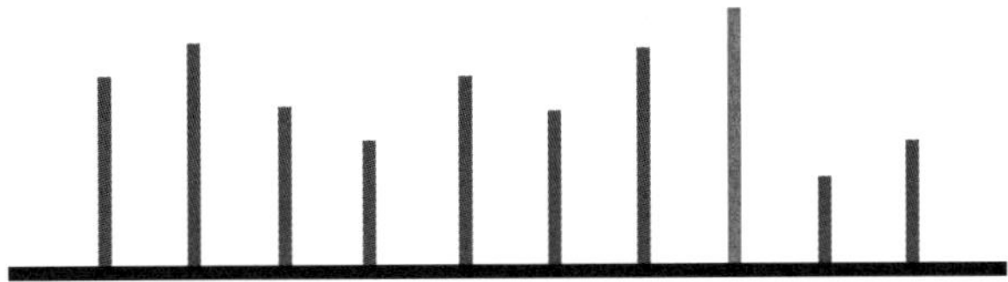

"단, 다음 그림처럼 안이 보이지 않는 상자에서 1명씩 끄집어내면서 관찰해야 해."

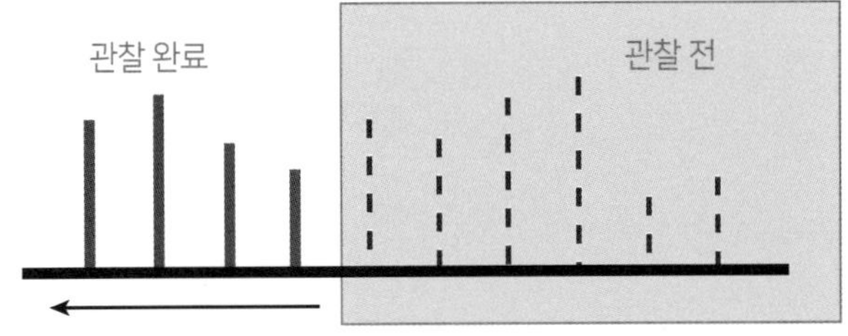

"한 번 패스한 상대는 선택할 수 없으므로 너무 지나치는 것도 좋지 않아. 어느 정도 수준에서 관찰을 끝내지 않으면 1위를 놓칠 가능성이 있지. 그럼 언제 관찰을 끝내면 좋을까?"

"음. 이 그림 덕분에 어떤 문제인지는 알았는데, 어떻게 생각해야 좋을

지는 모르겠어……" 바다는 머리를 감쌌다.

"그럴 때는 어떻게 한다 했지?" 수찬이 계산 용지를 내밀었다.

"그러니까, 적은 수로 구체적인 예를 생각하기였어. 그럼 전부 10명이라고 할 때 반인 5명을 관찰하면 어때?"

"그거 좋네."

"그러면 5명까지 관찰하고 6명째를 고르는 걸로 할게. 성공하려면 5명째까지는 패스하고 6명째 처음으로 1위가 나타나야 한다는 거네. 이 확률은 다음과 같지?

$$\underbrace{\frac{9}{10} \times \frac{8}{9} \times \frac{7}{8} \times \frac{6}{7} \times \frac{5}{6}}_{\text{5명 패스}} \times \underbrace{\frac{1}{5}}_{\text{6명째가 1위}} = \frac{1}{10}$$

어라? 1/10이 되네. 이건 결국, 무작위로 1명을 선택하는 것과 같잖아. 음, 실패!" 바다는 아쉬운 듯이 펜을 놓았다.

5.4 관찰에서 얻은 정보를 살리려면

"5명째까지는 무조건 패스한다는 부분은 좋아. 문제는 그다음이야. 모처럼 관찰해서 생각했지만, 그 정보를 살리지 못했어." 수찬은 지적했다.

"정보를 살린다는 것이 무슨 뜻이야? 관찰이 끝난 사람은 더는 선택하지 않잖아." 바다가 고개를 기울였다.

"패스한 상대를 고를 수는 없지만 만난 사람은 기억하고 있을 거야. 바다, 기억력은 좋은 편이야?"

"남들과 비슷하다고 생각해. 좋아하는 분야라면 대체로 기억하지."

"좋아하는 분야가 뭐였지?"

"해리 포터. 그중에서도 1편에 해당하는 '마법사의 돌'을 가장 좋아하지."

"쓸데없는 질문이었네. 그럼 3일 전 저녁으로 뭘 먹었는지 기억해?"

"물론 기억하지. 뭘 먹었는지 여기서는 말할 수 없지만. 그건 그렇고 만난 사람에 대한 기억은 어떻게 활용하면 돼?"

"5명 중 잠정 1위를 정하고 이를 기준으로 하여 고르면 되지. 6명째 이후에 나타나는 사람 중에 그 잠정 1위보다 나은 사람이 나타나면 그 사람을 선택하는 거야."

"엥? 왜?"

"무작위로 고르는 것보다 1위를 선택할 확률이 높기 때문이야. 이 방법을 **5명 관찰법**이라 부르도록 할게."

"만약 잠정 1위보다 나은 사람이 나타나지 않는다면 어떡해?"

"예를 들면 어떤 경우?" 거꾸로 수찬이 물었다.

"즉, 잠정 1위를 정하려고 최초 5명을 패스했을 때 진짜 1위가 우연히 그 안에 있을 때 말이야. 그렇게 되면 6명째 이후로는 절대 1위가 나타나지 않잖아."

"좋은 지적이야. 그럴 때라면 실패지. 그 밖에도 실패할 예가 있을까?" 수찬이 물었다.

“응? 그것 말고도 있어? …… 그렇구나! 이런 패턴도 실패네.”

바다는 종이에 그림을 그렸다.

“처음 관찰한 5명 중에 3위가 있고 6명째 이후에 1위인 줄 알고 2위를 고르게 되는 경우야. 이것도 실패지?”

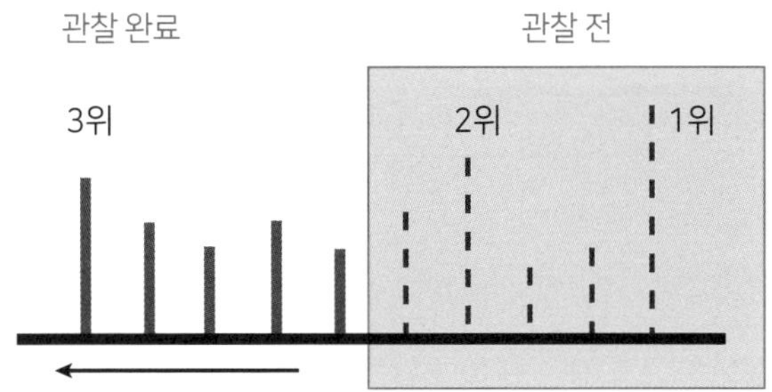

“그렇지. 5명 관찰법으로도 실패할 가능성이 있다는 것이 중요해. 그러므로 실패할 때도 고려하면서 이 방법으로 1위를 발견할 확률을 계산해야 하지.”

“어떻게 계산하면 돼?”

5.5 성공 확률은?

“5명 관찰법이 성공할 조건을 미리 정하자. 우선 진짜 1위는 6번째 이후에 있어야 해. 다음으로, 진짜 1위의 위치를 j번째라 하면 그 직전 $(j-1)$번째까지의 잠정 1위가 최초 5명 중에서 나와야 하지.”

“무슨 말인지 잘 모르겠어. 그림으로 설명해줄래?”

“그림으로 그리면 이런 모습일까?”

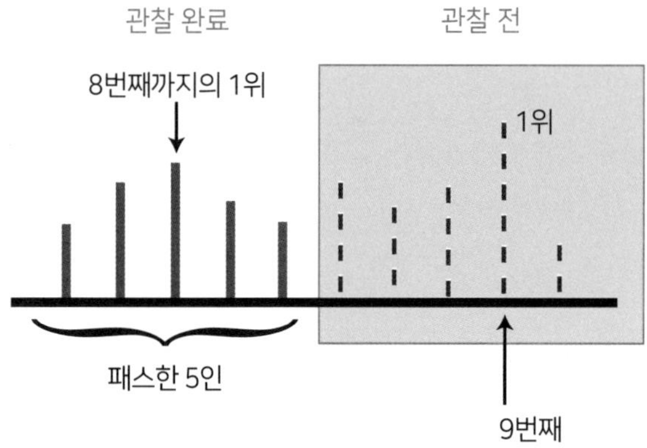

"진짜 1위의 위치가 9번째이고, 8번째까지의 1위가 패스한 5명 중에 있다고 가정하자. 8번째까지의 1위는 반드시 패스한 5명 중에서는 잠정 1위가 되지. 이 잠정 1위는 8번째까지는 1위이므로 6명째 이후의 상대는 8번째까지 잠정 1위를 넘는 일은 없어. 그러나 9번째는 잠정 1위를 뛰어넘는 최초의 상대가 돼. 관찰법 알고리즘에 따라 9번째를 선택하게 되고 9번째는 자동으로 '진짜 1위'가 되는 거야."

"응, 복잡한걸. 그렇지만, 그림 덕분에 겨우 알 듯해."

"그림으로 그리거나 구체적인 수치로 생각한다는 것은 모델을 이해하는 데 무척 좋은 방법이야. 그러면 전체가 10명이라 가정하고 5명 관찰법으로 1위를 찾을 확률을 계산해보자."

• • • • • • • • • • • • • • • • • • • •

조건에서 $(j-1)$번째까지의 잠정 1위가 5번째까지에 포함되고 j번째에 1위가 있을 확률은

$$P\left((j-1)\text{번째까지의 잠정 1위가 5번째까지에 포함됨}\right)$$
$$\times P\left(j\text{번째에 1위가 있음}\right)$$
$$=\frac{5}{j-1}\times\frac{1}{10}$$

이 된다. j의 위치는 6부터 10까지일 수 있다. 그러므로 이 모든 경우를 더한 확률이 5명 관찰법의 성공 확률이 된다. 즉, 다음과 같다.

$$\text{성공 확률}=\sum_{j=6}^{10}\frac{5}{j-1}\cdot\frac{1}{10}=\frac{5}{10}\sum_{j=6}^{10}\frac{1}{j-1}$$
$$=\frac{1}{2}\left(\frac{1}{6-1}+\frac{1}{7-1}+\frac{1}{8-1}+\frac{1}{9-1}+\frac{1}{10-1}\right)$$
$$\approx 0.372817$$

• • • • • • • • • • • • • • • • • • • •

"무작위로 고르면 1/10이므로 이와 비교하니 제법 확률이 높아졌네. 역시 반은 패스한 나의 직감이 어느 정도 들어맞은 거 아냐?"

"무작위로 고르는 것보다는 분명히 좋다는 것을 알 수 있었어. 그렇지만, 반을 관찰한 이후 잠정 1위를 결정하는 방법이 성공 확률을 가장 높이는 방법인지 어떤지는 아직 알 수 없어."

5.6 | 컴퓨터를 이용한 예상

"그렇구나. 10명 중 3명이라든지 6명을 관찰했을 때가 성공 확률이 높을 가능성도 있구나. 그렇지만, 몇 명을 관찰해야 좋을까? 전부 계산해

서 비교하기는 너무 귀찮은데."

"갑자기 해석해서 푸는 것은 어려우므로 우선은 컴퓨터로 다양한 경우를 계산해보도록 하자. 이것도 구체적인 예를 이용한 계산의 일종이지만, 효과적인 방법 중 하나야." 수찬은 계산용 코드를 눈 깜짝할 새에 작성했다.

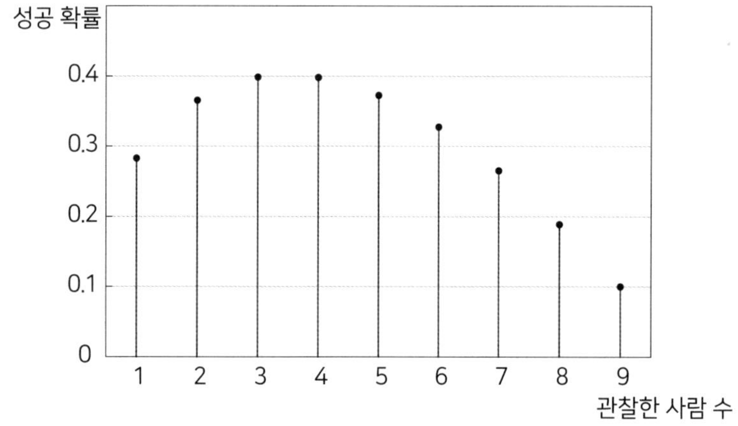

"이건 $n = 10$일 때 관찰할 사람 수를 1부터 9까지 바꾼 경우의 성공 확률이야. 계산 결과에서 3명 또는 4명 패스했을 때의 확률이 가장 높다는 것을 알 수 있지. 같은 내용을 사람 수를 늘려 난수를 사용하여 시뮬레이션해보도록 하자. 다음 함수 select는 n명의 후보자에 대해 **r명 관찰법**을 적용해. 알고리즘은 다음과 같아.[1]"

---

1 프리렉 홈페이지 자료실(https://freelec.co.kr/datacenter)에서 코드(secretary_problem.R)를 내려받을 수 있습니다. 계산하려면 'R'이라는 소프트웨어가 필요합니다.

1. n명에 무작위로 숫자를 할당
2. r명까지 탐색하고 최댓값을 기억
3. $(r+1)$명째 이후에 그 최댓값을 넘는 상대가 나타나면 그것을 선택
4. 선택한 상대가 실제 최댓값인지를 조사하고 성공 시 1, 실패 시 0 반환

```
# 함수 select 정의 #############
select <- function(n, r){
  # n은 후보자 전체 수, r은 관찰할 사람 수
  applicants <- runif(n) # n명만큼 난수 발생
  candidate <- max(applicants[1:r])
  # r명까지의 candidate(잠정 1위)를 정의
  if(candidate == max(applicants)){
    selected <- 0
  }
  # 최초 r명에 전체 1위가 있다면 실패
  # selected에 0 대입

  s <- r + 1
  # while 루프용 카운터로 s 정의

  if(applicants[s] > candidate) {
     # r번째 이후인 사람 > r번째까지의 잠정 1위를 비교
    selected <- applicants[s]
    # 잠정 1위를 넘는 사람을 selected에 대입
  } else {
    selected <- 0
    while(candidate != max(applicants) &
```

```
        applicants[s] < candidate & s<=n){
        s <- s+1
        selected <- applicants[s]
        # candidate보다 좋은 사람이 나타날 때까지 검색을 계속
        # candidate보다 좋은 사람이 나타나면 기록
      } # while ends
    } # if else ends
    if(selected == max(applicants)){1}
    else{0} # selected 전체의 1위인지를 판정
  } # 결과를 0이나 1로 반환하고 종료
```

“예를 들어 $n = 100$이라 하고 30명을 관찰하여 31명째 이후에 잠정 1위를 넘는 사람을 선택하는 것에 성공했는지 아닌지는 다음과 같이 계산하면 돼.”

```
select(n=100, r=30)
```

“시험 삼아 $n = 100$, $r = 50$의 조건으로 1만 번 반복하여 몇 번 성공했는지를 계산해보자. 잘 되면 1, 실패하면 0을 출력하므로 1만 번분의 결과를 평균으로 하면 성공 확률을 알 수 있어.”

```
mean(replicate(10000, select(100, 50))
[1] 0.3492
```

“성공 확률이 대략 0.3492로 나오네. 다음은 $n = 100$으로 두고 $r = 1$부터 $r = 99$까지 r을 1명씩 늘리면서 각각의 성공 확률을 계산해보자. r을 바꿀 때마다 2,000번씩 반복하여 평균을 구할 거야.”

수찬은 함수를 사용한 반복 계산 코드를 입력했다.

"그동안 커피라도 마실까?" 바다가 커피 준비를 시작했다. 그러나 컴퓨터는 1초도 안 돼 계산 결과를 출력했다.

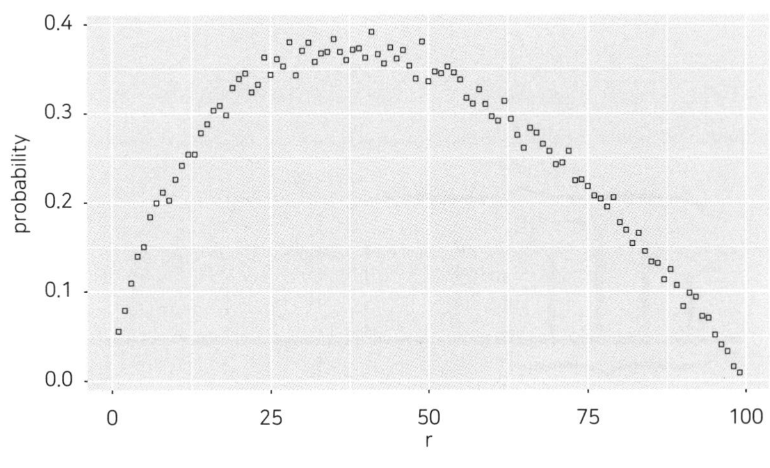

r명 관찰법의 성공 확률 비교

"벌써 결과가 나왔어. 가로축은 몇 명까지 관찰할 것인가를, 세로축은 해당 관찰법의 평균적인 성공 확률을 나타내. 대체로 $r = 36$이나 37 부근에서 확률이 최대임을 알 수 있군."

5.7 전체의 36.7%를 패스하는 이유

"음, 왜 $r = 36$이나 37 부근에서 최대가 될까?" 바다가 물었다.

"그 문제에 답하려면 r명 관찰법의 성공률을 일반식으로 나타내고, 이를 이용하여 확률이 최대가 되는 r을 계산할 필요가 있지."

"그런 것도 돼?"

"확실하지 않으니 우선 시험 삼아 해보도록 하자."

수찬은 즐거운 듯이 계산을 적을 새로운 종이를 펼쳤다.

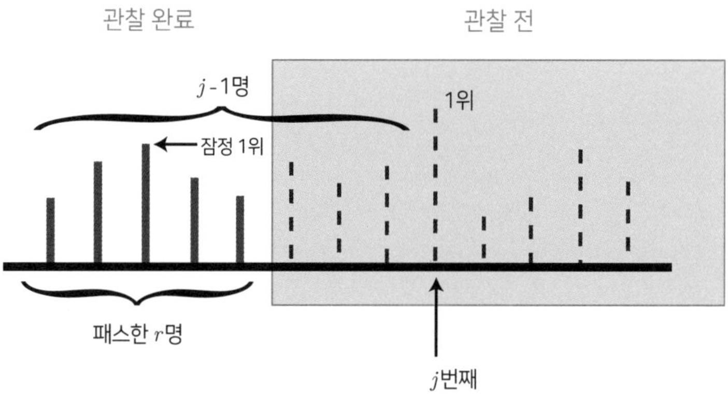

• • • • • • • • • • • • • • • • • • • •

관찰 완료 관찰 전

j-1명

1위

잠정 1위

패스한 r명

j번째

r명 관찰법이 제대로 되기 위한 조건을 정리해보자.

1. n명 중 1위는 $j > r$을 만족하는 j번째에 있다.
2. 패스한 r명 안에 $(j-1)$명까지의 1위가 있다.

이 두 가지 조건을 만족할 때 r명 관찰법은 성공한다.

$(j-1)$번까지의 1위가 r번까지에 포함됨과 동시에 j번째에 1위가 있을 확률은 다음과 같다.

$$P\left((j-1)\text{번째까지의 잠정 1위가 } r\text{번째까지에 포함됨}\right)$$
$$\times P\left(j\text{번째에 1위가 있음}\right)$$
$$=\frac{r}{j-1}\cdot\frac{1}{n}$$

j의 위치는 $r+1$부터 n까지에 있을 것이므로 이를 전부를 더하면 r명 관찰법이 성공하는 확률이 된다.

$$\begin{aligned}\sum_{j=r+1}^{n}\frac{r}{j-1}\cdot\frac{1}{n}&=\frac{r}{n}\sum_{j=r+1}^{n}\frac{1}{j-1} && r/n\text{을 밖으로 뺌}\\ &=\frac{r}{n}\sum_{j=r+1}^{n}\frac{n}{j-1}\cdot\frac{1}{n} && n/n\text{을 곱함}\\ &=\frac{r}{n}\sum_{j=r+1}^{n}\left(\frac{j-1}{n}\right)^{-1}\frac{1}{n} && \text{역수를 취함}\end{aligned}$$

여기서 $t=j/n$이라 두고 합의 기호 $\sum$의 인덱스를 바꾼다.

현재 합의 기호 인덱스 j는

$j=r+1$에서 시작하여 $j=n$에서 끝난다.

$t=j/n$라 두면 $tn=j$이므로

$$\begin{aligned}j=r+1 \Leftrightarrow tn&=r+1\\ t&=\frac{r+1}{n}\end{aligned}$$

또한

$$\begin{aligned}j-n \Leftrightarrow tn&=n\\ t&=1\end{aligned}$$

이다. 따라서

$j=r+1$에서 시작하여 $j=n$에서 끝난다.

를 t로 치환하면 다음과 같이 된다.

$$t=\frac{r+1}{n}$$ 에서 시작하여 $t=1$에서 끝난다.

새로운 인덱스 t를 사용하여 합을 다시 쓰면 다음과 같다.

$$\frac{r}{n}\sum_{j=r+1}^{n}\left(\frac{j-1}{n}\right)^{-1}\frac{1}{n}=\frac{r}{n}\sum_{t=\frac{r+1}{n}}^{1}\left(\frac{tn-1}{n}\right)^{-1}\frac{1}{n}=\frac{r}{n}\sum_{t=\frac{r+1}{n}}^{1}\left(t-\frac{1}{n}\right)^{-1}\frac{1}{n}$$

합 기호 $\sum$의 인덱스가 j에서 t로 변한다는 데 주의해야 한다. 여기서 n에 대한 극한을 구한다.

$$\begin{aligned}&\lim_{n\to\infty}\frac{r}{n}\sum_{t=\frac{r+1}{n}}^{1}\left(t-\frac{1}{n}\right)^{-1}\frac{1}{n}\\&=\lim_{n\to\infty}\left(\frac{r}{n}\right)\lim_{n\to\infty}\left(\sum_{t=\frac{r+1}{n}}^{1}\left(t-\frac{1}{n}\right)^{-1}\frac{1}{n}\right)\end{aligned}$$

r/n의 n에 관한 극한값을

$$\lim_{n\to\infty}\frac{r}{n}=x$$

라 정의하자. 즉, r과 n의 비는 일정하다고 가정한다. 그러면 다음과 같이 된다.

$$x\lim_{n\to\infty}\left(\sum_{t=\frac{r+1}{n}}^{1}\left(t-\frac{1}{n}\right)^{-1}\frac{1}{n}\right)$$

그런데 $n\to\infty$ 이고 $\Delta x_i\to 0$ 일 때 적분을

$$\lim_{n\to\infty}\left(\sum_{i=1}^{n}f(x_i)\Delta x_i\right)=\int_{x_1}^{x_n}f(x)dx$$

로 정의할 수 있으므로

$$\lim_{n\to\infty}\left(\sum_{i=1}^{n} f(x_i)\frac{1}{n}\right) = \int_{x_1}^{x_n} f(x)dx$$

라고 생각하면 합 $\sum f(x_i)\frac{1}{n}$을 적분 $\int f(x)dx$로 근사할 수 있다.[2] 또한,

$$\lim_{n\to\infty}\frac{r+1}{n} = x+0 = x, \ \lim_{n\to\infty}\left(t-\frac{1}{n}\right)^{-1} = t^{-1}$$

이다. 2번째의 극한 계산에서는 로피탈의 정리를 사용한다. 이를 사용하여 합의 극한을 적분으로 근사하면

$$x\lim_{n\to\infty}\left(\sum_{t=\frac{r+1}{n}}^{1}\left(t-\frac{1}{n}\right)^{-1}\frac{1}{n}\right) = x\int_{x}^{1}\frac{1}{t}dt$$

가 된다. 우변을 정적분으로 풀면

$$x\int_{x}^{1}\frac{1}{t}dt = x\left[\log t\right]_{x}^{1} = x(\log 1 - \log x) = -x\log x$$

가 된다. 즉, r명 관찰법의 성공 확률은 $-x\log x$이다.

여기서 x는 r/n, 즉 전체 어느 정도 비율을 패스할 것인가를 나타내는 확률이었다는 것을 기억하자. 따라서 성공 확률을 최대화하는 x를 구할 수 있다. $f(x) = -x\log x$라 두고 x로 미분하면

---

2 합의 극한으로서 정적분 정의는 다음 웹사이트를 참고하길 바랍니다.
참고: http://ictmath.honam.ac.kr/category/sekibun/teisekibun-no-teigi-2.html

$$\begin{aligned}\frac{df(x)}{dx} &= -1\log x + (-x)\frac{1}{x} \\ &= -\log x - 1\end{aligned}$$

이다. 미분 정리 $(fg)' = f'g + fg'$을 사용했다. 도함수를 0으로 두고 x에 관해 풀면

$$\begin{aligned}-\log x - 1 &= 0 \\ -\log x &= 1 \\ x &= \frac{1}{e}\end{aligned}$$

이 된다. 즉, $x = 1/e$일 때 성공 확률은 최대가 된다.

그런데 자연로그의 밑 e는 약 2.718281828⋯이므로

$$x = 1/e \approx 0.367879$$

다른 말로 하면 36.8%를 패스하는 전략이 전체에서 1위를 발견할 확률을 가장 크게 만든다.

• • • • • • • • • • • • • • • • • •

"응~ 적분과 미분 부분이 어려웠어."

"마지막 부분에서는 함수 $f(x)$가 $x = a$에서 극값을 취할 때 $f'(x) = 0$이 된다는 정리를 이용하여 x가 얼마일 때 성공 확률이 최대가 되는가를 조사했어. 생략했지만 2차 도함수의 부호에 따라 $x = 1/e$일 때의 성공 확률은 극댓값을 취하고 $x \in [0, 1]$ 범위에서 이 극댓값은 최댓값이 된다는 것을 나타내지."

"무슨 소린지 잘 모르겠어."

"미분에 대해서는 또 설명할 기회가 있을 거야.[3]"

"알겠어. 잘 부탁해. 그건 그렇고 계산해보니 제대로 36.8%라는 수치가 나오네. 그래서 컴퓨터로 실험했을 때 $n=100$명일 때는 $r=36$이나 $r=37$명 부근까지 패스하는 것이 좋았던 거야. 왠지 신기해."

바다는 계산 과정을 몇 번씩이고 확인했다. 적분을 이용한 근사와 미분 계산이 어려웠으므로 종이에 적으며 천천히 계산의 흐름을 따라가봤다.

"이 알고리즘에서 도출한 시사점에는 더 흥미로운 사실이 감춰져 있어. 성공 확률을 최대로 하는 패스 비율 $1/e$을 성공 확률 $-x\log x$에 대입하면

$$-x\log x = -\frac{1}{e}\log e^{-1} = \frac{1}{e}$$

이 되지." 수찬은 조금 흥분한 목소리로 계산 결과를 설명했다.

"이게 뭐가 그리 대단해?"

"즉, 최대가 되는 성공 확률은 패스 비율 $1/e$과 같다는 거지. 전체의 $1/e$을 패스한 다음, 그 관찰 결과를 이용하여 최선의 대상을 찾으면 그 최선의 대상을 발견할 확률이 최대가 돼. 이때 그 최대 확률도 $1/e$인 거지."

---

3 Model 10에서 다시 미분법의 의미를 설명합니다. 자세한 내용은 다음 웹사이트를 참고하길 바랍니다.
참고: http://ictmath.honam.ac.kr/category/bibun/index.html

"우와~"

"최대 확률을 계산하는 과정에서는 아무것도 구체적인 숫자를 가정하지 않았는데도 알고리즘에 따라 확률을 최대로 하니 자연로그의 밑인 e의 역수가 나왔어. 난 이럴 때 너무 흔하기는 하지만 '아름답다'라는 말 말고는 다른 형용사가 생각나지 않아."

수찬은 계산 결과를 확인하고자 다시 종이와 펜을 들었다.

'36.8%라……. 난 지금까지 몇 %의 사람과 만난 것일까.'

다시 계산에 열중하는 수찬을 바라보면서 바다는 커피잔을 입으로 가져갔다.

5.8 | 궁극의 선택

수찬이 알려준 방법을 이용하여 바다는 자신에게 최선의 물건을 찾기 시작했다. 먼저 퇴거 기한인 2월 말부터 역산하여 검색할 수 있는 기간 안에 최대 몇 건의 물건을 찾을 수 있는가를 계산했다. 그리고 검색 가능한 범위의 36.8%까지는 마음속 잠정 1위 물건을 찾기로 했다.

생각한 범위 내에서까지는 순조로웠지만, 곤란한 일이 생겼다. 이 알고리즘은 모든 대상에 완전한 순위를 매길 수 있다는 조건이 필요하지만, 애당초 순위를 정하기 어려운 물건이 있었다.

"윽, 큰일이네……" 연구실에서 바다가 혼자서 머리를 감쌌다.

"왜 그래? 이사할 곳은 찾았어?" 수찬은 모니터에 시선을 고정한 채 물었다.

"이전에 알려준 방법으로 몇 곳으로 후보를 좁혔지만, 아무리 해도 순위를 매길 수 없는 물건이 있어. 하나는

근무지에서는 가깝지만, 집세가 비쌈

또 하나는

근무지에서는 멀지만, 집세가 쌈

예산에 제약이 있으니까 마지막은 어떻게 해도 이 2개 중 하나를 선택해야 하는 상황이 돼버리는 거야."

"그런 거군. 어려운 선택이긴 하지만 이러한 선택과 관련된 재미있는 연구가 있어. 브루노 프라이(Bruno Frey)와 알로이스 스터처(Alois Stutzer)는 장시간 통근의 스트레스는 결국 손해라는 내용의 논문을 발표했어. 이 논문에 따르면 통근시간이 긴 사람일수록 생활만족도가 낮다고 해."

"응? 어느 정도?"

"통근시간이 0분인 사람과 비교했을 때 편도 22분이 걸리는 사람은 10단계로 측정한 생활만족도가 0.1025포인트 낮아져."

"뭐야, 별거 아니잖아."

"물론 처음 봤을 때는 효과량이 커 보이지 않을 수도 있어. 그러나 생활만족도에 대한 영향을 소득으로 계산하면 통근시간 22분의 증가에 의

한 만족도 감소를 메우려면 약 470유로(약 618,000원)[4]의 월급을 더 받아야 한다고 해."

"응? 그렇게 많이?"

"예를 들어 근무지에서 가까운 물건과 먼 물건 사이에 통근 시간이 30분 차이가 난다고 하자. 만족도에 대한 영향이 선형으로 증가한다면 이를 메우는 데

$$618,000\text{원} \times \frac{30\text{분}}{22\text{분}} \approx 927,000\text{원}$$

씩이나 필요해. 가까운 물건과 먼 물건의 월세가 927,000원 이상 차이가 날까? 아마도 이 정도 차이는 아닐 거야."

"그렇겠지, 뭐."

"더군다나 만족도에 대한 공헌도로 환산한 금액만의 문제가 아니라 장시간 통근은 사람에게 가장 귀중한 자원인 시간을 직접 빼앗지. 이러한 영향은 심각해. 또 다른 연구를 보면 통근 시간이 길어질수록 수면이나 취미에 쓰는 시간도 줄어든다고 해. 그래도 근무지에서 멀지만, 집세가 싼 물건을 고르고 싶어?"

"음~"

"현시점에서는 장거리 출근을 견딜 수 있다고 생각하고 계약을 하더라도 실제로 이를 경험하는 것은 미래의 자신이라는 점에도 주의해야 해. 여기에는 뒤로 미루기에서 본 시간 할인율 모델로 표현한 것과 같은

---

4 1유로 = 1,314원으로 계산했습니다.

구조가 있어. 사람은 일반적으로 미래에 지급할 비용을 낮게 평가하지. 지금의 시점에는 괜찮아, 참을 수 있으리라 판단해도 그 평가는 후할 가능성이 커. 미래의 너는 매일 장시간 통근이라는 비용을 지급해야 해. 왕복 1시간 매일 쓸데없이 시간을 허비하는 미래의 상태를 현시점의 네가 정말로 현실적으로 상상할 수 있을까?”

바다는 시간 할인 이야기를 떠올렸다. 그 이야기를 들은 이후로 그녀는 자신의 단기적 판단을 신중하게 다시 되돌아보는 버릇이 생겼다.

수찬이 지적한 대로 자신이 비교한 집세의 차이는 통근 시간의 증가에 어울릴 정도로 크지 않은 듯한 느낌이 들었다. 그리고 그가 말한 대로 매일 1시간의 여유를 그 차액으로 사는 편이 득일 듯했다.

결국, 바다는 집세는 조금 비싸더라도 근무지에서 가까운 물건을 선택하기로 했다. 이 선택이 올바르다는 절대적인 자신은 없었지만, 적어도 합리적으로 판단했다고 자부했다.

그러므로 후회는 없었다.

3월부터 새로운 생활이 시작된다.

‘이제 곧 대학 졸업인가……. 입학식이 엊그제 같은데…’

대학생활이 끝난다고 생각하니 조금은 섭섭했다. 한편, 새로운 생활에 대한 기대도 부풀어 올랐다.

바다의 마음은 서운함과 희망의 복잡한 그러데이션으로 가득 찼다.

내용 정리

- 모두를 관찰한 다음 대상을 선택할 수 없는 상황에서 가장 좋은 대상을 찾는 확률을 최대화하는 문제는 '비서 문제' 또는 '결혼 문제'로 알려졌다.
- 이 상황에서는 전체의 36.8%를 관찰한 다음, 처음으로 잠정 1위를 넘는 대상이 나타난 시점에 선택한다는 최적 정지 알고리즘이 효과적이다.
- 긴 통근 시간은 생활 만족도를 감소시킨다. 통근 시간의 증가에 의한 만족도 감소를 소득으로 환산하면 그 감소 정도는 월세 차이로도 보완할 수 없다.
- 응용 예: 최적 정지 알고리즘은 다양한 문맥에 적용할 수 있다. 예를 들어 '지금 사귀는 사람과 결혼해야 할까?', '집을 구할 때는 어떤 물건을 선택해야 할까?', '새로운 인재를 채용할 때 어떤 후보자를 선택할까?' 등의 상황에서 선택 기준을 제공한다.

참고 문헌

Ferguson, Thomas S., "Who Solved the Secretary Problem?", *Statistical Science*(1989), 4(3): 282 – 289.

전문가를 위한 비서 문제 관련 논문입니다. 후보자의 분포에 대한 정보가 있을 때의 응용 모델에 대해서도 고찰합니다. 이 장에서는 알고리즘이 성공하는 확률의 최댓값을 구하는 계산 부분을 참고했습니다.

Gardner, Martin, *Sphere Packing, Lewis Carroll, and Reversi: Martin Gardner's New Mathematical Diversions*, Cambridge University Press, 2009.

다양한 수학 퍼즐을 소개하는 일반인 대상 도서입니다. 구골 게임과 그 해법에 대한 칼럼이

수록되었습니다. 가드너 자신이 말하듯이 비서 문제를 처음으로 소개한 것으로 알려졌습니다.

Stutzer, Alois and Bruno S. Frey, "Street that Doesn't Pay: The Commuting Paradox", *Scandinavian Journal of Economics*(2008), 110(2): 339 − 366.

통근 시간의 길이가 생활 만족도에 주는 부정적 영향을 통계적으로 분석한 전문가용 논문입니다. 스터처와 프라이는 주관적인 행복감에 관한 많은 실증연구를 수행했습니다.

矢野健太郎·田代嘉宏,『社会科学者のための基礎数学 改訂版』裳華房, [1979] 1993.

사회과학 이해에 필요한 고등학생~대학 초년생 수준의 수학을 간결하게 정리한 교과서입니다. 행렬, 미분적분, 확률통계에 관한 내용을 정리하고자 할 때나 고등학교 수학 복습에 적당합니다.

Model 6

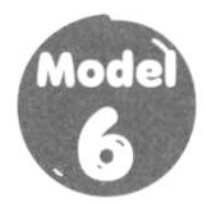

최대 다수, 최대 행복의 아르바이트생 배치 방법은?

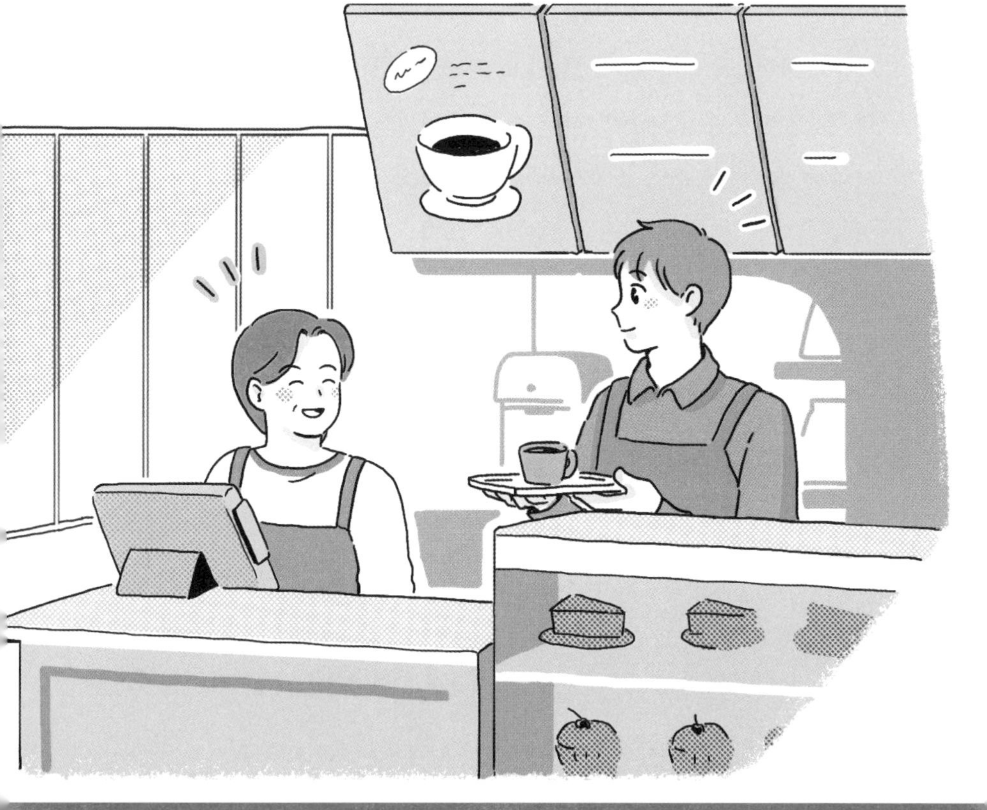

6.1 어떻게 배치해야 좋을까?

어둡기 전에 회사를 나온 바다는 역 앞의 찻집을 향해 걸음을 재촉했다. 수찬이 만날 장소로 정한 장소는 카페가 아닌 '찻집'이라는 명칭이 딱 어울리는, 간단하게 끼니도 해결할 수 있는 오래된 가게였다. 자그만 빌딩 2층에서 영업해서인지 손님은 많지 않았고 조용했다. 가게에 들어서자 테이블 위에 전문서를 펼친 수찬이 커피를 한 손에 든 채 계산하는 모습이 보였다. 가게 벽에 걸린 괘종시계가 수줍은 듯한 소리로 오후 7시를 알렸다.

"오~ 수찬. 졸업 이후 처음이네. 잘 지내?" 바다는 맞은 편에 앉았다.

"여전하지 뭐. 넌? 회사생활에 좀 익숙해졌어?" 수찬이 고개를 들었다. 분명히 온종일 계산만 하느라 그 누구와도 말을 섞지 않았으리라. 사람과 대화하는 것이 오래간만이라는 느낌의 쉰 목소리였다.

"그럭저럭. 아침이 조금 괴로울 뿐." 바다는 손에 든 얇은 코트를 의자에 걸었다.

"그래, 무슨 상담이지?"

"실은 말이야, 세일 기간을 대비해 우리 회사에서 아르바이트생을 고용할 예정인데, 근무지가 5개 지점이라 어디에 누구를 보낼지 정해야 해." 바다는 바로 본론으로 들어갔다. 학생 때와 같은 시간 여유는 없었다.

조금 전까지 그녀는 아르바이트생 신분으로 기업에서 일하던 처지였다. 그러나 대학 졸업 후 몇 개월도 지나지 않은 지금은 아르바이트생을 고용하는 처지다. 자신은 아무것도 변한 게 없다. 그런데도 지금은 정반대의 역할이다. 사회로 나간다는 것은 이러한 비연속적인 변화를 체험하는 것인가라는 생각이 들었다.

한편, 대학원에 진학한 수찬의 생활은 이전과 변함이 없는 듯했다. 분명히 매일 책을 읽으며, 그리고 조용히 추상적인 구조를 계산하겠지.

"몇 명 정도야?"

"모두 20명. 본사 쪽 면접은 끝났으니까 희망에 따라 각 지점에 할당하기만 하면 돼."

"제비뽑기로 적당히 정하면 안 돼?" 수찬은 흥미 없는 듯 읽던 전문서로 다시 시선을 돌렸다.

"작년에 지점의 요구만 듣고서 적당히 배치를 정했더니 계약 기간 도중에 그만두는 사람이 있었대. 그래서 가능한 한 근무자의 희망을 들어주라는 선배의 조언이 있었어." 바다는 한숨을 쉬었다.

"그렇다면 처음부터 지점별로 필요한 사람을 뽑으면 될 텐데." 수찬은 당연한 의견을 말했다.

"그야 그렇지만, 지점도 바쁘고 개별로 채용 면접을 할 틈도 없어. 그래서 본사에서 일괄 채용하기로 한 거야. 여기에 신규 채용자와 희망 지점 목록이 있으니 가능한 한 그들의 희망을 들어주는 조합을 만드는 방법을 알려주면 좋겠어. 부탁이야." 바다는 노트북을 펴고 엑셀을 열어 수찬에게 보였다.

그는 처음에는 흥미가 없는 듯 화면을 바라봤지만, 화면을 스크롤하다 흥미로운 것을 발견했다. 수찬의 눈빛이 밝게 빛났다.

"…… 그렇군. 근무 가능 시간 데이터를 사용하면 지점별로 아르바이트생에 대한 선호를 정할 수 있겠군. 여기서는 DA 알고리즘을 사용하면 되겠네." 수찬은 가방에서 계산을 적을 종이를 꺼냈다.

"이 데이터에는 어떤 지점에서 일하고 싶은지와 각 지점에서 봤을 때 어느 아르바이트생이 바람직하냐는 2가지 정보가 포함됐네. 후자는 어느 정도 데이터를 가공할 필요가 있겠지만, 이 2가지를 사용하면 DA 알고리즘으로 지점의 할당을 정할 수 있겠어."

"디에이 알고리즘?"

"Deferred Acceptance 알고리즘. 잠정 수락이라는 의미야. 데이비드 게일(David Gale)과 로이드 섀플리(Lloyd Shapley)가 고안한 알고리즘으로, 이름 첫 글자를 따 GS 알고리즘이라 부르기도 해. 이 경우 아르바이트생 쪽 DA 알고리즘은 아르바이트생으로서는 최적의 안정 매칭을 실현하고 아르바이트생 쪽 내전략성(Strategy-Proofness)을 가지지. 즉, 아르바이트생은 자신이 희망하는 지점을 솔직히 표현하기만 하면 돼." 수찬은 빠른 말투로 단숨에 설명했다.

"무슨 소린지 잘 모르겠어." 바다는 한쪽 눈을 치켜떴다.

"간단히 말하면 DA 알고리즘을 사용하면 아르바이트생의 희망을 가능한 한 들은 후에 안정적인 조합을 만들 수 있다는 거야. 내전략성이란 아르바이트생이 거짓으로 희망하는 곳을 말한다 해도 이득이 없다는 것을 뜻해."

"오호. 그런 거야? 처음부터 그렇게 설명해줬으면 좋았을걸. 그런데 안정적이란 무슨 뜻이야?"

"한마디로 말하면…… 아냐, 한마디로 말하기는 어렵네. 안정성의 정의를 말하기 전에 선호의 정의부터 설명할게."

6.2 선호란 무엇인가?

"우선 아르바이트생의 집합을 다음과 같이 표시하자.

$$n = \{1,2,3\}$$

그리고 지점의 집합은 다음과 같다고 하자.

$$S = \{A,B,C\}$$

다음으로, 지점에 대한 아르바이트생의 취향을 나타내는 기호를 정의하자. 예를 들어 아르바이트생 i가 지점 A를 지점 B보다 좋아한다면 다음과 같이 표시하지.[1]"

$$A \succ_i B$$

"뭐야? 곡선 두 개를 붙인 듯한 $\succ_i$ 라는 기호는? $>$와는 다른 거야?" 바다는 처음 보는 기호에 거부 반응을 보였다.

"$>$는 숫자의 크고 작음을 나타낼 때 사용하지만, 기호 $\succ_i$는 어느 쪽이 좋은가를 나타내는 거야. 첨자 i가 포인트야. 즉, 이는 i 전용 부등호

1 단순화하고자 대상이 아무 것(혹은 아무나)이나 상관없는 경우와 오로지 한 곳(혹은 한 사람)이기를 바라는 상태는 생각하지 않기로 합니다.

라는 거지."

"i 전용이라. 반려동물 전용 보험같네."

"반려동물이라, 넌 강아지와 고양이 중 뭐가 좋아?"

"음, 어려운 선택이네……. 역시 고양이랄까. 강아지와는 다르지, 강아지와는!"

"난 강아지가 더 좋아. 언제든지 꼬리치며 달려와서 반겨주는 넘치는 애교가 있거든."

"수찬 넌 반려동물을 키운 적 없잖아? 그 차이를 알아?"

수찬은 반려동물을 키운 적은 없었지만, 각 반려동물의 특징은 자세하게 알았다.

"두 반려동물에 대한 취향을 나타내면 다음과 같아."

$$\text{고양이} \succ_{\text{바다}} \text{강아지}\ ,\quad \text{강아지} \succ_{\text{수찬}} \text{고양이}$$

"이 기호로 같은 대상에 대한 개인의 취향 차이를 표현할 수 있지."

"그렇구나, 숫자를 비교하는 $>$의 방향은 일정하지만, $\succ_i$는 i에 따라 방향이 달라도 되는 거네."

"바로 그거야."

정의 6.1 **선호**

개인 i의 대상에 대한 취향 순서를 선호라 부르고 기호 $\succ_i$ 로 나타낸다. 선호는 추이성을 만족한다. 즉,

$$A \succ_i B \text{이고 } B \succ_i C \text{ 이면 } A \succ_i C$$

가 성립한다. 또는 한데 모아 $\succ_i : ABC$ 라 썼을 때는 $A \succ_i B$이고 $B \succ_i C$ 임을 뜻한다.

"이 선호를 이용하여 아르바이트생과 지점의 매칭을 만들자. 매칭이란 아르바이트생과 지점의 조합으로, 예를 들어 다음과 같은 쌍을 말하지.

$$(1,\ A),\ (2,\ B),\ (3,\ C)$$

또는 다음도 매칭의 하나야.

$$(1,\ C),\ (2,\ A),\ (3,\ B)$$

아르바이트생의 희망을 들어주려면 어떤 매칭을 만들어야 할까? 라는 것이 네가 당면한 과제인 거지."

6.3 DA 알고리즘

"그럼, 아르바이트생 $\{1,\ 2,\ 3\}$을 지점 $\{A,\ B,\ C\}$에 할당하는 DA 알고리즘을 설명할게. 아르바이트생과 지점 각각의 선호가 다음과 같다고 가정할게. 아르바이트생의 선호는 왼쪽이고 지점의 선호는 오른쪽이

야.” 수찬은 계산 용지에 그림을 그렸다.

아르바이트생		지점	
$\succ_1$: BAC	①	Ⓐ	$\succ_A$: 123
$\succ_2$: ACB	②	Ⓑ	$\succ_B$: 213
$\succ_3$: BCA	③	Ⓒ	$\succ_C$: 321

“잠시만. 아르바이트생이 어느 지점에서 일하고 싶은지의 선호를 가진다는 것은 알았는데, 지점 쪽은 어떤 식으로 아르바이트생에 대한 선호를 정하지?”

“아까 보여줬던 데이터에 따르면 사람에 따라 희망하는 근무 시간이 다르므로 지점에 따라 1번보다 2번 쪽이 근무 교대를 짜기가 편할 수 있어. 이런 정보를 이용하여 사람에 대한 지점의 선호를 정하는 거지.”

“앗, 그런 거구나.”

“그 밖에 궁금한 점은?”

“음, 지엽적인 부분이긴 한데, 지점에 따라서는 2명 이상의 아르바이트생이 근무하므로 이런 식의 1대 1이 아닐 때도 있는데……. 이런 경우는 생각하지 않아도 돼?” 바다가 의문점을 지적했다.

“확실히 현실에서는 1개의 지점이 여러 명의 아르바이트생을 고용하지. 단, 1대 1 매칭 사고방식은 1대 다 매칭으로 확장할 수 있으므로 문제없어. 아이디어의 본질은 이 단순한 예로 설명할 수 있어. 단순화 법칙 기억하지?”

“그러니까 최초 모델은 가능한 한 단순하게 생각하라는 거?”

“바로 그거야. 처음에는 가능한 한 단순하게, 그럼에도 본질적인 구조를 추출한 예를 생각한 다음, 나중에 일반화하면 돼. 그럼 제1단계야. 우선 각 아르바이트생이 제1지망 지점을 신청해."

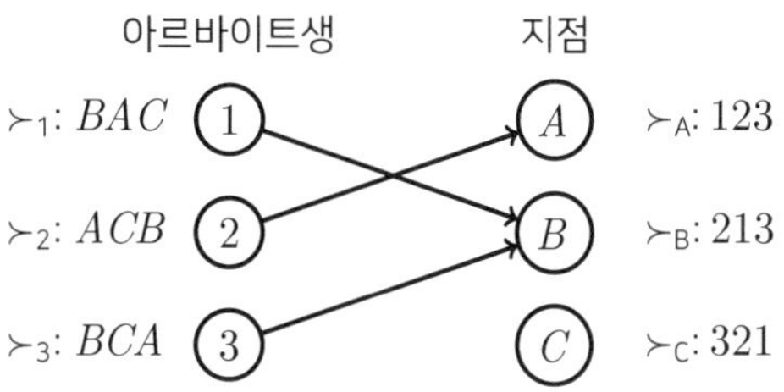

"제1지망을 나타낸 시점에 지점 B에는 2명의 응모자가 있어."

"어느 쪽을 선택하면 되지?"

"지점 B는 1과 3 중 원하는 쪽을 선택하면 돼. 지점 B의 선호를 확인해보면

$$\succ_B : 213$$

이므로 3보다 1을 좋아하지. 따라서 지점 B는 3의 신청을 거절해. 그럼 거절당한 3의 화살표는 지우자. 지점 A에는 2만 신청했으므로 우선 2는 그대로 두자. 그러면 그림은 다음과 같이 돼."

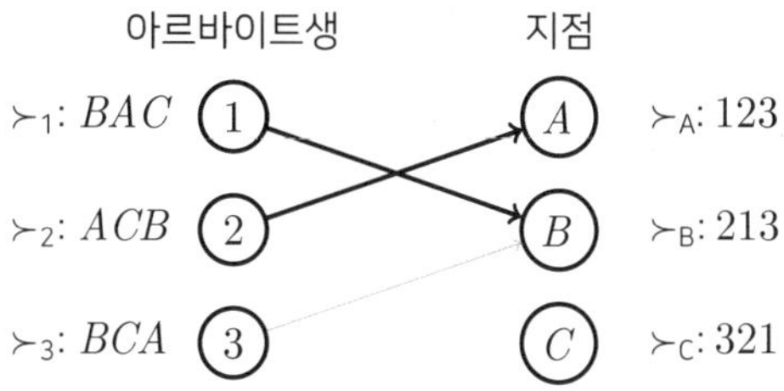

"지점 B가 3의 신청을 거절했으므로 3의 선을 흐리게 표시했어. 거절당한 3은 다음 지망인 지점 C에 신청하지." 수찬은 새로운 선을 그었다.

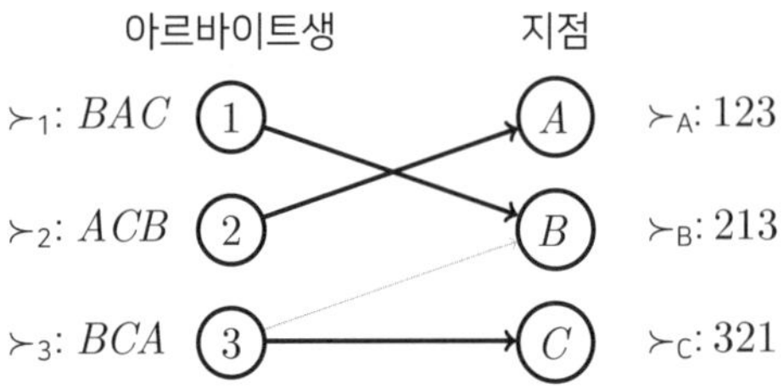

"그러면 1대 1 조합이 완성되므로 여기서 매칭은 끝나. 완성된 조합은 다음과 같아.

$$(1,\ B),\ (2,\ A),\ (3,\ C)$$

만약 제2단계 이후에 1곳의 지점에 대해 여러 명의 신청이 있을 때는 가장 바라는 아르바이트생 1명만 그대로 두고 나머지는 거절해. 거절당한 사람은 다음으로 바라는 지점을 신청하지. 최종적으로 매칭이 확정될 때까지 이를 반복하는 거야."

"응, 방식은 알겠어. 종이에 번호를 적고 선으로 연결하면 간단하네."

"종이에 적을 때는 거절한 상대의 선을 지우는 것이 포인트야. 그렇게 하지 않으면 무척 혼란스러우니깐. 여기서 DA 알고리즘의 순서를 확인해보자."

1. 각 아르바이트생은 제1지망 지점 신청.
2. 이 시점에 1대 1 매칭이 완성된다면 여기서 종료. 완성되지 않을 때는 다음으로 이동.
3. 2명 이상이 신청한 지점이 있다면 그 지점은 신청자 중 가장 바라는 사람을 남기고 나머지는 거절.
4. 원하는 곳에서 거절당한 아르바이트생은 다음 희망하는 지점을 신청하고 순서 2로 돌아감(제k지망이 거절이라면 제$k+1$지망을 신청)

6.4 매칭의 안정성

매칭이란 개념을 정확히 정의해보자.

아르바이트생과 지점의 선호 조합을 첨자 없는 기호 $\succ$를 사용하여

$$\succ = (\succ_1, \succ_2, \succ_3, \succ_A, \succ_B, \succ_C)$$

라고 쓴다. 매칭 m은 신청한 사람과 신청한 지점의 대응을 정의하는 함수이며

$$m = (m(1), m(2), m(3), m(A), m(B), m(C))$$

라는 기호로 누가 어느 지점과 연결되었는지를 나타낸다.

예를 들어 아르바이트생 1로서는 $m(1) = A$는 매칭 m에 의해 자신이 근무하는 지점이 A로 결정되었음을 뜻한다. 반대로 지점 A로서는 $m(A) = 1$은 그곳에서 일할 아르바이트생이 1임을 뜻한다. 이러한 매칭은 쌍이 되는 상대를 대응시키는 함수이므로

$$m(1) = A \text{와 } m(A) = 1\text{은 동치}$$

라고 정의된다.[2]

여기서 다양한 매칭 중 어느 매칭이 더 바람직하냐는 문제를 생각해보자.

---

2 $m(1) = A \Rightarrow m(A) = 1$이고 $m(A) = 1 \Rightarrow m(1) = A$가 성립할 때 $m(1) = A$와 $m(A) = 1$은 동치라고 말합니다.

앞과 마찬가지로 선호가 다음과 같다고 한다.

$$\succ_1 : BAC \qquad \succ_A : 123$$
$$\succ_2 : ACB \qquad \succ_B : 213$$
$$\succ_3 : BCA \qquad \succ_C : 321$$

여기서 DA 알고리즘과는 다른 방법으로 다음과 같은 조합을 실현했다고 가정한다.

$$(1,\ A),\ (2,\ C),\ (3,\ B)$$

“과연 이 매칭은 좋은 매칭이라고 말할 수 있을까?” 수찬이 물었다.

“음, 과연 어떨까? 1과 2는 제2지망과, 3은 제1지망과 매칭이므로 아르바이트생 쪽의 희망이 나름 받아진 듯 보이는데……”

“시험 삼아 아르바이트생 1과 지점 B의 선호를 조사해보자. 아르바이트생 1로서는

$$B \succ_1 A$$

가 성립하고 지점 B로서는

$$1 \succ_B 3$$

이 성립하지. 이는 다음을 뜻해.

1은 현재 상대인 A보다도 B가 좋다.

B는 현재 상대인 3보다도 1이 좋다.

즉, 1과 B는 현재 상대를 버리고 새로운 조합 $(1,\ B)$를 만들기 원하지. 이를 $(1,\ B)$는 현재 매칭을 블록한다라고 말해.”

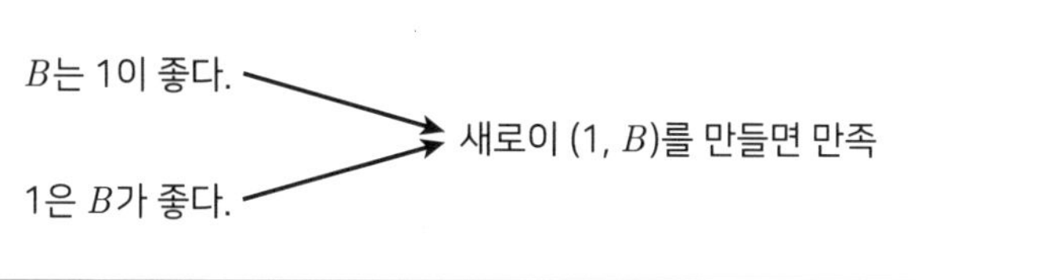

"새로운 조합에 따라 현재의 매칭 m이 블록된다는 것은 m이 불안정하다는 것을 뜻하지. 거꾸로 말하면 블록되지 않을 때 매칭은 안정적이라 한다는 거고."

정의 6.2

안정성

매칭 m이 선호 $\succ$을 기준으로 안정적이란 말은 어떤 (i, j)에 의해서도 m이 블록되지 않는다는 것을 뜻한다. m이 블록될 때 m은 불안정이라 한다.

"이것이 안정성의 정의란 말이지. 확실히 복잡하기는 하네."

"이해할 수 있겠지?" 수찬이 물었다.

"요컨대 지금의 조합보다 더 좋은 조합이 있으면 안 된다는 거지?"

"그 표현은 조금 부정확해. '서로 현재의 상대보다 더 좋다고 생각하는 상대끼리 새로운 쌍을 만들어 현재의 매칭에서 일탈하려는 유인이 있는 것'이 **불안정**의 정의야. 단순히 쌍 중 한쪽이 현재의 상대보다도 바람직한 상대가 별도로 있는 상태라고 해서 이를 불안정이라 부르지는 않아."

"앞서 본 DA 알고리즘으로 실현한 매칭을 생각해보자. 결과 매칭은

$$(1, B), (2, \mathrm{A}), (3, C)$$

였어. 이때 아르바이트생 3은 현재의 매칭 상대인 C보다도 B 쪽이 좋다고 생각해(3의 선호는 $\succ_3 : BCA$ 이므로). 그렇지만, 지점 B는 현재 매

칭인 아르바이트생 1을 3보다 더 바람직하다고 생각하므로(B의 선호는 $\succ_B$: 213) B에게는 현재의 쌍을 해소하고 3과 쌍을 다시 이룰 유인이 없어. 이런 경우는 불안정이 아니라는 거지."

6.5 DA 알고리즘의 안정성

"지금 설명한 예는 우연이 아니라 항상 성립해. 다음 성질이 중요해."

명제 6.1

DA 알고리즘은 반드시 안정적인 매칭을 실현한다.

"각자의 선호가 어떤 것이든 DA 알고리즘에 의해 쌍을 만들면 그 매칭은 반드시 안정적으로 돼. 강력한 명제지."

"어떻게 해서 그렇게 되지?" 바다가 물었다.

"우선 구체적인 예로 생각해보자. 여기

$$(1, A)$$

라는 쌍이 DA 알고리즘에 의해 실현되었다고 하자. 이때 아르바이트생 1이 A보다 B를 선호한다고 가정하고. 즉, 다음과 같아.

$$B \succ_1 A$$

반드시 제1지망 상대와 쌍을 이루는 것은 아니므로 1이 이러한 선호를 가질 가능성은 있지. 여기서 DA 알고리즘 순서를 생각해보면 1은 A 전에 B를 먼저 신청했을 거야."

바다는 DA 알고리즘의 순서를 확인했다. 분명히 수찬이 말한 대로였다. 제1지망부터 순서대로 신청하므로 $B \succ_1 A$ 라면 1은 A 전에 B를 신청했을 것이었다.

"그렇지만, 결과적으로 (1, A)라는 쌍이 실현되었다는 것은 B가 1을 거절했다는 것을 뜻해."

"그러네. 거절하지 않았으면 (1, B)가 되었을 텐데."

"B는 1을 거절한 결과 1보다도 더 바람직한 상대와 최종적으로 쌍을 이루었어. 즉, DA 알고리즘의 결과 B는 반드시 1보다도 바람직한 상대와 쌍을 이뤘으므로 그 상대를 버리고 1로 바꿀 유인이 없어. 따라서 1은 B에게 퇴짜를 맞았다는 거고."

"정말이네."

"이 예를 일반화하여 'DA 알고리즘은 안정적인 매칭을 이끌어냄'을 설명해볼게."

• • • • • • • • • • • • • • • • • • •

DA 알고리즘에 의해 실현한 매칭을 m이라 하자. m이 안정적임을 나타내려면 어떤 쌍 (i, j)라도 m을 블록할 수 없음을 보이면 된다.

그런데 (i, j)가 m을 블록한다는 것은

$$j \succ_i m(i) \text{이고 } i \succ_j m(j)$$

가 성립한다는 것을 뜻한다. 다른 말로 하면

$$j \succ_i (\text{매칭 } m \text{에서 } i \text{의 상대})$$

이고

$$i \succ_j (\text{매칭 } m\text{에서 } j\text{의 상대})$$

일 때 m은 (i, j)에 의해 블록된다.

여기서 전반의 $j \succ_i m(i)$만 성립한다고 가정하여 매칭 m에서는 후반의 $i \succ_j m(j)$가 동시에 성립하지 않음을 알아보자.

우선 $j \succ_i m(i)$라 가정한다. 즉, i에게 매칭 m에서의 상대 $m(i)$보다도 j 쪽이 더 바람직하다고 하자.

그러면 j는 DA 알고리즘 어딘가의 단계에서 i의 신청을 거절했고 i를 거절한 단계에서 j는 i보다도 더 바람직한 상대로, $k \succ_j i$인 k를 확보하고 있다(여기서 k는 i와는 다른 사람임을 나타냄).

DA 알고리즘의 순서에 따라 j의 최종적인 상대 $m(j)$는 k거나 k보다 더 바람직한 상대이다. 만약 $m(j)$와 k가 일치한다면 $k \succ_j i$이므로 $m(j) \succ_j i$라 할 수 있다. 또한 $m(j)$가 k보다도 더 바람직한 상대라면

$$m(j) \succ_j k \succ_j i$$

이므로 사이에 있는 k를 생략하면

$$m(j) \succ_j i$$

가 된다. 즉, 어느 쪽도 $m(j) \succ_j i$가 성립한다.

이는 j가 현재 상대 $m(j)$를 버리고 i로 바꿀 마음은 없다는 것을 뜻한다.

여기서 (i, j)가 매칭 m을 블록하려면

$$j \succ_i m(i)\text{이고 } i \succ_j m(j)$$

여야만 했었다. 그런데 $j \succ_i m(i)$를 가정하면 그 반대인 $m(j) \succ_j i$가

유도됨을 확인했다. 따라서 $j \succ_i m(i)$와 $i \succ_j m(j)$가 동시에 성립하는 일은 없다.

그러므로 (i, j)는 DA 알고리즘의 결과인 매칭 m을 블록할 수 없다. 여기서 (i, j)의 선택 방법은 임의였으므로 이 논증에 따라 어떤 (i, j)를 고르더라도 m을 블록할 수 없다는 것을 알았다. 따라서 매칭 m은 안정적이다.

• • • • • • • • • • • • • • • • • • • •

"끙~ 구체적인 예일 때는 이해했는데, 일반화하니깐 어려워져…"

"사람의 머리는 구체적인 예를 일반화하는 데는 전문이지만, 그 반대는 서투를 때가 잦아. 그러므로 일반적인 명제를 증명할 때는 우선 구체적인 예를 생각한 다음 이를 일반화하는 것이 좋아."

6.6 어느 쪽에 최적인가?

"좋아, DA 알고리즘의 방식은 알았어. 이를 이용하여 아르바이트생과 지점의 매칭을 생각하면 되는 거네."

"단, 아르바이트생 쪽에서 신청할 경우와 지점에서 신청할 경우 결과가 서로 다를 수 있으므로 주의해야 해."

"응? 그건 왜 그래?" 바다의 표정이 어두워졌다.

"지금까지의 설명에서는 아르바이트생이 지점을 신청했지만, 거꾸로 지점 쪽에서 아르바이트생을 지명하면 매칭 결과가 달라질 수 있어."

"그럼, 거꾸로 지명하면 안정이 안 되는 거야?" 바다가 고개를 기울였다.

“그렇지 않아. 앞서 증명한 대로 DA 알고리즘은 반드시 안정적인 매칭을 달성해. 우선은 같은 선호를 가정하여 지점 쪽에서 지명하면 결과가 어떻게 되는지를 확인해보자. 초기 상태는 다음과 같았지?”

아르바이트생 지점

$\succ_1: BAC$ ① Ⓐ $\succ_A: 123$

$\succ_2: ACB$ ② Ⓑ $\succ_B: 213$

$\succ_3: BCA$ ③ Ⓒ $\succ_C: 321$

“이번에는 아르바이트생 쪽이 아니라 지점 쪽에서 제1지망 아르바이트생을 지명하자.”

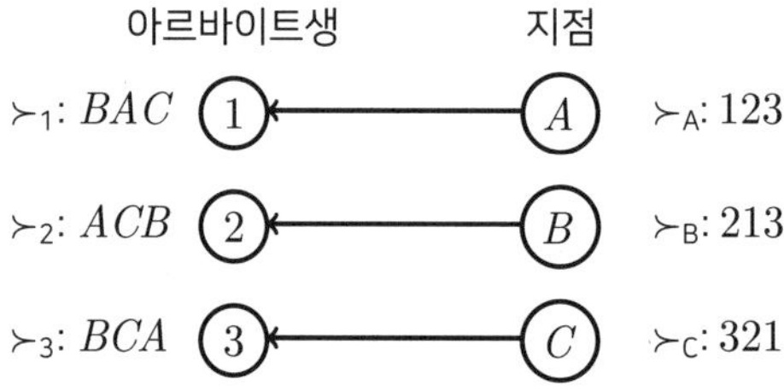

“응? 어디도 겹치지 않네?” 바다가 신기한 듯이 말했다.

“그래. 우연히 제1지망이 겹치지 않았으므로 매칭 종료야. 중요한 것은 ‘지점 쪽 지명 결과’와 ‘아르바이트생 쪽 신청 결과’가 다르다는 점이지. 가정과 결과를 정리해보자.”

아르바이트생과 지점의 선호

$\succ_1: BAC \qquad \succ_A: 123$

$\succ_2: ACB \qquad \succ_B: 213$

$\succ_3: BCA \qquad \succ_C: 321$

아르바이트생 쪽이 신청했을 때의 DA 알고리즘 결과

$$(1,\ B),\ (2,\ A),\ (3,\ C)$$

지점 쪽에서 지명했을 때의 DA 알고리즘 결과

$$(1,\ A),\ (2,\ C),\ (3,\ B)$$

"지점 쪽에서 지명했을 때도 안정적인 거지?"

"어느 쪽에서 신청하거나 지명해도 DA 알고리즘이라면 결과는 안정적이야."

"그렇구나. 양쪽 모두 안정적이구나. 그럼 어느 쪽을 사용하면 좋을까?"

"지금의 예에서 봤듯이 안정적인 매칭은 반드시 1종류만은 아냐. DA 알고리즘은 아르바이트생 쪽의 신청과 지점 쪽의 지명에서 일반적으로는 다른 결과를 보여줘. 물론 양쪽이 우연히 일치할 때도 있지만, 일반적으로는 일치하지 않지. DA 알고리즘은

1. 아르바이트생 쪽에서 신청할 때는 아르바이트생에게 최적인 안정 매칭을 이룬다.
2. 지점 쪽에서 지명할 때는 지점에 최적인 안정 매칭을 이룬다.

라는 성질이 있어."

"최적이란 어떤 의미지?"

"아르바이트생에게 현재의 안정적 매칭이 최적이라는 건 모든 아르바이트생에게 현재 상대가 다른 안정 매칭으로 쌍을 이룬 상대와 같거나 더 바람직한 상대라는 의미야. 지점 쪽에서 최적이란 그 반대란 거고. 구

체적인 예로 확인해보자. 다음과 같은 2개의 매칭 m_1, m_2가 있다고 가정하자."

아르바이트생 쪽에서 신청했을 때의 DA 알고리즘 결과

$$m_1 = ((1,\ B),\ (2,\ A),\ (3,\ C))$$

지점 쪽에서 지명했을 때의 DA 알고리즘 결과

$$m_2 = ((1,\ A),\ (2,\ B),\ (3,\ C))$$

"m_1의 결과는 모든 아르바이트생에게 m_2와 같거나 더 바람직한 상대와 쌍을 이루었을 거야. 우선 1부터 확인해보자. 1은

m_1에서는 B와, m_2에서는 A와 쌍

을 이뤄. $B \succ_1 A$ 이므로 m_1 쪽이 바람직하지.

다음으로, 2는

m_1에서는 A와, m_2에서는 B와 쌍

을 이루지. $A \succ_2 B$ 이므로 m_1 쪽이 바람직하고.

마지막으로 3은 m_1에서도 m_2에서도 모두 상대가 같아. 따라서 아르바이트생 전원에게 m_1의 결과는 m_2와 같거나 더 바람직한 결과라는 것을 알 수 있지. 거꾸로 지점이 볼 때 m_2의 결과는 'm_1보다 좋거나 같음'이 되는 거야. 확인해봐."

수찬이 재촉하자 바다는 지점 쪽의 선호를 확인해봤다. 그가 말한 대로 지점 쪽으로서는 m_2 쪽이 더 바람직하다는 것을 알 수 있었다.

"정말이네. 그렇다는 것은 안정적이면서도 아르바이트생에게 최적의

매칭을 만들려면 아르바이트생 쪽의 신청에 DA 알고리즘을 적용하면 되겠네."

"바로 그거야."

6.7 파레토 효율

"매칭의 바람직함을 평가하는 기준으로 안정성보다 약한 파레토 효율이라는 게 있어. 파레토 효율은 사회 현상을 비교하는 기본 개념의 하나로, 매칭 이외에도 다양한 경우에 등장하니까 알아두면 좋아."

"그 파레토 효율이라는 개념, 대학교 수업에서 몇 번이나 들었지만, 결국 의미도 이해하지 못한 채 졸업해버렸네."

"모른다고 스스로 느낀다면 전혀 문제없어. 파레토 효율의 정의는 조금 복잡해서 이해하는 데 요령이 필요해. 간단한 예를 이용해 설명할게."

• • • • • • • • • • • • • • • • • •

우선, 2명에게 무언가 이득을 주는 상태를 한번 생각한다. 예를 들어

수찬, 바다
(1 , 1)

이러한 이득의 나열을 배분이라 한다. 배분 (1, 1)과 또 다른 배분 (2, 2)를 비교하자.

$$(1, 1) \to (2, 2)$$

(2, 2)에서는 (1, 1)과 비교해 2명 모두 이득이 1씩 늘어났다. 이때 배분 (2, 2)는 배분 (1, 1)을 파레토 지배한다고 말한다.

그리고 어떤 배분 x를 파레토 지배하는 배분이 있을 때 이 배분 x를 **파레토 효율**이라 하고, 거꾸로 파레토 지배될 때 원래의 배분 x는 파레토 효율이 아니라고 말한다.

예를 들어 지금 사회 상태로서 배분이

(1, 1), (2, 2), (4, 5)

3종류밖에 없다고 가정하자.

그러면 (1, 1)이라는 상태는 (2, 2) 또는 (4, 5)라는 배분에 의해 파레토 지배되므로 파레토 효율이 아닌 상태라 할 수 있다.

또한, (2, 2)라는 상태는 (4, 5)라는 배분에 의해 파레토 지배되므로 역시 파레토 효율이 아니다.

3개의 배분 중 파레토 효율인 것은 (4, 5)뿐이다(가정에서 사회 상태가 3종류뿐이라 했으므로).

파레토 지배된 배분은 누구에게도 바람직한 것이 아니므로 사회 상태를 평가하는 기준의 하나로 이 파레토 효율이라는 개념을 종종 사용한다.

우선 일반적인 언어로 직감적인 정의부터 정리해보자.

정의 6.3

파레토 지배(직감적 정의)

모든 이의 이득을 뛰어넘는 배분은 원래의 배분을 파레토 지배한다고 말한다.

정의 6.4

파레토 효율(직감적 정의)

파레토 지배되지 않는 배분을 파레토 효율이라 말한다.

다음으로, 기호를 사용하여 더 정확하게 정의해보자. 개인의 집합 $\{1, 2, \cdots, n\}$에 대해 배분 x, y를

$$x=(x_1,x_2,...,x_n),\ y=(y_1,y_2,...,y_n)$$

이라 정의한다. 배분은 개인의 이득을 나타내며 클수록 바람직하다고 가정한다.

정의 6.5

파레토 지배

배분 y가 배분 x를 파레토 지배한다는 것은

$$모든\ i에\ 대해\ y_i > x_i$$

를 만족한다는 뜻이다.

정의 6.6

파레토 효율

배분 x가 파레토 효율이라는 것은 x를 파레토 지배하는 또 다른 배분 y가 없다는 것을 뜻한다. 즉,

$$모든\ i에\ 대해\ y_i > x_i$$

를 만족하는 배분 $y=(y_1, y_2, ..., y_n)$은 없다는 것이다.

"그렇구나. 이제야 파레토 효율의 사고방식을 가까스로 이해한 것 같아."

"교과서에 따라서는 파레토 효율이 아니라 파레토 최적이라 부르기도 하지만, 뜻은 똑같아."

"파레토 효율인 상태라면 모두 납득하겠지?"

"그렇지도 않아." 수찬은 단번에 부정했다.

"아니, 이 이상 개선할 수는 없는 거잖아?" 바다는 이해할 수 없었다.

"그럼 예를 들어 여기에 있는 100원을 나머지 없이 2명에게 나눠주자." 그렇게 말하고 수찬은 지갑에서 100원짜리 동전을 꺼냈다.

"이 100원을 너와 내가 나누는 데는 다양한 패턴이 있겠지."

"그렇지." 바다는 100원 동전을 가만히 바라봤다.

"만약 내가 '99원을 내가 받고 1원은 네게 줄게.'라는 배분을 제안한다고 하자. 이 배분이 파레토 효율이라 생각해?"

"응? 그런 불공평한 배분 방식, 파레토 효율일 리가 없잖아. 그도 그럴 것이…… 어라? 나머지가 없다는 것은 내가 가질 양을 늘리면 네가 가질 양이 줄어든다는 거네? 어라? 그렇다는 것은 2명 모두의 이득을 늘릴 수 있는 배분은 없다는 뜻? 그럼 (99, 1)은 파레토 효율인 배분이야?"

"정의에 따르면 그렇게 되지." 수찬은 냉정하게 고개를 끄덕였다.

합계가 100원이 되는 어떤 배분도 (99, 1)을 파레토 지배할 수 없다.

"또는 이렇게도 말할 수 있지."

합계가 100원이 되는 어떤 배분도 모두 파레토 효율이다.

"음, 그렇구나. 이렇게 생각하니 분명히 파레토 효율이면서도 모두가 이해하지 못할 때도 있는 거네."

"파레토 효율은 공평함에선 아무런 배려도 하지 않아. 이제 파레토 효율의 의미는 이해했지? 지금까지의 내용을 바탕으로 매칭에서의 파레토 효율을 다음과 같이 정의하자."

정의 6.7

매칭의 파레토 효율

어떤 매칭 m이 파레토 효율이라는 것은 다음 조건을 만족하는 또 다른 매칭 m'이 없다는 것을 뜻한다.

모든 i에 대해 $m'(i) \succ_i m(i)$이다.

"그렇지만, 왜 매칭의 효율성을 굳이 정의한 거야?"

"안정적인 매칭은 반드시 파레토 효율이라는 거지."

명제 6.2

안정적인 매칭은 반드시 파레토 효율이다.

"와~ DA 알고리즘은 단순하긴 하지만 여러 가지 좋은 성질이 있구나."

"그 부분이 이 알고리즘의 뛰어난 점이라 생각해. 간단해서 누구나 이해할 방법이면서도 강력한 결과를 보증해주지. 알고리즘의 본보기라 해도 좋은 방법이야. 이 알고리즘은 현실 사회에 폭넓게 응용할 수 있어. 잘 알려진 예로는

수련의와 병원의 매칭

학생과 학교의 매칭

신입사원과 배정 부서의 매칭

인턴과 기업의 매칭

등이 있지."

"오~ 그러고 보니 내가 인문학부에 입학했을 때 제1지망은 심리학이었지만, 지망과는 전혀 다른 수리행동과학연구실로 배정되었지. 이것도 DA 알고리즘인가?"

"학생과 학부나 연구실을 매칭하는 데 DA 알고리즘을 채용하는 대학이 실제 있기는 해. 우리 대학은 어떤지 모르지만. DA 알고리즘의 또 하나 이점은 허위 선호를 표명해도 이득이 없다는 점이야."

"허위 선호?"

"즉,

어차피 제1지망 연구실은 인기가 많아 자신은 들어갈 수 없을 테니

일부러 2번째로 지원한 연구실을 제1지망이라 거짓말한다.

라는 전략이 도움이 안 된다는 거야. DA 알고리즘을 이용한 배정일 때는 솔직히 자신의 선호를 표명하는 게 좋아."

"그렇구나. 이번에 회사에서 사용할 기회가 있다면 시험해볼게."

6.8 재능

"그건 그렇고, 수찬 너에겐 언제나 부탁만 해서 미안한걸." 바다가 갑자기 말투를 바꿨다.

"왜 그래? 또 지갑 안 가져온 거야?"

"학생 때부터 항상 너에게 배우기만 했다고 생각해. 나야 도움이 되지만, 너에겐 별 도움이 안 되는 거 아닌가 하고 말이야."

"뭐야, 그런 뜻이야?"

"갑자기 미안한 마음이 들어서."

"전혀. 너에게 뭘 설명할 때는 나 자신도 항상 새로운 발견을 해. 내가 알고 있던 게 애매했다는 것을 눈치채기도 하고, 지금까지 놓쳤던 것을 발견하기도 하지. 그러니깐 나도 너에게 많이 배워. 게다가 이렇게 가끔이라도 사람과 이야기하지 않으면 이상해질지도 모르니까, 딱 좋아. 나야말로 고마워."

바다에게 이 말은 뜻밖이었다.

"그렇지만 네가 이야기를 나눌 상대로 나는 좀 부족하지 않아?"

"그렇지 않아. 너 스스로는 미처 눈치채지 못할지도 모르지만, 넌 재능이 있어."

"응? 정말? 난 계산부터 여러 가지로 엄청 서툰데."

"그런 걸 말하는 게 아냐. 전에도 말했지만, 넌 모르는 것은 바로 모른다고 말하고 이를 늘 잊지 않아."

"그랬었나? 신경이 쓰이는걸, 뭐."

"그것도 재능이야. 넌 모를 때는 모른다고 확실히 자각하고 이를 잊지 않고 유지할 수 있지. 이건 재능이야."

"그런 걸까?"

"물론이지."

바다는 수찬의 말을 그냥 흘려들을 수는 없었다. 자신에게 수학적인 사고 재능이 있다고는 도저히 믿을 수 없었기 때문이다.

단, 자신과 대화하는 그가 시간 낭비라 생각하지 않는다는 것을 알고는 조금은 기뻤다.

내용 정리

- 아르바이트생을 지점에 배정하는 방법으로는 DA 알고리즘이 효과적이다.
- DA 알고리즘은 안정적인 매칭을 실현한다.
- 이 알고리즘은 아르바이트생 쪽의 신청일 때와 지점 쪽의 지명일 때 일반적으로 서로 다른 결과를 낳는다. 단, 둘 다 안정적이다.
- 매칭이 안정적이란 '서로 현재의 상대를 버리고 새로운 쌍을 만드는 편이 좋다'라는 쌍이 존재하지 않는다는 말이다.
- 응용 예: DA 알고리즘은 사람끼리의 매칭뿐 아니라 '개인과 그룹', '사람과 직장', '사람과 물건'의 매칭에도 적용할 수 있다. 또한, 이 장의 예에서는 1대 1 매칭을 다루었지만, 1대 다 매칭 상황에도 적용할 수 있다.

참고 문헌

舟木由喜彦,『演習ゲーム理論』新世社, 2004.

비협력 게임과 협력 게임을 균형 있게 설명한 대학생용 교과서입니다. 매칭이 게임 이론의 구조상으로는 협력 게임으로 분류된다는 것이나 안정 매칭이 협력 게임의 해 개념인 핵심에 해당한다는 것을 구체적인 예를 통해 알기 쉽게 설명합니다. DA 알고리즘이나 파레토 효율에 관해 참고했습니다.

Gale, David and Lloyd Shapley, "College Admissions and the Stability of Marriage", *The American Mathematical Monthly(1962)*, 69: 9 − 15.

게일과 섀플리가 처음으로 DA 알고리즘을 발표한 논문입니다. 겨우 6페이지로, 필요한 개념과 정리의 증명을 간략하게 서술합니다.

境井豊貴,『マーケットデザイン入門 - オークションとマッチングの経済学』ミネルヴァ書房, 2010.

경매와 매칭을 주제로 자세히 설명한 초보자용 경제학 교과서입니다. TTC 알고리즘이나 복수재 경매(여러 개를 한 번에 경매) 등 다양하고 흥미로운 모델을 소개합니다. 이 책에서는 같은 정도로 좋아하는 것을 고려한, 더 일반적인 선호에 기반을 둔 이론을 설명합니다. 이 장에서는 DA 알고리즘과 매칭의 안정성 증명에 관해 참고했습니다.

Model 7

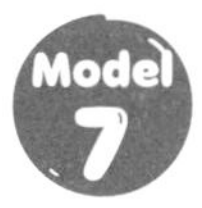

매출 상승의 진짜 이유를 알려면 무작위화 비교실험이 필요해!

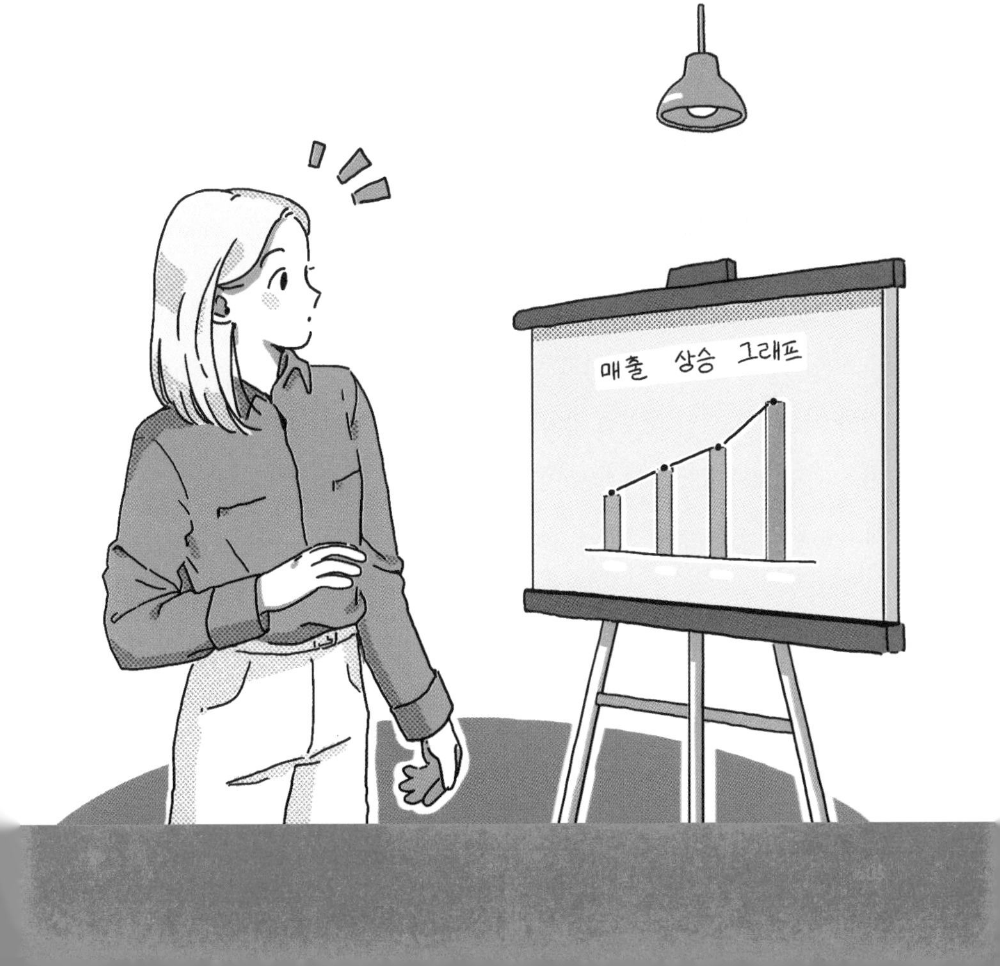

7.1 회의

의류 제조사 회의실에서는 결론이 나지 않는 무의미한 대화가 계속됐다.

원래라면 이 회의에 신입사원인 바다는 참가할 필요가 없다. 그녀가 여기 있는 이유는 잡 트레이닝의 하나로 기획 현장을 견학하기 위해서이다. 이를 위해 그녀는 발언 기회도 없는 회의를 아침부터 견학 중이다. 여러 개의 온라인 쇼핑몰 사이트 디자인 중 매출 증대에 가장 효과가 있을 듯한 안을 선택하는 작업은 난항을 겪고 있었다.

이야기를 들으며 바다는 위화감을 느꼈다. 이야기한들 결정도 나지 않는 문제를, 단지 시간을 들여 검토하는 척하기만 하는 것은 아닌가. 자신보다 지식도 경험도 더 많은 어른이 의미 없는 것을 의례적으로 계속하는 것은 아닌가. 혹시 이는 자신의 인내력을 시험하고자 진행하는 연극은 아닌가. 그녀는 이런 생각까지 하기 시작했다.

바다는 가만히 벽시계로 시각을 확인했다. 회의실에 있는 사람 그 누구도 이 이상은 시간 낭비이므로 그만두자고 말하지는 않았다. 마치 그것이 어른의 분별인 것처럼 말이다. 시각은 벌써 12시를 지나고 있었다. 겨우 자리를 주재했던 과장이 이제 점심시간이므로 일단 정리하자고 말하고는 회의 종료를 선언했다.

그때 문득 바다는 수찬을 생각했다. 그라면 여기서 어떤 제안을 할 것인가? 그라면 문제를 해결할 가장 효과적인 방법을 제안하여 명목만 있는 회의 따위는 후다닥 끝내려 하지 않을까? 이런 생각이 머릿속을 스쳤다.

"결론이 나지 않는 복수 안에 대해서는 비교실험을 하고 그 결과를 본 뒤 정하는 것이 어떨까요?" 정신을 차렸을 때는 생각이 입 밖으로 튀어나온 뒤였다. 결과 없는 회의에서 드디어 해방이라는 안도감에 긴장을 늦췄는지도 모르겠다. 갑작스레 튀어나온 말에 바다 자신도 놀랐다.

신입사원이 발언하리라고는 생각지 못했기에 회의 참가자들 역시 그녀의 발언에 놀랐다. 그러나 결국 바다의 제안은 무시되었다. 그녀의 제안은 그 속내가 '쓸데없는 회의는 그만두고 데이터를 이용하여 판단합시다'라는 내용이었기 때문이다. 오랜 시간 회의를 계속했던 참가자가 보기에는 눈을 치켜뜨게 하는 발언이었으리라.

회의실을 나온 순간 한 선배 사원이 바다에게 말을 걸었다. 바다의 신입 연수를 담당하는 사원이었다.

"아까와 같은 행동은 곤란해요. 바다 사원은 단지 회의록을 받아쓰기만 하면 돼요. 그러니 일부러 일을 늘릴 만한 발언은 하지 않았으면 해요." 그렇게 말하고는 사라졌다.

'뭔가 잘못 말한 거라도 있나?'

7.2 무작위화 비교실험

"이런 줄 알았으면 학생 때 좀 더 제대로 공부해둘 걸 그랬어. 사회인은 시간이 너무 없어."

역 앞 찻집은 여전히 손님이 없었다. 퇴근 후 바다가 들르자 수찬이 언제나처럼 전문서를 펼쳐놓고 커피를 마시고 있었다.

“걱정거리라도 있어?” 수찬이 책에 눈을 고정한 채 물었다.

“얼마 전에 온라인 쇼핑몰 기획 회의에 참석했다는 이야기 했었지?”

“참석? 신입사원이 그런 데도 참석해?”

“연수 목적으로 견학한 거야. 거기서 나도 모르게 어느 안이 좋은지 이야기만 해서는 결정이 안 되니까 비교실험으로 정하면 어떠냐는 발언을 해버렸지.”

“음, 정당한 제안이야.”

“그렇지? 그런데 선배한테 쓸데없는 말은 하지 말라는 소릴 들었어. 왠지 화가 나서 비교실험 방법을 조사해봤지.”

“요즘에는 기업에서 A/B 테스트가 유행이래. 그래, 방법은 알게 됐어?”

“인터넷에 수많은 사이트가 있기에 쭉 훑어봤지. 요컨대 디자인 A 사이트를 본 고객과 디자인 B 사이트를 본 고객 그룹을 나누고 각각의 매출 평균을 비교하여 매출이 늘어난 쪽 사이트 디자인을 채용하면 되는 거지? 그래서 다음 달 첫 주는 원래 디자인으로 데이터를 모으고 두 번째 주는 새로운 디자인으로 바꿔 비교해볼 생각이야.”

수찬은 읽던 책을 덮었다.

“그렇게 되면 무작위 할당이 아냐. 처치 이외의 영향 요인이 섞일 가능성이 있어.”

“응? 그렇게 하면 안 되는 거야?”

“원래 사이트를 본 집단과 새로운 디자인을 본 집단은 서로 사이트를 본 시기가 달라. 그렇게 되면 집단의 성질 그 자체가 변했을 가능성이 있으므로 디자인 이외의 요인 때문에 매출의 차이가 발생했을 수도 있어."

"어떤 식으로?"

"예를 들어 조사를 시행한 시기가 우연히 보너스 지급 시기였고 2주째에 보너스가 지급되었다고 하자. 그러면 2주째에 측정한 집단 쪽이 일시적으로 실소득이 늘어나게 되므로 상품 구매 가능성이 커지지. 그러므로 새로운 디자인을 본 사람들의 평균 매출액이 원래 디자인일 때보다 많아지더라도 이 결과가 사이트 디자인의 차이에서 비롯된 건지 보너스 지급으로 구매 의욕이 늘었기 때문인지 구별할 수가 없어."

"그렇구나. 그럼 월급날 전후와 보너스 지급 전후는 피하는 게 좋겠네."

"물론 피하는 게 좋겠지만, 시기에 신경을 쓴다고 하더라도 구매에 영향을 줄 만한 돌발적인 사건까지는 예측할 수 없어. 혹시나 대규모 자연재해가 일어나거나 주가가 폭락, 급상승할 가능성도 있지. 그러므로 어느 디자인을 보일 것인가를 할당하려면 같은 시기에 무작위로 행할 필요가 있어. A/B 테스트의 통계학적 이름은 무작위화 비교실험(randomized controlled trial)이야. 무작위화한 다음, 처치를 받은 집단과 받지 않은 집단을 통제(control)하는 것이 중요하지. 새로운 디자인 효과 외에도 신약 효과, 보충수업 효과 등 피험자에 대한 효과를 알고 싶은 조건을 일반적으로 처치(treatment)라고 해."

"응. 그 이야기를 들은 적은 있지만, 솔직히 잘 모르겠어. 왜 무작위화가 꼭 필요한 거야?”

7.3 무작위화가 필요한 이유

“거꾸로 어떤 조건이라면 무작위화가 필요 없을지를 생각해보자. 예를 들어 우리가 철에 바르면 부식을 방지하는 녹 방지제 ‘제녹스’를 개발 중이라고 하자. 이때는 크기, 모양, 밀도가 모두 똑같은 실험용 철을 준비한 다음, 한쪽에는 제녹스를 바르고 또 한쪽에는 아무것도 바르지 않고 같은 조건에 내버려둔 다음 그 결과를 비교하면 되지. 이 경우 처치를 실시한 부분의 녹이 적다면 제녹스가 녹 발생을 억제했다고 생각할 수 있어. 왜 그런지 알겠어?”

“그러니까, 준비한 철이 같은 것이라서?”

“그렇지. 실험용 철이라면 같은 품질의 것을 준비할 수 있지. 2개 철에서 차이가 발생한다면 제녹스를 발랐는가 아닌가의 차이밖에 없으므로 제녹스가 녹을 억제한 원인이라고 생각하는 것이 합리적이지.”

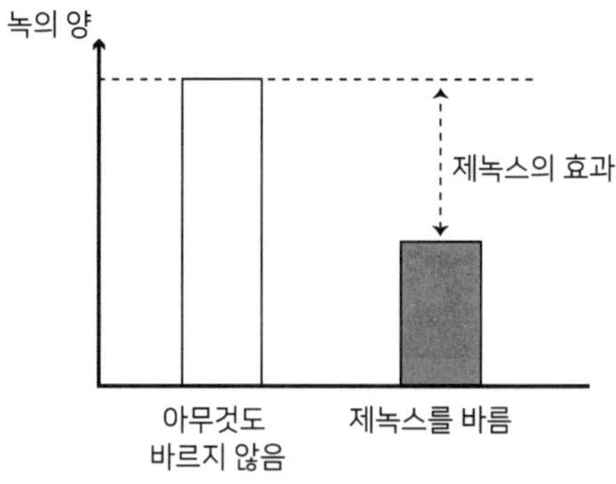

"그러면 사람은 어떨까? 가상으로 '너'와 '또 하나의 너'가 있다고 생각해보자. 마치 실험용으로 준비한 철과 마찬가지로 '너'와 '또 하나의 너'는 전혀 다른 점이 없다고 할게. 이때 이 두 사람에게 서로 다른 디자인의 사이트를 보여주고 상품을 살까 말까를 관찰하면 디자인 차이의 효과를 알 수 있지. 그러나 현실에서 넌 한 사람밖에 없으므로 '원래 사이트를 보는 것'과 '리뉴얼한 사이트를 보는 것'을 동시에 실행할 수 없어. 가령 네가 현실에서 본 디자인이 A라고 하면 디자인 B만을 본 너는 가상의 존재일 뿐이야."

"그러니까 말이야, 그걸 모르겠다니깐. '나'라는 한 사람의 인간이 이전 디자인의 사이트에서 쇼핑한 후 새로운 디자인의 사이트에서 쇼핑하면 완전히 똑같은 '나'에 관한 결과를 비교할 수 있잖아. 근데 왜 이렇게 하면 안 되는 거야?"

"그건 동일 대상에서 처치 전후를 비교하는 전후비교연구라 하지. 이 경우 최초의 조건이 다음 조건에 영향을 줄 가능성이 있어. 예를 들어 쇼핑의 경우 실제로는 뒤에 본 새로운 디자인 쪽이 구매 의욕을 높이는 효과가 있다 하더라도, 먼저 이전 디자인에서 돈을 써버린 경우 그 시점에서 쇼핑 예산이 줄게 되므로 다음 시점에서는 상품을 사지 않을 가능성이 있지. 그러므로 새로운 디자인의 인과 효과를 측정하려면 동일 대상에 대해 동시에 **원인 제시**와 **원인 제시하지 않음**을 실행해야 해."

"그렇지만, 그건 무리잖아."

"그래서 대상자를 처치한 그룹과 처치하지 않은 그룹으로 무작위로 나누어. 무작위로 나눈 2개의 그룹은 처치 조건만 다르고 그 외의 특징은 대체로 같게 한 그룹이라 생각할 수 있지."

"무슨 소린지 잘 모르겠어."

"회사의 쇼핑 사이트에 방문한 사람 중 반은 새로운 사이트로, 반은 이전 사이트로 접속하도록 하는 거야. 이때 난수를 사용하여 어느 쪽 사이트에 접속할 것인지를 무작위로 정하고."

"응응."

수찬은 계산 용지에 다음과 같은 간단한 그림을 그렸다.

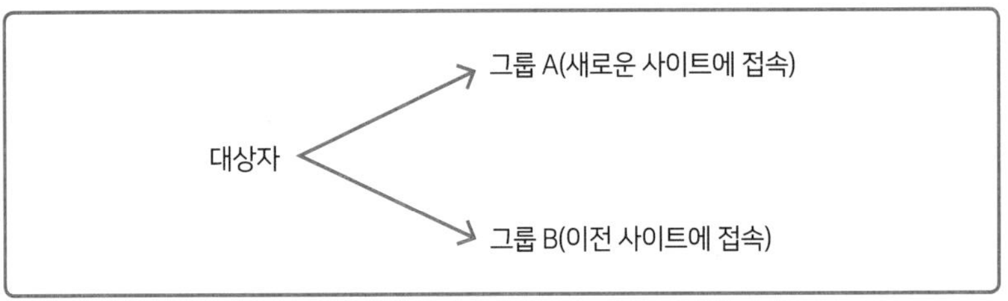

"새로운 사이트를 본 그룹과 이전 사이트를 본 그룹의 차이를 생각해 보자. 예를 들어 남녀 비가 다를까?"

"음, 무작위로 나누었다고 했지? 그렇다면 남녀 비는 대체로 같지 않을까?"

"그럼, 취업 중인 사람의 비율은 어떨까?"

"그것도 대체로 같을 듯해."

"바로 그거야. 무작위로 나눈 2개 그룹 A와 B는 남녀 비도, 취업자 비율도, 연령구성도, 부자의 비율 등도 대체로 같으리라 기대할 수 있어. 그룹 사이의 유일한 차이는 접속한 사이트 차이밖에 없어. 이렇게 한 다음 판매 사이트별 두 그룹의 구매액 차이를 비교하지. 만약 사이트 리뉴얼이 판매촉진에 긍정적인 영향을 주었다면

그룹 A의 평균 구매액 > 그룹 B의 평균 구매액

이 될 거야. 이 차이는 처치의 차이에서 기인한다고 생각할 수 있어. 이것이 무작위화 비교실험의 개요야.”

“음, 왠지 모르게 경험상, 그렇게 되리라 생각하지만 아무리 해도 여전히 이해는 안 되는걸?”

“어느 부분이?”

“그러니까, 이건 다양한 연구 분야에서 사용하는 표준 방법이잖아? 그 기초가 ‘경험에 따르면, 그렇게 될 거야’ 정도의 애매한 이유만으로 괜찮을까 하는 게 조금 신경 쓰여.”

“그렇군. 좋은 질문이야. 잠재적 결과(potential outcome)라는 개념을 사용하여 좀 더 자세하게 설명할게. 이 개념은 루빈의 1974년 논문을 계기로 많은 분야에서 참고하게 된 사고방식이야.”[1]

7.4 조건부 기댓값

“잠재적 결과를 이용한 인과 효과 추정을 설명하려면 **조건부 기댓값(conditional expectation)**이라는 사고방식이 필요한데, 들어본 적 있어?”

---

1 단, 루빈에 따르면 잠재적 결과라는 기법을 처음으로 사용한 것은 1923년 네이만의 논문이라 합니다.

"들어본 적이 있는 것 같기도…… 그렇지만 설명하라 하면 무리일 듯."

"그럼 그것부터 설명해볼게. 앞서 2개의 확률변수 합의 기댓값을 설명했었지? 그때 동시확률분포라는 것을 다뤘잖아."

X와 Y의 동시확률분포

		Y 0	Y 1	합계
X	0	0.1	0.2	0.3
X	1	0.2	0.1	0.3
X	2	0.3	0.1	0.4
	합계	0.6	0.4	1

"조건부 기댓값은 'X 값을 고정한 상태에서 Y의 기댓값' 또는 'Y 값을 고정한 상태에서 X의 기댓값'을 말해. 예를 들어 $X=0$일 때 Y의 기댓값을 어떻게 계산하는지 알겠어?" 수찬이 물었다.

"$X=0$인 행만을 사용하여 Y의 기댓값을 계산하면 될 것 같은데. $X=0$일 때 $Y=0$인 확률이 0.1이고 $Y=1$인 확률이 0.2이므로

$$0 \times 0.1 + 1 \times 0.2 = 0.2$$

아냐?" 바다는 표를 보면서 계산했다.

"안타깝지만 틀렸어." 수찬은 계산 용지를 테이블 위에 펼치고 수식을 쓰면서 설명했다.

• • • • • • • • • • • • • • • • • • •

$X=0$이라는 조건을 이용해 Y의 기댓값을 계산하려면 조건부 확률을 사용해야 한다. 예를 들어 「$X=0$이라는 조건에서 $Y=0$인 확률」은 기호로 $P(Y=0 \mid X=0)$이라 쓰고 그 정의는 다음과 같다.

$$P(Y=0 \mid X=0)=\frac{P(X=0, Y=0)}{P(X=0)}$$

여기서 $P(X=0,\ Y=0)$은 「$X=0$이고 $Y=0$인 확률」을 뜻한다. 실제로 계산해보면 다음과 같다.

$$P(Y=0 \mid X=0)=\frac{P(X=0, Y=0)}{P(X=0)}=\frac{0.1}{0.3}=\frac{1}{3}$$

정의 7.1

조건부 확률

$X=x$라는 조건에서 $Y=y$가 되는 확률 $P(Y=y \mid X=x)$는 다음과 같다.

$$P(Y=y \mid X=x)=\frac{P(X=x, Y=y)}{P(X=x)}$$

동시확률과 조건부 확률을 혼동하지 않도록 주의해야 한다.

동시확률: $X=0$이고 $Y=0$인 확률

$$P(X=0, Y=0)=0.1$$

조건부 확률: $X=0$을 조건으로 하는 $Y=0$의 확률

$$P(Y=0 \mid X=0)=\frac{1}{3}$$

마찬가지로 $X=0$이라는 조건에서 $Y=1$이 되는 확률은 조건부 확률을 사용하므로 다음과 같다.

$$P(Y=1 \mid X=0)=\frac{P(X=0, Y=1)}{P(X=0)}=\frac{0.2}{0.3}=\frac{2}{3}$$

그러므로 2개 확률의 합계는 1이 된다.

$$P(Y=0 \mid X=0)+P(Y=1 \mid X=0)=\frac{1}{3}+\frac{2}{3}=1$$

따라서 $X=0$이라는 조건에서 Y의 조건부 기댓값은 다음과 같다.

$$\begin{aligned} E[Y \mid X=0] &= 0 \cdot P(Y=0 \mid X=0)+1 \cdot P(Y=1 \mid X=0) \\ &= 0 \cdot \frac{1}{3}+1 \cdot \frac{2}{3}=\frac{2}{3} \end{aligned}$$

좀 더 일반적으로 표현하여 Y의 실현값이 y_1, y_2, $\cdots$, y_m처럼 m개 있을 때 $X=x$라는 조건에서 Y의 조건부 기댓값을 생각해보자.

$$\begin{aligned} E[Y \mid X=x] &= y_1 \cdot P(Y=y_1 \mid X=x)+y_2 \cdot P(Y=y_2 \mid X=x)+\cdots+y_m \cdot P(Y=y_m \mid X=x) && \text{조건부 기댓값의 정의에 따라} \\ &= y_1 \frac{P(Y=y_1, X=x)}{P(X=x)}+y_2 \frac{P(Y=y_2, X=x)}{P(X=x)}+\cdots+y_m \frac{P(Y=y_m, X=x)}{P(X=x)} && \text{조건부 확률의 정의를 이용} \\ &= \sum_{i=1}^{m} y_i \frac{P(Y=y_i, X=x)}{P(X=x)} && y\text{에 대한 합을 정리} \end{aligned}$$

• • • • • • • • • • • • • • • • • • • •

"그렇구나. 요컨대 X, Y의 동시확률을 확률 $P(X=x)$를 기준으로 보면 Y의 조건부 확률의 합계가 1이 되는 거네."

바다는 동시확률분포표를 보면서 그가 설명한 조건부 확률의 정의를 확인했다.

"그런 거지."

“이번엔 내가 예를 하나 만들어볼게. $Y=0$을 조건으로 했을 때 X의 기댓값 계산이 좋겠네.

$$E[X|Y=0]=0\cdot P(X=0|Y=0)+1\cdot P(X=1|Y=0)+2\cdot P(X=2|Y=0)$$

조건부 기댓값의 정의에 따라

$$=0\cdot\frac{P(X=0,Y=0)}{P(Y=0)}+1\cdot\frac{P(X=1,Y=0)}{P(Y=0)}+2\cdot\frac{P(X=2,Y=0)}{P(Y=0)}$$

조건부 확률의 정의를 이용

$$=0\cdot\frac{0.1}{0.6}+1\cdot\frac{0.2}{0.6}+2\cdot\frac{0.3}{0.6}$$

$$=0+1\cdot\frac{1}{3}+2\cdot\frac{1}{2}=\frac{1}{3}+1=\frac{4}{3}$$

어때?”

“좋은데? 이렇게 직접 예를 만들어 계산할 수 있다는 것은 제대로 이해했다는 증거야. 조건부 기댓값 $E[Y|X]$는 X와 Y가 독립일 때 다음과 같이 돼.

$$E[Y|X]=E[Y]$$

이 성질은 무척 중요해.”

$$E[Y|X=x]=y_1\cdot P(Y=y_1|X=x)+y_2\cdot P(Y=y_2|X=x)+\cdots+y_m\cdot P(Y=y_m|X=x)$$

조건부 기댓값의 정의에 따라

$$=y_1\frac{P(Y=y_1,X=x)}{P(X=x)}+y_2\frac{P(Y=y_2,X=x)}{P(X=x)}+\cdots+y_m\frac{P(Y=y_m,X=x)}{P(X=x)}$$

조건부 확률의 정의에 따라

$$=y_1\frac{P(Y=y_1)P(X=x)}{P(X=x)}+y_2\frac{P(Y=y_2)P(X=x)}{P(X=x)}+\cdots+y_m\frac{P(Y=y_m)P(X=x)}{P(X=x)}$$

X와 Y의 독립성에 따라

$$=y_1\cdot P(Y=y_1)+y_2\cdot P(Y=y_2)+\cdots y_m\cdot P(Y=y_m)$$

분자와 분모에서 $P(X=x)$를 지움

$$=E[Y]$$

y의 기댓값 정의에 따라

"X와 Y가 독립이라면 X에 조건이 있을 때도 Y의 기댓값은 변하지 않네. 좋아, 잘 기억해두겠어."

"반대도 똑같아. 서로 독립이라면 Y에 조건이 있을 때 X의 기댓값도 변하지 않아. 즉, $E[X|Y]=E[X]$야."

7.5 잠재적 결과

"조건부 기댓값의 의미를 알았으니까 지금부터는 처치의 효과를 조건부 기댓값을 이용하여 표현하는 방법을 설명할게."

• • • • • • • • • • • • • • • • • • • •

우선 새로운 디자인 사이트에 접속할 것인가 아닌가를 확률변수 D로 나타낸다.

$$D=\begin{cases}1, & \text{새로운 사이트에 접속}\\ 0, & \text{이전 사이트에 접속}\end{cases}$$

D는 처치를 적용할 것인가 아닌가를 정하는 확률변수이다.

고객의 구매액을 확률변수 Y로 둔다. 그리고 $D=1$일 때의 구매액을 $Y[1]$, $D=0$일 때의 구매액을 $Y[0]$으로 나타내고 이 2가지를 잠재적 결과라 부르자. 잠재적 결과란 처치 여부에 따라 존재하는 가상 결과 변수를 말한다. 관찰할 수 있는 것은 한쪽뿐이지만, 마치 $Y[0]$와 $Y[1]$ 2가지의 잠재적 결과가 존재하는 것처럼 생각하는 것이다. '관찰한 결과'와 원래 있을 수도 있었던 '관찰하지 못한 결과'를 가상의 한 쌍으로 바라보는 아이디어가 루빈의 인과 모델의 특징이다.

지금 다루는 예로 설명하면 새로운 사이트에 방문한 고객의 구매액이 $Y[1]$이고 이전 사이트에 방문했을 때의 구매액은 $Y[0]$이다. Y는 실제로 관찰한 결과변수이며 다음과 같이 나타낼 수 있다.

$$\begin{aligned} Y &= \begin{cases} Y[1], & D=1 \\ Y[0], & D=0 \end{cases} \\ &= DY[1]+(1-D)Y[0] \end{aligned}$$

마지막 식 $DY[1]+(1-D)Y[0]$은 D의 조건에 따라 분기하는 Y를 하나씩 모아 정리한 표현이다. 예를 들어 이 식에 $D=1$을 대입하면 다음과 같다.

$$1 \cdot Y[1]+(1-1)Y[0]=Y[1]$$

그리고 $D=0$을 대입하면 다음과 같다.

$$0 \cdot Y[1]+(1-0)Y[0]=Y[0]$$

처치와 잠재적 결과의 관계를 다음 표로 정리했다. 조사대상을 $N=\{1, 2, \cdots, n\}$으로 하고 개체 i에 관한 잠재적 결과는 $Y_i[1]$ 또는 $Y_i[0]$으로 나타낸다. 첨자 i가 개체이고 [ ] 안의 숫자가 처리 여부다.

$Y_{\text{개체 } i}$**[처치 유무]**

결과변수란 구매액 등의 비교 대상이 되는 가치이고, 배경색을 칠한 부분은 관찰되지 않은 값이다.

개체	처리변수 D	처리군 $Y[1]$	통제군 $Y[0]$	결과변수 Y
		잠재적 결과		
1	$D_1 = 0$	$Y_1[1]$	$Y_1[0]$	$Y_1[0]$
2	$D_2 = 0$	$Y_2[1]$	$Y_2[0]$	$Y_2[0]$
…	…	…	…	…
…	…	…	…	…
$n-1$	$D_{n-1} = 1$	$Y_{n-1}[1]$	$Y_{n-1}[0]$	$Y_{n-1}[1]$
n	$D_n = 1$	$Y_n[1]$	$Y_n[0]$	$Y_n[1]$

만약 어떤 개체 i에 대해 $D_i = 1$이라면 $Y_i[1]$만 관찰되고 $Y_i[0]$은 관찰되지 않는다. 거꾸로 $D_i = 0$이라면 $Y_i[0]$만 관찰되고 $Y_i[1]$은 관찰되지 않는다.

여기서 $Y[1] - Y[0]$은 새 사이트를 방문했을 때의 구매액과 이전 사이트를 방문했을 때의 구매액 차이이므로 웹 디자인의 차이에 따른 영향을 나타낸다.

확률변수 $Y[0]$, $Y[1]$ 차이의 기댓값

$$E\left[Y[1] - Y[0]\right]$$

은 처치에 따른 구매액 차이의 평균을 나타낸다. 이를 평균처치효과라 한다. 이 기댓값의 불편 추정량(unbiased estimator)은 다음과 같이 생각한다.

$$\frac{1}{n}\sum_{i=1}^{n} Y_i[1] - Y_i[0]$$

그러나 같은 개인 i에 대해 $Y_i[1]$과 $Y_i[0]$을 동시에 관찰할 수는 없으므로 위의 불편 추정량은 계산할 수 없다.

• • • • • • • • • • • • • • • • • • • •

"잠시만, 불편 추정량이 뭐야?"

"계산한 기댓값이 파라미터(모집단의 평균, 분산 등)와 일치하는 확률변수를 불편 추정량이라 해."

"역시나 무슨 말인지 잘 모르겠어."

"그러면 간단한 예를 이용하여 추측 통계의 기초를 확인해보자."

7.6 불편 추정량

예를 들어 고객의 구매액이 관심 대상이라 하자. 구매액의 실제 분포를 확률변수 Y로 나타내고 모집단이라 부르자. 모집단에서 무작위로 추출한 일부의 데이터를

$$(y_1, y_2, \cdots, y_n)$$

으로 두면 이 값은 실제로 측정할 때까지는 알 수 없다. 그러므로 이들 수치는 모집단과 독립적으로 같은 확률분포를 따르는 확률변수 Y_1, Y_2, $\cdots$, Y_n의 실현값이라 할 수 있다. 확률변수와 데이터를 각각

$(Y_1, Y_2, \cdots, Y_n)$ 크기 n인 표본(확률변수)

$(y_1, y_2, \cdots, y_n)$ 크기 n인 데이터(실현값)

이라 구별하여 부른다. 지금 데이터를 이용하여 모집단 Y의 평균 $E[Y] = \mu$를 추측하고 싶다 하자.

여기서 추정량으로서 표본의 함수를 생각하자.

$$\bar{Y} = \frac{1}{n}\left(Y_1 + Y_2 + \cdots + Y_n\right) \text{ (확률변수)}$$

이 추정량 $\bar{Y}$ (확률변수)의 분포를 특정하여 모집단의 파라미터(예를 들어 μ)에 대한 정보를 얻는 것이 추측 통계다. 추정량 $\bar{Y}$ 의 기댓값을 취하면 다음과 같이 되며 모집단의 평균 μ와 일치한다.

$$\begin{aligned}
E\left[\bar{Y}\right] &= E\left[\frac{1}{n}\left(Y_1 + Y_2 + \cdots Y_n\right)\right] \\
&= \frac{1}{n}E\left[\left(Y_1 + Y_2 + \cdots Y_n\right)\right] && \text{상수 } \frac{1}{n}\text{을 밖으로 뺌} \\
&= \frac{E\left[Y_1\right] + E\left[Y_2\right] + \cdots + E\left[Y_n\right]}{n} && \text{덧셈 기댓값의 성질} \\
&= \frac{\mu + \mu + \cdots + \mu}{n} && E\left[Y_i\right] = \mu\text{를 사용} \\
&= \frac{n\mu}{n} = \mu
\end{aligned}$$

이처럼 기댓값을 계산했을 때 추정하고자 했던 파라미터(μ)와 일치하는 확률변수($\bar{Y}$)를 μ의 불편 추정량이라 한다.

• • • • • • • • • • • • • • • • • • •

"음, 어렴풋이 기억나. 그런데 평균 처치 효과의 추정량을 말할 때 다음 식은 왜 안 되는 거야?"

$$\frac{1}{n}\sum_{i=1}^{n} Y_i\left[1\right] - Y_i\left[0\right]$$

"이를 계산하려면 실현값으로 관찰하지 않은 값을 써야 하기 때문이야."

"그럼 어떻게 해야 해?"

"평균 처치 효과를 계산할 수 있을 만한 파라미터로 치환하고 그 불편 추정량을 생각하면 돼."

· · · · · · · · · · · · · · · · · · ·

먼저 새로운 사이트에 방문한 사람의 구매액 Y의 평균 $E[Y|D=1]$과 이전 사이트에 방문한 사람의 구매액 Y의 평균 $E[Y|D=0]$을 생각해보자. 즉, 조건부 기댓값의 차이다.

$$E[Y|D=1]-E[Y|D=0]$$

이는 새로운 사이트에 방문한 사람의 평균 구매액과 이전 사이트에 방문한 사람의 평균 구매액의 차이를 나타낸다. 여기서 Y의 정의 $Y=DY[1]+(1-D)Y[0]$을 대입해보면 다음과 같이 나타낼 수 있다.

$$\begin{aligned} E[Y|D=1] &= E[DY[1]+(1-D)Y[0]|D=1] \\ &= E[1\cdot Y[1]+(1-1)Y[0]|D=1] \quad D=1 \text{ 대입} \\ &= E[Y[1]+0|D=1] \\ &= E[Y[1]|D=1] \end{aligned}$$

$$\begin{aligned} E[Y|D=0] &= E[DY[1]+(1-D)Y[0]|D=0] \\ &= E[0\cdot Y[1]+(1-0)Y[0]|D=0] \quad D=0 \text{ 대입} \\ &= E[Y[0]|D=0] \end{aligned}$$

즉, 다음과 같다.

$$\begin{aligned} E[Y|D=1] &= E[Y[1]|D=1] \\ E[Y|D=0] &= E[Y[0]|D=0] \end{aligned}$$

이 변형은 Y의 정의를 사용하여 다시 쓴 것뿐이다.

이렇게 하면 조건부 기댓값의 차이 $E[Y|D=1]-E[Y|D=0]$를 다음과 같이 나타낼 수 있다.

$$E[Y\mid D=1]-E[Y\mid D=0]=E[Y[1]\mid D=1]-E[Y[0]\mid D=0]$$

여기서 할당 D가 무작위라는 가정을 떠올려보자. 그러면 확률변수 D와 확률변수 $Y[0]$, $Y[1]$은 독립이 된다. 그 결과 조건부 기댓값은 다음과 같이 된다.

$$E[Y[0]\mid D=0]=E[Y[0]] \quad \text{$Y[0]$과 D의 독립성에 따라}$$

$$E[Y[1]\mid D=1]=E[Y[1]] \quad \text{$Y[1]$과 D의 독립성에 따라}$$

즉, 할당 D의 값과는 관계없다. 그러므로 할당 D마다 조건을 붙인 Y의 기댓값 차이는 다음과 같으므로 $E[Y[1]-Y[0]]$이 된다.

$$\begin{aligned}
&E[Y[1]\mid D=1]-E[Y[0]\mid D=0] \\
&=E[Y[1]]-E[Y[0]] && \text{D의 독립성에 따라} \\
&=E[Y[1]-Y[0]] && \text{기댓값의 성질에 따라}
\end{aligned}$$

그러므로

$$E[Y[1]\mid D=1]-E[Y[0]\mid D=0]$$

을 알고자 하는 평균 처치 효과 $E[Y[1]-Y[0]]$ 대신 사용할 수 있다

• • • • • • • • • • • • • • • • • • • •

"그러니까 원래는 $E[Y[1]-Y[0]]$을 표본에서 추정하고 싶었지만, 그

럴 수 없으니 결과적으로 같은 값이 되는 다음을 대신 사용하는 거네."

$$E\left[Y[1] \mid D=1\right]-E\left[Y[0] \mid D=0\right]$$

"그런 거지."

"그렇지만, 이 대용품에 대한 제대로 된 불편 추정량은 있는 거야?"

"있지. $E[Y[1] \mid D=1]$과 $E[Y[0] \mid D=0]$의 불편 추정량으로 다음을 사용하면 돼."

$$\frac{1}{n_1}\sum_{i\in N_1} Y_i \text{ 와 } \frac{1}{n_0}\sum_{i\in N_0} Y_i$$

"N_1은 처치를 할당한 개체의 집합, N_0은 할당하지 않은 개체의 집합이고 n_1, n_0은 각각의 사람 수야.[2]"

"왠지 뭔가 복잡한걸?"

"보기에는 복잡해도 핵심은 간단해. 요컨대 처치를 할당한 집단과 그렇지 않은 집단의 표본평균이야."

"응? 뭐야? 그럼 계산은 간단하잖아."

"뭐, 그런 거지. 집단마다 평균값을 계산하여 비교하면 돼. 단, 추정량의 불편성 증명은 드러나지 않으므로 한 번쯤은 직접 생각해보는 게 좋아."

바다는 여기까지의 설명을 천천히 곱씹었다.

---

2 기호 $i \in N$은 i가 집합 N에 속한다는 의미입니다. $\sum_{i\in N}$은 N에 속한 모든 i에 대해 합을 구한다는 뜻입니다. '9.3 체비쇼프의 부등식'을 참고하세요.

식의 변형 자체는 간단했다. 그러나 아직 뭔가 석연찮은 점이 있었다.

"음……. 전반적인 식 전개는 알겠는데, 어딘가가 마음에 걸린단 말이야."

"어디가?"

"마지막의 독립이란 부분이랄까? $D=0$일 때 Y가 $Y[0]$, $D=1$일 때 Y가 $Y[1]$이 된다고 정의했었지? 그렇다는 건 Y와 D는 서로 상당한 관계가 있다는 거잖아. $Y=DY[1]+(1-D)Y[0]$이라는 정의임에도 $E[Y]$가 D와 독립이라니 어떻게 된 거지?"

"좋은 질문이야. 다시 한번 확인해보자. 가정한 것은 '$Y[0]$과 D가 독립', '$Y[1]$과 D가 독립'이야. Y와 D가 독립이란 가정은 하지 않았어. $E[Y[0]|D]$와 $E[Y[1]|D]$는 D 값과 관계없지만, $E[Y|D]$는 D 값에 따라 달라져."

"역시 이 부분을 모르겠어."

"예로 설명해볼게."

•••••••••••••••••••

먼저 $Y[0]$, $Y[1]$, D가 각각 다음과 같은 확률함수를 가진다고 가정하자.

	$Y[0]$		$Y[1]$		D	
실현값	1	2	3	4	0	1
확률	1/2	1/2	1/3	2/3	1/3	2/3

다음으로, $Y[0]$과 D는 독립이고 $Y[1]$과 D도 독립이라 가정하자. 즉, 동시확률함수를 다음 2개 표로 정의한다.

$Y[0]$과 D의 동시확률함수

D \ $Y[0]$	1	2	합계
0	1/6	1/6	1/3
1	2/6	2/6	2/3
합계	1/2	1/2	1

$Y[1]$과 D의 동시확률함수

D \ $Y[1]$	3	4	합계
0	1/9	2/9	1/3
1	2/9	4/9	2/3
합계	1/3	2/3	1

동시확률의 주변분포(표의 합계 부분)가 각각 개별 D, $Y[0]$, $Y[1]$의 확률함수와 일치한다는 점에 주목하라. 그러면 이 표를 사용하여 $Y = DY[1] + (1 - D)Y[0]$의 조건부 기댓값을 계산해보자.

$$\begin{aligned} E[Y \mid D=1] &= E[Y[1] \mid D=1] \\ &= 3 \cdot \frac{2/9}{2/3} + 4 \cdot \frac{4/9}{2/3} = \frac{11}{3} \end{aligned}$$

한편,

$$\begin{aligned} E[Y \mid D=0] &= E[Y[0] \mid D=0] \\ &= 1 \cdot \frac{1/6}{1/3} + 2 \cdot \frac{1/6}{1/3} = \frac{3}{2} \end{aligned}$$

$E[Y \mid D = 1]$과 $E[Y \mid D = 0]$이 일반적으로는 일치하지 않는 것을 알 수 있다. 양쪽이 일치하는 것은 처치에 효과가 없을 때다.

• • • • • • • • • • • • • • • • • • • •

"이제야 겨우 알았어. 분명히 D와 $Y[0]$, 그리고 D와 $Y[1]$은 독립이지만, 처치에 효과가 있다면 Y와 D는 독립이 아닌 거네. 좋아, 이걸로 조금은 원리를 이해한 것 같아."

"그럼 마지막으로 순서를 확인해보자."

1. 새로운 사이트의 효과를 측정할 대상을 정한다(예를 들어 다음 달 첫 주에 쇼핑몰 사이트에 접속할 모든 사람).
2. 측정 대상 집단을 처치한(새로운 사이트에 접속한) 집단과 그렇지 않은(이전 사이트에 접속한) 집단으로 무작위로 나눈다.
3. 2집단의 구매액 평균을 비교하여 평균 처치 효과를 측정한다.

"측정 대상 집단을 무작위로 2개로 나눈다는 것이 포인트야."

"그럼 바로 다음 주부터 데이터를 수집할게." 바다는 이 말을 남기고는 찻집을 뒤로했다.

7.7 이 차이는 통계적으로 의미가 있는가?

바다는 수찬의 충고에 따라 무작위화 비교실험을 시행했다. 웹 사이트에 방문하는 사람을 무작위로 2그룹으로 나누는 방법이 조금 까다로웠지만, 최종적으로는 서버 쪽 프로그램을 이용하여 할당을 구현했다.

이렇게 해서 지정 기간에 방문한 사람 중 한쪽은 이전 사이트, 한쪽은 새로운 사이트에서 쇼핑하도록 했다. 그 결과 드디어 실험 결과 데이터를 모을 수 있었다.

무작위화 비교 실험 결과

	이전 사이트	새로운 사이트
매출 평균값	50,000원	51,000원
사람 수	1,000명	1,000명
표준편차	5,000원	5,000원

“수찬, 해냈어! 디자인의 차이에 따라 매출에도 차이가 난다는 것을 알았어!”

“이게 그 데이터구나. 실제 매출 데이터를 본 건 처음이야. 그런데 분석은 끝냈어?” 수찬은 즐거운 듯 숫자를 바라보았다.

“분석이라니 이미 결과가 나왔잖아. 뭐 차이가 평균 1,000원뿐이라는 점이 조금은 안타깝지만 말이야.”

“그게 아니지. 평균의 차이는 1,000원뿐이지만, 한 주 매출이잖아. 연간 매출로 비교해야지.”

• • • • • • • • • • • • • • • • • • •

이전 사이트 방문자의 평균 매출은 50,000원이다. 만약 모두가 이전 사이트를 방문하여 쇼핑한다면

50,000원/인 × (1,000명 + 1,000명) = 1억 원

한편, 새로운 사이트 방문자의 평균 매출은 51,000원이다. 만약 모두가 새로운 사이트를 방문하여 쇼핑한다면

51,000원/인 × (1,000명 + 1,000명) = 1억 2백만 원

즉, 이전 사이트에서 새로운 사이트로 변경하면

1억 200만 원 − 1억 원 = 200만 원

의 매출 증가를 예상할 수 있다. 이 매출 증가는 기간이 한 주이므로 1개월이면 200만/주 × 4주 = 800만 원 증가이며 이 수치로 연간 매출 증가를 계산하면 다음과 같다.

800만 원/월 × 12개월 = 9천6백만 원

“우와~ 1억 가까이 매출이 늘었네.” 바다는 계산 결과를 보며 놀라 목소리를 높였다.

“사이트 디자인을 새롭게 하는 데 든 비용은?”

“아마 500만 원 정도? 이번 디자인 변경에 비용이 많이 들지는 않았어.” 바다는 자료를 확인했다.

“그렇다는 건 비용을 제외하더라도 연간 9,000만 원 이상 매출이 느는 거네.”

“그러네. 아무리 매출이 증가했다 해도 비용이 더 많다면 의미가 없긴 하지.”

“다만, ……”

“응? 뭐가 또 있어?”

“이 평균값의 차이가 통계적으로 의미가 있는 차이인지를 확인해야 해.”

“의미?”

“간단히 말하면, 1,000원이라는 차이가 우연인가 아닌가를 확인해야 한다는 거지.”

7.8 통계 검정과 피셔의 홍차

“평균값 차이의 유의성이라…. 내가 통계학 수업에서 좌절했던 부분이야. 아니, 방법은 알았는데 그 원리는 전혀 모르겠어.”

"검정 원리가 어렵긴 하지. 이걸 설명하려면……. 우선 마실 거라도 시키자." 수찬은 바다의 잔이 빈 것을 보았다.

"어 그러네. 한 잔 더 마실까? 음…"

"홍차 어때? 여기 밀크티가 맛있다더라." 바다가 메뉴를 집자 수찬은 홍차를 추천했다.

"난 몰랐는데? 그럼 그걸로 할까?"

"나도 시킬 게 있으니 같이 주문할게." 이렇게 말하곤 자리에서 일어나 매장 카운터를 향했다.

수찬은 카운터 너머 점원에게 뭔가를 부탁하는 듯했다. 그는 이 가게 단골이다.

그동안 바다는 스마트폰을 가방에서 꺼내 메시지를 확인했다.

"많이 기다렸지?" 수찬이 쟁반을 들고 나타났다. 쟁반 위에 있는 잔을 보고 바다는 살짝 놀랐다. 자그마한 잔이 8개씩이나 있었기 때문이다.

"엥? 뭐야 이게?"

"밀크티야."

"밀크티란 건 알겠는데, 왜 이렇게 작게 나눈 거야?"

"이걸 사용해 검정을 설명하려 해."

"검정……?" 바다는 앞서 수찬이 점원에게 부탁한 것이 무엇인지 지금에서야 알았다. 수찬과는 어울리지 않게 점원과 세상 이야기라도 하나 싶었지만, 단순히 실험에 필요한 것을 부탁했을 뿐인 듯했다.

"이 밀크티는 만드는 방법이 2가지야.

1. 홍차를 먼저 넣고 그 뒤에 우유를 넣는다.

2. 우유를 먼저 넣고 그 뒤에 홍차를 넣는다.

8잔 중 4잔은 1 방법으로, 나머지 4잔은 2 방법으로 탄 거야. 그런 다음 8잔의 홍차를 무작위로 섞었지. 네가 이걸 마시고 어떤 방법으로 탄 홍차인지를 맞추는 실험이야. 통계학자 피셔가 소개한 유명한 예야. 한 번은 해보고 싶었어." 수찬이 실험 내용을 설명했다.

"우유를 넣은 순서가 다른 거구나. 음, 개인적으로는 어느 쪽이든 상관없는데……. 뭐, 어쨌든 한번 해볼게."

바다는 작은 시음용 잔에 따른 밀크티를 한 잔씩 마셨다. 그런 다음, 이건 1, 이건 2라며 분류했다.

"만약 네가 8잔 모두 맞춘다고 하자. 이때 넌 밀크티 타는 방법을 구별할 수 있다고 말할 수 있을까?"

"그야 할 수 있는 거 아냐? 이걸 전부 맞추는 건 상당히 어렵잖아."

"8잔의 홍차 중 반은 1이고 반은 2이므로

11112222

12121212

12211221

…

22221111

이런 식으로 1과 2가 4개씩 있어. 즉, 1과 2를 올바르게 분류한다는 것은 이 패턴 중에서 올바른 한 가지를 고른다는 것이지."

"흠. 몇 가지나 있을까? 그러니까 첫 번째가 2가지, 두 번째가 2가지,

… 그러면 2^8가지?"

"그렇게 되면 1과 2의 수가 반반이 되질 않지. 8잔의 홍차 중 반은 1이고 반은 2라는 제약이 있으므로 결국 나열 방법의 전체 가지 수는 8개 중 4개를 선택하는 패턴과 일치해. 즉,

$$_8C_4 = \frac{8!}{4!(8-4)!} = \frac{8\times7\times6\times5}{4\times3\times2\times1} = 70$$

가지가 있지."

"그렇구나. 이항 분포에서 사용한 콤비네이션이네."

"아무렇게나 골랐을 때 정답인 패턴을 고를 확률은 70가지의 나열 방법 중 단 1가지의 올바른 나열 방법을 고를 확률과 같아. 즉, 1/70이지. $1/70 \approx 1.43\%$ 야. 그렇다면 이렇게 생각할 수 있지.

네게는 밀크티 타는 방법을 구별할 능력이 있다.

이것이 검증하고자 하는 가설이야. 네가 실제로 모든 밀크티 분류에 성공하면 가설이 올바를 가능성이 커지겠지.

한편, 실제로는 식별 능력이 없음에도 우연히 모든 분류를 맞추었을 가능성도 있어. 단, 이 가능성은 상당히 드문 일로, $1/70 \approx 1.43\%$ 뿐이야. 그러나 그 가능성이 0은 아니므로 우연이 아니라고는 판단할 수 없어. 그러므로 전부 정답이라 해도 그 관찰 결과를 근거로 말할 수 있는 것은 다음과 같을 뿐이야.

네게는 밀크티 타는 방법을 구별할 능력이 있다.
단, 그 판단은 1.43%의 확률로 틀릴 가능성이 있다.

이것이 통계적 가설 검정의 기본 사고방식이야."

"음, 만약 내가 모두를 맞출 수 있다고 한다면 우연히 전부 맞출 확률은 1.43%밖에 없으므로 우연은 아닐 것이라는 거네."

"그렇지."

"왠지 귀찮은걸."

"논리 구조로서는 확률적 귀류법[3]이니깐. 익숙해지기 전까지는 어렵게 느낄 거야."

"또 무슨 말인지 잘 모르겠어. 어쨌든 답이나 맞춰보자."

수찬은 미리 준비한 해답을 보며 바다의 답을 맞혀봤다. 그 결과, 바다의 정답 수는 6개였다.

"오~ 제법 맞췄네. 자신은 없었는데 뜻밖에 날카로운 미각일지도."

"얼마 전까지 설탕과 소금도 구별하지 못했잖아. 뭐, 어쨌든 정답 수 6이 우연으로 생길 확률을 계산해보자. 이 확률이 매우 낮다면 우연이 아니라고 판단할 수 있을 거야."

• • • • • • • • • • • • • • • • • • •

6잔을 맞출 패턴이 몇 가지인지 알아보자. 정답이 6이라는 것은 방법 1로 탄 3잔, 방법 2로 탄 잔 3잔을 맞춘 것이다. 방법 1로 탄 4잔을 맞추고 방법 2로 탄 2잔을 맞추는 패턴은 존재하지 않는다. 왜냐하면, 1과 2가 절반씩이라는 제약으로 말미암아 1을 4번 맞추면 자동으로 2도 4번

---

3 귀류법은 어떤 명제가 참임을 직접 증명하는 대신, 그 부정 명제가 참이라고 가정하여 그것의 불합리성을 증명함으로써 원래의 명제가 참인 것을 보여주는 간접 증명법입니다.

모두 맞추게 되기 때문이다.

방법 1로 탄 3잔을 맞추는 패턴을 생각해보자. 전체 수는 4개 중 1개의 틀린 답을 고르는 가지 수 ${}_4C_1 = 4$와 일치한다. 마찬가지로 방법 2로 탄 3잔을 맞추는 패턴의 가지 수도 4이다.

정리하면 다음과 같다.

- 우유를 먼저 넣은 잔을 맞추는 가지 수는 4개 중 3개: 4패턴
- 우유를 나중에 넣은 잔을 맞추는 가지 수는 4개 중 3개: 4패턴

이들 패턴은 서로 독립이므로 $4 \times 4 = 16$ 패턴이 6잔 정답인 패턴이다.

여기서 우유를 넣는 방법의 전체 가지 수가 70이었으므로 70패턴 중 16패턴이 6잔이 정답인 나열이다.

따라서 아무렇게나 골랐을 때 6잔 정답이 될 확률은 $16/70 \approx 0.229$다.

• • • • • • • • • • • • • • • • • • •

"그러네. 6잔을 맞춘다고 해도 우연히 맞을 확률이 22.9%나 되네."

"20% 이상의 확률로 발생한다면 그다지 진기한 일이라고는 할 수 없지."

"6잔 맞춘 정도로는 타는 방법의 차이를 안다고 하기에는 근거가 약한 거네."

"지금 생각한 차이는 중요해. 즉, 우리는 다음과 같은 방식으로 판단을 바꿨어.

- 8잔 정답 ⇒ 우연이 아님
- 6잔 정답 ⇒ 우연임

다른 말로 하면, 6잔 정답이라는 관찰 결과로는 '맞춘 것은 우연임'이라는 가설을 기각할 수 없었다는 거지. 이것이 가설 검정의 기본적인 아이디어야."

"그렇구나. 아직 완벽히 이해되진 않았지만, 대강은 알았어."

두 사람은 남은 밀크티 모두를 비교하면서 나눠 마셨다. 결국, 맛의 차이는 알 수 없었으나 그럼에도 무척 맛있는 밀크티였다.

내용 정리

- 어떤 조건의 변화가 매출 변화의 원인인가 아닌가를 조사하려면 무작위화 비교 실험이 효과적이다.
- 같은 소비자에게 '처치를 시행한 결과'와 '시행하지 않은 결과'를 동시에 관찰할 수는 없다. 이에 처치를 무작위로 할당하고 조건부 기댓값의 성질을 이용하여 처치의 평균 효과를 관찰 데이터에서 추측한다.
- 무작위화 비교 실험을 이용하여 '처치를 시행한 그룹'과 '시행하지 않은 그룹'의 평균 사이에 통계적으로 의미 있는 차이가 있을 때 그 차이는 처치 때문에 발생했다고 할 수 있다.
- 응용 예: 무작위화 비교 실험의 시행에는 인적·금전적 비용이 든다. 단, 웹 사이트를 이용한 실험과 관련해서는 전용 테스트 도구나 서비스를 이용할 수 있다(유료 서비스 외에도 Google Optimize나 Wordpress의 A/B 테스트용 플러그인 등은 무료로 이용할 수 있다).

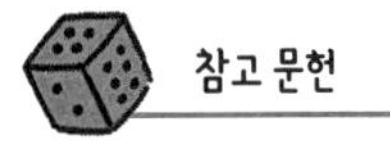

참고 문헌

Fisher, Ronald A., *The Design of Experiments*, Oliver & Boyd Ltd., Publishers, [1935] 1966.

피셔가 실험 계획법을 설명한 고전적 교과서입니다. 모두에서 밀크티 타는 방법을 예로, 가설 검정의 사고방식을 설명합니다. 이 장의 후반에서 참고했습니다.

星野崇宏, 『調査観察データの統計科学-因果推論·選択バイアス·データ融合』 岩波書店, 2009

조사 관찰 데이터의 통계분석 방법을 결측 데이터와 인과 추론의 관점에서 통합하여 설명합니다. 통계 중급자를 위한 교과서입니다. 사회과학 분야에서의 조사 관찰 데이터를 결측 데이터라 보고 편향을 바로잡아 통계적 추론을 수행하는 방법을 소개합니다.

Imbens, Guido W. and Donald B. Rubin, *Casual Inference for Statistics, Social, and Biomedical Sciences: An Introduction*, Cambridge University Press, 2015.

임벤스와 루빈이 쓴 인과추론 교과서입니다. 잠재적 결과라는 개념을 이용하여 인과 모델을 결측 데이터의 시점에서 통합하여 설명합니다. 인과 모델의 수학적 측면을 자세하게 설명하므로 이 장에서는 생략한 평균 처치 효과의 추정량의 불편성 증명도 실렸습니다. 대학원생이나 연구자를 위한 책입니다.

中室牧子·津川友介, 『「因果と結果」の経済学-データから真実を見抜く思考法』 ダイヤモンド社, 2017. (= 윤지나 역, 『원인과 결과의 경제학』, 리더스북, 2018.)

풍부한 실례를 이용하여 인과추론을 알기 쉽게 설명한 일반인을 위한 책입니다. 관찰 데이터를 이용하여 마치 무작위화 비교 실험을 한 것 같은 상황을 만들어 내는 통계 방법(이중차분법, 조작 변수법, 회귀 불연속 설계, 경향 스코어·매칭법)을 복잡한 수식 없이 알기 쉽게 설명합니다.

Model 8

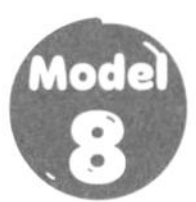

우연이 아닌 필연, 차이는 달라진 변수에서 나온다!

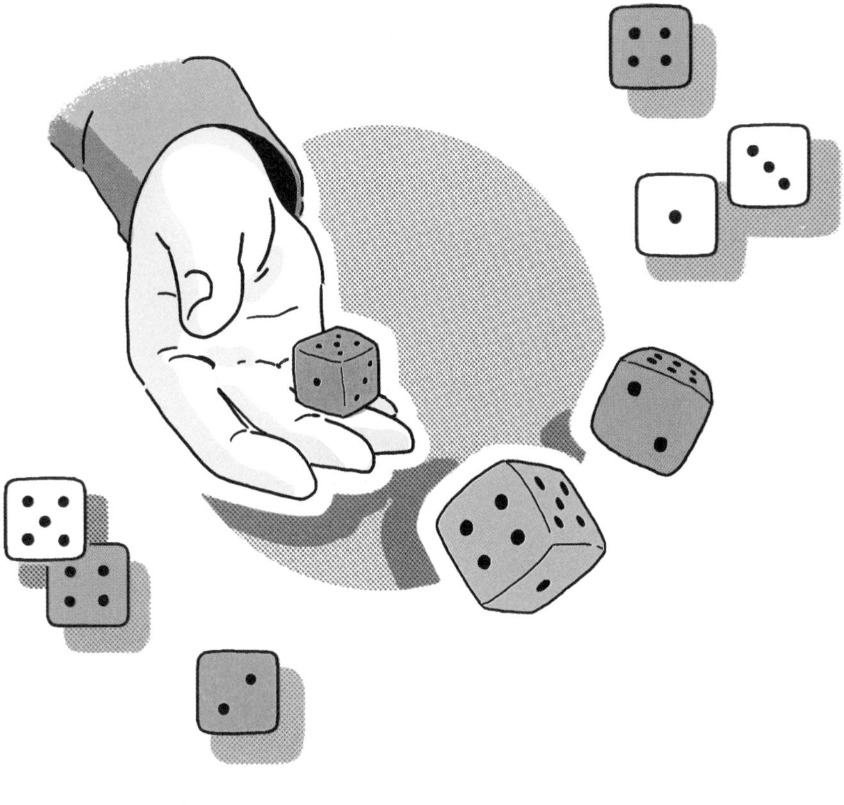

8.1 검정 논리

쇼핑몰 사이트의 디자인을 변경하면 매출은 오르는가?

이 문제의 답을 얻기 위해 바다가 수찬에게 배운 방법이 무작위화 비교 실험이었다.

게다가 이 방법으로 얻은 결과가, 우연이라 볼 수 없을 정도의 차이인가를 확인하기 위해 가설 검정이 필요하다는 것도 바다는 이해했다.

그녀는 학생 시절 검정 방법을 어느 정도 배운 바가 있다. 그리고 통계 소프트웨어나 표 계산 소프트웨어를 사용하여 평균값의 차이를 검정하는 방법이나 종속변수를 여러 개의 독립변수로 회귀하는 방법도 알았다. 그러나 그녀는 이 방법들의 배경을 이루는 이치를 지금까지도 잘 이해할 수 없었다.

그녀에게 통계분석을 가르친 대학 교수조차 세세한 이치를 이해하는 것보다도 우선은 방법에 익숙해지는 것이 중요하다고 말했다. 그녀는 이 말을 믿고 다른 동기생과는 달리 이치를 이해하는 것은 뒤로 미루고 분석 방법에 익숙해지고자 했다.

그러나 그녀는 분석 방법은 알지만, 이치는 모르는 상태였기에 늘 위화감이 있었다. 퇴근 후 들른 찻집에서 바다는 이와 관련하여 수찬에게 조언을 구했다. 오직 그만이 이 위화감을 이해해줄 듯했기 때문이다.

"검정의 이치가 어려운 이유는 확률 이야기와 가설 조립 이야기가 함께 섞였기 때문이야. 그러니까 우선은 가설이 달라지면 확률 모델도 변한다는 것을 이해해야 해. 다른 말로 하면, 가설과 확률이 어떤 상태로 연동하는가를 안다면 전체 관점에서 이해가 가능하지. 늘 그렇듯이 직관적인 예로 생각해보자.

지금 어떤 확률변수 X가 분산 1인 정규분포를 따른다고 가정하자. 이를 기호로 다음과 같이 나타낸다고 해보자.

$$X \sim N(\mu, 1)$$

평균 μ의 구체적인 값은 알 수 없어. 이처럼 알 수 없는 평균에 관한 가설을 다음과 같이 세우는 거지."

귀무가설 H_0: X의 평균은 0이다.

대립가설 H_1: X의 평균은 0이 아니다.

"우리가 주장하고자 하는 가설은 H_1이라 하자. H_1은 H_0을 부정하는 내용이므로 H_0이 틀렸다면 간접적으로 H_1이 옳다고 주장할 수 있지. 그러면 어떤 결과를 관찰해야 H_0이 틀렸다고 말할 수 있을까?"

"가설 H_0은 X가 평균 0이고 분산 1의 정규분포를 따른다고 했지? 그러면 평균 0에서 멀리 떨어진 '$X=5$'같은 실현값들만 관찰된다면 H_0은 틀린 것 같다고 말할 수 있지 않을까?"

"멀리 떨어진 값이 $X=5$뿐일까? $X=6$이나 $X=7$은 어때?"

"아, 그렇구나. 그 주위의 수치도 H_0이 올바르지 않다는 근거가 될 듯해. 그러면 $X \geq 5$라는 범위로 할게."

"OK, 그럼 그림으로 그려볼까?" 수찬은 컴퓨터를 이용하여 평균 0, 분산 1인 정규분포의 확률밀도함수를 그렸다.

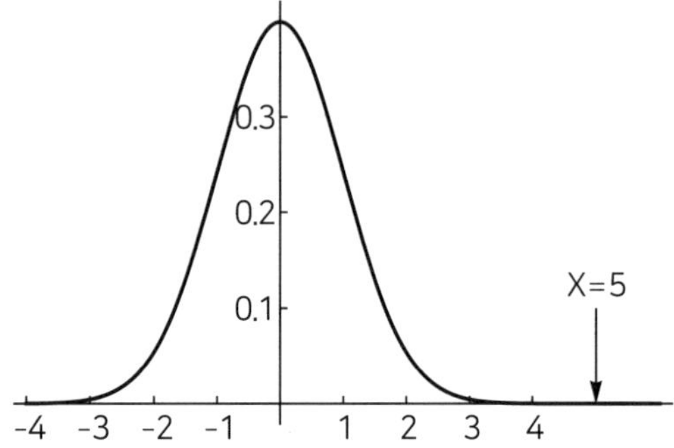

“만약 정규분포 X의 평균이 0이고 분산은 1이라면 실현값이 5 이상일 확률은 0.00000028665야. 그러므로 5 이상의 값만 관찰된다면 H_0은 틀렸다는 판단의 근거가 되지.”

“엄청 낮은 확률이니깐.”

“단, H_0이 반드시 틀렸다고 말할 수는 없어. 왜 그런지 알겠어?” 수찬이 물었다.

“음, 그러니까 X의 평균이 0이라도 무척 낮은 확률이지만 실현값이 5 이상일 때가 있으니까?”

“바로 그거야. H_0이 틀렸다는 판단이 잘못될 가능성은 무척 낮은 확률이지만, 있을 수 있지.”

“응응.”

“그런데 지금은 X의 실현값이 평균보다 훨씬 클 때만 생각했지만, 평균보다 훨씬 작을 때는 어떻게 될까?”

“그럴 때도 H_0이 틀렸다는 근거가 될 듯한데?”

“가설 H_1은 X의 평균은 0이 아니라는 주장이므로 당연히 실현값이 0보다 훨씬 작을 때도 H_0을 부정할 근거가 될 수 있지. 즉, H_0이 틀렸다

는 간접적인 증거는 예를 들어 X의 실현값이

-5 이하 또는 5 이상

의 범위에 들어가는 것이라 말할 수 있어. 기호를 사용하여 나타내면 다음과 같이 X의 실현값이 집합 D에 포함되는 것이라 말할 수 있지.

$$D=\left(-\infty,-5\right]\cup\left[5,\infty\right)$$

이 집합 D를 기각역이라 불러. 기각역이란 관찰한 실현값이 그 범위에 포함되면 귀무가설 H_0을 기각하는 범위를 말해.[1]"

"그렇구나. 평균 0보다 훨씬 크거나 작은 값을 관찰한다면 'H_0: 평균은 0'이 틀렸다고 생각할 수 있다는 거네."

"그렇지. 단, '「H_0이 틀렸다.」라는 판단이 잘못될 확률'이 조금은 남았다는 점이 중요해. 이때 이 확률은 다음과 같아.

$$P\left(X\leq-5\right)+P\left(X\geq5\right)$$

정규분포는 평균을 중심으로 좌우 대칭이므로 실현값이 -5 이하가 될 확률은 5 이상이 될 확률과 같아. 이때 확률은 다음과 같지."

$$\begin{aligned}P\left(X\leq-5\right)+P\left(X\geq5\right)&\approx0.00000028665+0.00000028665\\&=0.00000057330\end{aligned}$$

"여기서는 극단적인 값 범위인 '-5 이하거나 5 이상'으로 정했지만,

1 기호 $(a, b]$로 집합 $\{x\in\mathbb{R}\mid a<x\leq b\}$를 나타냅니다. a보다 크고 b 이하인 실수 x의 모임입니다. 그리고 이러한 집합을 구간이라 합니다.

예를 들어 '−3 이하거나 3 이상'으로 정해도 되는 거지?"

"물론이지. 그럴 때는 'H_0이 옳다면 극단적인 값을 가질 확률'도 달라지지. 얼마일지 알겠어?" 수찬은 바다에게 직업 풀어보도록 권했다.

바다는 계산 용지를 꺼내고는 계산을 시작했다.

"그러니까 이때는 다음을 계산하면 되는 거네.

$$P(X \leq -3) + P(X \geq 3)$$

$P(X \geq 3) \approx 0.00135$ 이므로 다음과 같아.

$$\begin{aligned} P(X \leq -3) + P(X \geq 3) &\approx 0.00135 + 0.00135 \\ &= 0.0027 \end{aligned}$$

그렇다는 건 만약 관찰한 실현값이 −3 이하 또는 3 이상이라면 H_0이 틀렸다고 판단할 수 있어. 단, H_0이 옳음에도 우연히 극단적인 범위에 포함될 가능성도 0.0027 정도 있다는 거고."

"바로 그거야. 이것이 가설 검정의 직감적인 사고방식이야. H_0이 옳을 때 어떤 범위의 실현값을 관찰하면 극단적인 값을 관찰했다고 말할 수 있는지를 생각하여 이를 확인하는 거지."

"흠." 바다는 수찬의 설명을 머릿속에서 되뇌었다.

8.2 기각역은 대립가설에 따라 변함

"기각역은 가설 H_1의 내용에 따라서도 달라진다는 점이 중요해. 예를 들어 다음과 같은 가설의 조합을 생각해보자."

귀무가설 H_0: X의 평균은 0이다.

대립가설 H_1: X의 평균은 0보다 크다.

"H_0은 앞서와 마찬가지지만, H_1이 '0이 아님'에서 '0보다 큼'으로 바뀌었다는 점에 주의하도록. 만약 자신의 주장이 H_1일 때 어떤 관찰 결과라면 좋을까?"

"음~, 실제로는 '평균이 0보다 큼'을 예상하므로 3이나 5가 나오면 좋지 않을까?"

"그렇지. 그럼 거꾸로 -3 이하의 값이 나오면 어때?" 수찬이 질문을 바꿨다.

"음수 값은 글쎄. 왜냐하면, 주장의 근거가 안 되는 걸, 뭐. 어라? 잠시만, -3보다 작은 수가 나오면 적어도 H_0이 올바르다는 근거는 되는 거지? 그렇다는 건……. 이 이상은 모르겠는 걸. 머릿속이 뒤죽박죽이야."

"좋은 지적이야. -3 이하의 값은 H_0을 부정하는 근거는 되지 못해. 그렇다고 자신이 주장하는 '평균이 0보다 큼'을 뒷받침하는 근거가 되는 것도 아냐. 그러므로 H_1이 '0보다 큼'인 이상, -3 이하의 값을 관찰한다 해도 H_0을 기각하기 위한 판단 재료는 되지 못해. 거꾸로 이야기하면 관찰한 -3 이하의 값을 H_0을 기각하는 근거로 사용하고자 한다면 대립가설인 H_1의 내용을 '0이 아님'이나 '0보다 작음'으로 바꿔야 해."

"그렇구나. H_1의 내용이 중요한 거네."

"이는 다음을 뜻해.

H_1의 내용에 따라 기각역의 범위가 달라진다.

X의 실현값이 3 이상인 확률은

$$P(X \geq 3) \approx 0.00135$$

즉, 3 이상의 실현값을 관찰하여 H_0을 기각해도 그 판단이 틀릴 확률이 0.00135뿐이야."

"H_0이 '0이 아님' 일 때와 비교하니 조금 작아졌네."

"직감적으로 말하면 이런 거야. H_1의 내용을 '0이 아님'이라는 애매한 표현에서 '0보다 큼'이라는 더 명확한 내용으로 한정하여 -3 이하의 값은 증거로 사용하지 않는다는 결단을 내렸어. 이 위험을 떠안음으로써 H_0을 기각했을 때 그 판단이 틀릴 확률이 낮아지는 반대 이득을 얻었지. 지금까지의 추론을 정리해보자."

H_1의 변화와 그에 따라 달라지는 기각역

H_0	H_1	기각역	H_0에 따라 실현값이 기각역에 포함될 확률	
평균은 0	0이 아님	$(\infty,-3] \cup [3,\infty)$	$P(X \leq -3)+P(X \geq 3)$	0.00270
	0보다 큼	$[3,\infty)$	$P(X \geq 3)$	0.00135
	0보다 작음	$(\infty,-3]$	$P(X \leq -3)$	0.00135

"관찰한 데이터를 얻을 확률이 극단적으로 작다면 H_0이 이상하다고 판단해. 작은지 아닌지를 판단하는 기준이 되는 확률을 유의수준이라 하지. 기호로는 α로 나타내. 예를 들어 유의수준을 0.01로 설정하면 가설 H_1 '평균은 0이 아님'에 대해 H_0을 기각하기 위한 기각역 D는

$$0.01 \approx P(X \leq -2.58) + P(X \geq 2.58)$$

이라는 관계에서 다음과 같이 되지.

$$D = (-\infty, -2.58] \cup [2.58, \infty)$$

만약 관찰한 실현값이 2.58 이상 또는 -2.58 이하라면 유의수준 0.01에서 H_0을 기각하지. 이 판단이 틀릴 확률은 유의수준 0.01과 같아."

"2.58은 어디서 나온 거지?"

"유의수준을 딱 떨어지는 0.01로 설정한 다음 역산한 거야. 표로 정리해볼게."

유의수준이 0.01일 때

H_0	H_1	기각역	H_0에 따라 실현값이 기각역에 포함될 확률
평균은 0	0이 아님	$(\infty,-2.58]\cup[2.58,\infty)$	$P(X\leq-2.58)+P(X\geq2.58)$
	0보다 큼	$[2.33,\infty)$	$P(X\geq2.33)$
	0보다 작음	$(\infty,-2.33]$	$P(X\leq-2.33)$

"검정 원리는 몇 번을 들어도 어려워."

"복잡한 추론을 한꺼번에 하니깐 그럴 만도 해. 논리를 분석하며 하나씩 순대대로 이해하면 될 거야. 한 번 더 강조하지만, 유의수준과 기각역, 대립가설은 서로 연동한다는 점이 중요해.[2]"

---

2 여기서는 검정 사고방식을 직감적으로 이해하고자 기각 방식과 검정통계량을 간략화해서 설명했습니다. 파라미터에 관한 실제 가설 검정에서는 n개의 데이터로 계산한 검정통계량을 사용합니다.

8.3 매출 데이터 분석

"대략적인 검정 사고방식을 이해했으니까 지금부터는 실제로 계산해 보자. 네가 무작위화 비교 실험으로 얻은 데이터는 다음과 같아."

	이전 사이트	새로운 사이트
매출 평균값	50,000원	51,000원
사람 수	1,000명	1,000명
표준편차	5,000원	5,000원

"이 표에서 매출 평균액은 새로운 디자인 쪽이 1,000원 많다는 걸 알 수 있어. 단, 우연히 많을 가능성도 있으므로 이것이 우연이 아님을 확인하고 싶은 거야. 귀무가설과 대립가설은 어떻게 설정하면 좋을까?" 수찬은 테이블 위에 집계 결과를 펼쳤다.

"이렇게 하면 되지 않을까?"

귀무가설 H_0: 이전 디자인과 새로운 디자인의 매출 평균액이 같음

대립가설 H_1: 새로운 디자인 쪽이 이전 디자인보다 매출 평균액이 많음

"잘했어. H_1을 더 한정한 형태로 정의했구나. H_1이 이렇게 되는 이유를 설명할 수 있겠어?"

"사이트 디자인을 변경한 것은 매출을 늘리기 위해서잖아? 따라서 내가 주장하고자 하는 건 '새 디자인 쪽이 이전 디자인보다 매출 평균액이 많음'인 거지."

"OK. 그럼 다음으로, 귀무가설을 이용하여 검정통계량 T를 계산해

보자."

"검정통계량이 뭐야?"

"앞의 홍차를 예로 들면 정답 수, 앞서 설명했던 정규분포를 예로 들면 확률변수 X를 말해. 통계 검정에서는 특정 확률변수의 실현값이 기각역에 포함되는가 아닌가를 확인해. 기각역에 포함되는가 아닌가를 조사할 대상이 되는 확률변수를 검정통계량이라 부르지. 이번에는 2가지 확률변수의 차이를 검정하므로 약간의 계산이 필요해."

8.4 정규분포의 성질

"먼저 정규분포의 성질을 알아보는 것으로 시작하자. 정규분포를 따르는 2개 확률변수의 차이는 이 역시 정규분포를 따른다는 성질이 있어."

명제 8.1

확률변수 X_1과 X_2가 각각 정규분포를 따른다고 가정하자.

$$X_1 \sim N\left(\mu_1, {\sigma_1}^2\right),\ X_2 \sim N\left(\mu_2, {\sigma_2}^2\right)$$

이때 X_1, X_2가 독립이라면 그 차이 $X_1 - X_2$도 다음 정규분포를 따른다.

$$X_1 - X_2 \sim N\left(\mu_1 - \mu_2, {\sigma_1}^2 + {\sigma_2}^2\right)$$

"명제이므로 증명이 필요하지만, 다음 기회에 확인하도록 하고 여기

서는 이 명제가 성립하는 것을 전제로 이야기를 진행할게. 다음으로, 표본으로 계산한 평균의 평균은 표본 크기가 클수록 정규분포에 가까워져. 이를 중심극한정리라 부르지."

"또 무슨 말인지 잘 모르겠어. 이해해야 할 정보가 너무 많아~"

"괜찮아, 지금부터 순서대로 확인할 거니까. 먼저 우리가 흥미를 둔 대상 전체를 모집단이라 불러. 여기서는 상품 구매액의 분포가 모집단이지. 이를 확률변수 X로 나타내보자.

$$(X_1, X_2, \cdots, X_n) \qquad \text{크기 } n\text{인 표본(확률변수)}$$

$$(x_1, x_2, \cdots, x_n) \qquad \text{크기 } n\text{인 데이터(실현값)}$$

이를 사용하여

$$\overline{X} = \frac{1}{n}(X_1, X_2, \cdots, X_n) \qquad \text{(확률변수)}$$

$$\overline{x} = \frac{1}{n}(x_1, x_2, \cdots, x_n) \qquad \text{(실현값)}$$

을 정의하고 각각 표본평균, 평균값이라 부르도록 할게. 지금까지와 마찬가지로 대문자가 확률변수고 소문자가 그 실현값이야. 중심극한정리는 다음과 같은 정리를 말해."

정리 8.1 **중심극한정리**

확률변수 $X_1, X_2, \cdots, X_n$을 모집단에서 추출한 표본으로 하고 독립적으로 같은 분포를 따른다고 가정한다(각 X_i는 같은 평균 μ와 분산 σ^2을 갖는다).

이때 n이 충분히 크다면

$$\bar{X} \text{ 는 정규분포 } N\left(\mu, \frac{\sigma^2}{n}\right) \text{에 가까워진다.}$$

더불어 $\bar{X}$ 를 표준화한 분포

$$\frac{\bar{X} - \mu}{\sigma / \sqrt{n}} \text{ 는 정규분포 } N(0,1) \text{을 근사적으로 따른다.}$$

"이 명제는 모집단의 분포가 어떤가에 상관없이 성립한다는 것이 포인트야.[3] 즉, 구매액의 분포(모집단의 분포)가 정규분포가 아니더라도 표본평균을 표준화한 분포는 제대로 된 정규분포를 따르지. 그러므로 데이터로 계산한 평균값은 정규분포를 따르는 확률변수 $\bar{X}$ 의 실현값이라 볼 수 있어."

"원래가 어떤 분포라도 평균을 구하면 정규분포를 따른다는 거네. 그렇지만, 평균이 분포를 이룬다고 해도 무슨 뜻인지 잘 모르겠어. 데이터로 계산한 평균값은 값이 1개잖아. 어떻게 분포가 되지?"

"그건 말이지 다음이 확률변수이기 때문이야.

3 증명은 다음 웹사이트를 참고하길 바랍니다.
참고: https://freshrimpsushi.tistory.com/43

$$\bar{X} = \frac{1}{n}(X_1, X_2, \cdots, X_n)$$

우변 X_1, X_2, …, X_n이 각각 확률변수란 건 알겠지? 첨자 1, 2, …, n은 고객 1의 구매액, 고객 2의 구매액, …, 고객 n의 구매액에 대응해."

"응, 여기까진 알겠어."

"'확률변수를 더하면 이 역시도 확률변수가 된다'라는 내용 기억하지?"

"이전에 했던 거잖아."

"특정 조건을 만족하는 확률변수라면 이를 더한 다음 그 개수로 나눈 확률변수, 다른 말로 **표본평균**이라는 이름의 확률변수 분포는 정규분포에 가까워. 이것이 중심극한정리의 직감적인 의미야."

• • • • • • • • • • • • • • • • • • •

그다음으로 중요한 포인트는 **표본평균**이 정규분포를 따를 때 표본평균의 차이도 정규분포를 따른다는 성질이다(명제 8.1). 즉,

X_1, X_2, …, X_{n1}은 평균 μ_1, 분산 σ_1^2의 분포에서 고른 표본
Y_1, Y_2, …, Y_{n2}는 평균 μ_2, 분산 σ_2^2의 분포에서 고른 표본

으로, 각각의 표본평균을 $\bar{X}$, $\bar{Y}$라 하면 $\bar{X}$, $\bar{Y}$는 각각 정규분포를 따르고 $\bar{X}-\bar{Y}$도 정규분포를 따른다. 즉, 다음과 같이 된다.

$$\bar{X} - \bar{Y} \sim N\left(\mu_1 - \mu_2, \frac{\sigma_1^{\ 2}}{n_1} + \frac{\sigma_2^{\ 2}}{n_2}\right)$$

더불어 이 확률변수 $\bar{X}-\bar{Y}$를 그 평균 $\mu_1 - \mu_2$와 표준편차

$\sqrt{\frac{\sigma_1^{\ 2}}{n_1}+\frac{\sigma_2^{\ 2}}{n_2}}$ 로 표준화한

$$\frac{\bar{X}-\bar{Y}-(\mu_1-\mu_2)}{\sqrt{\frac{\sigma_1^{\ 2}}{n_1}+\frac{\sigma_2^{\ 2}}{n_2}}}$$

는 표준정규분포 $N(0, 1)$을 따른다. 식이 조금 복잡하긴 해도 말하고자 하는 바는 다음 식과 마찬가지다.

$$X \sim N\left(\mu,\sigma^2\right) \Leftrightarrow \frac{X-\mu}{\sigma} \sim N(0,1)$$

• • • • • • • • • • • • • • • • • •

"왜 $\bar{X}-\bar{Y}$를 표준화한 확률변수를 고려해야 하는 거였지?"

"$\bar{X}-\bar{Y}$를 표준화한 확률변수가 여기서 사용하고자 하는 검정통계량이야. 이 확률변수가 표준정규분포를 따른다는 성질을 이용해서 귀무가설을 기각할 수 있는지 없는지를 조사하는 거야."

• • • • • • • • • • • • • • • • • •

검정하고자 하는 가설을 다시 확인해보면 다음과 같다.

H_0: 이전 디자인과 새로운 디자인의 매출 평균액이 같음

H_1: 새로운 디자인 쪽이 이전 디자인보다 매출 평균액이 많음

그러므로 이전 디자인의 매출 평균을 μ_1, 새로운 디자인의 매출 평균을 μ_2로 정의하면 다음과 같이 나타낼 수 있다.

귀무가설 H_0: $\mu_1 = \mu_2$

대립가설 H_1: $\mu_1 < \mu_2$

귀무가설이 올바르다면 $\mu_1 - \mu_2 = 0$이므로 이때의 검정통계량은 다음과 같다.

$$\frac{\bar{X} - \bar{Y} - (\mu_1 - \mu_2)}{\sqrt{\frac{{\sigma_1}^2}{n_1} + \frac{{\sigma_2}^2}{n_2}}} = \frac{\bar{X} - \bar{Y}}{\sqrt{\frac{{\sigma_1}^2}{n_1} + \frac{{\sigma_2}^2}{n_2}}}$$

여기서

$$T = \frac{\bar{X} - \bar{Y}}{\sqrt{\frac{{\sigma_1}^2}{n_1} + \frac{{\sigma_2}^2}{n_2}}}$$

라 두고 이를 검정통계량 T라 정의한다.

• • • • • • • • • • • • • • • • • • • •

"여기서 검정통계량 T의 파라미터인 σ_1, σ_2는 실제 값은 몰라도 그 값을 표본에서 계산한 표준편차로 대신 사용할 수 있다고 가정하자. 이 가정을 이용하여 데이터에서 얻은 $\bar{X}$, $\bar{Y}$, σ_1, σ_2를 대입하여 T 값을 계산해보자. 그러면 유의수준을 0.01로 가정했을 때의 기각역은 어떻게 될까?" 수찬이 물었다.

"음…, 여기서 대립가설은 H_1: $\mu_1 < \mu_2$이지? 그렇다는 건 정말로는 μ_2 쪽이 크다고 말하고 싶은 거잖아. μ_2가 더 크다는 근거로는 $\bar{Y}$의 실현값이 클수록 좋으니까……"

"$\bar{Y}$의 실현값이 크면 검정통계량

$$T = \frac{\bar{X} - \bar{Y}}{\sqrt{\frac{{\sigma_1}^2}{n_1} + \frac{{\sigma_2}^2}{n_2}}}$$

은 어떤 값이 되지?" 옆에 있던 수찬이 도움의 손을 내밀었다.

"그러니까 $\bar{Y}$ 의 실현값이 $\bar{X}$ 보다 크면 T는 음수 값이 되겠지. 여기서는 T가 음수인 편이 좋은 거지. 유의수준이 0.01이므로 $0.01 \approx P(T < ?)$가 되도록 '?'에 들어갈 숫자를 생각하면 되겠네. 음, 결국 다음과 같겠구나.

$$0.01 \approx P(T < -2.33)$$

그러므로 $D = (-\infty, \ -2.33]$이야."

"OK. 기각역은 정해졌어. 이 조건으로 데이터 수치를 대입해서 계산해보자."

$$T = \frac{\bar{X} - \bar{Y}}{\sqrt{\frac{{\sigma_1}^2}{n_1} + \frac{{\sigma_2}^2}{n_2}}} = \frac{50000 - 51000}{\sqrt{\frac{5000^2}{1000} + \frac{5000^2}{1000}}} = \frac{-1000}{100\sqrt{5}} = \frac{-10}{\sqrt{5}} \approx -4.49422$$

"$-4.49422 \in (-\infty, \ -2.33]$이므로 확실히 검정통계량은 기각역 안에 들어가. 따라서 H_0을 유의수준 0.01에서 기각하지. 즉, $\mu_1 = \mu_2$라 가정할 때 $N(0, 1)$을 따르는 T 값이 -4.49422보다 작을 확률은

$$P(T < -4.49422) \approx 0.000003491$$

이므로 무척 낮은 확률임을 알 수 있어. 검정통계량의 확률밀도함수 그래프로 이를 확인해보자."

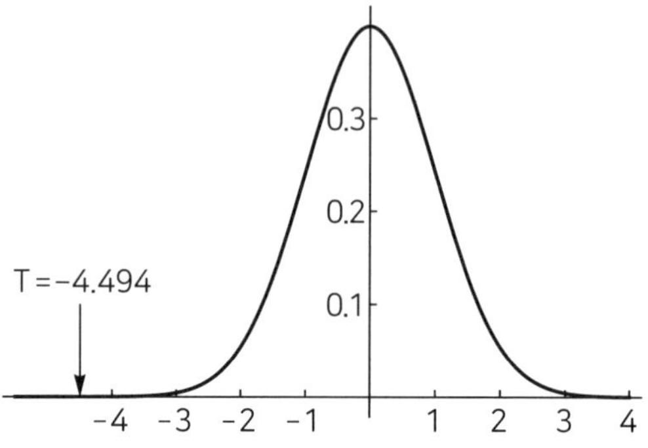

8.5 | 표본 크기의 설계

"검정의 사고방식을 좀 이해하겠니?"

"음, 그러니까 우선 2개 집단의 평균값에 차이가 없다고 가정하는 거야. 다음으로, 그 가정을 근거로 표준정규분포를 따르는 확률변수(검정통계량)의 실현값이 작은 확률로만 일어나는 범위에 들어가는지를 확인하는 거지. 만약 엄청 진기한 결과라면 가정이 틀렸다고 판단하고 귀무가설을 기각하지. 어때? 대충 이런 느낌인데."

"응. 괜찮다고 생각해."

"다만, 조금 걸리는 부분이 있어."

"뭔데?"

"검정통계량 T를 계산할 때 분모가 다음과 같고 이 중 n_1, n_2가 표본 크기라는 거잖아?"

$$\sqrt{\frac{\sigma_1^{\ 2}}{n_1}+\frac{\sigma_2^{\ 2}}{n_2}}$$

“그렇지.”

“많은 사람의 데이터를 모으면 n_1, n_2는 점점 커지는 거지? 그렇다는 것은 T의 분모는 점점 작아지므로 T 그 자체는 0에서 점점 멀어진 극단 값을 취하게 되는 거지?”

“응.” 수찬이 고개를 끄덕였다.

“그 결과 T 값이 3 이상이거나 -3 이하와 같이 극단 값이 되면 귀무가설은 기각되는 거잖아. 이거 뭔가 이상하지 않아?”

“좋은 지적이야. $\overline{X}$ 와 $\overline{Y}$ 의 실현값 차이가 아무리 작다 하더라도 n_1이나 n_2가 크면 대립가설 $H_1 : \mu_1 \neq \mu_2$를 이용하여 귀무가설을 기각할 수 있지. 즉, 아무리 작은 차이라도 통계적으로 유의미하다고 판단할 수 있어.”

“그것 봐. 역시 그렇지.”

“예를 들어 서울에 사는 사람의 평균 체중과 부산에 사는 사람의 평균 체중은 작은 차이겠지만, 다를 거야. 그러므로 표본 크기가 클수록 아무리 작은 차이라도 통계적으로는 유의미한 차이가 되지. 문제는 이 차이가 생기는 메커니즘이 있는가? 실질적인 의미가 있는가? 라는 점이야.”

“그런 거구나.”

“그래서 검출력을 기준으로 표본 크기를 정하는 방법을 쓰곤 하지.”

“검출력?”

“검출력이란 대립가설이 옳을 때 귀무가설을 기각할 확률이야. 실제 성립하는 설은 H_0 또는 H_1 중 하나이고 검정 결과 지지하는 가설도 H_0 또는 H_1 중 하나이므로 결과는 4가지 조합이 되지."

실제 성립하는 가설

		H_0	H_1
검정 결과	H_0	옳음 $1-\alpha$	2종 오류 β
	H_1	1종 오류 유의수준 α	옳음 검출력 $1-\beta$

"대립가설을 주장하고자 틀릴 확률을 작게(α를 작게) 하고 옳을 확률을 크게($1-\beta$) 하고 싶어. 검출력 $1-\beta$는 실제로 H_1이 옳을 때 H_1을 지지하는(H_0을 기각하는) 확률이므로 이 값은 0.9나 0.95 등 가능한 한 큰 값으로 하고 싶어. 그럼 예를 들어 다음과 같은 문제를 생각해보자."

> 평균값의 차이가 100일 때 유의수준 $\alpha=0.01$, 검출력 $1-\beta=0.95$로 귀무가설 H_0을 기각하려면 표본 크기는 어느 정도가 되어야 하는가?

"표본 크기를 유의수준과 검출력으로 정하려면 어떻게 하면 돼?"

바다는 이런 질문을 한 적이 없었다. 표본 크기는 무조건 큰 게 좋다는 지식밖에 없었기 때문이다. 수찬이 설명을 이어 갔다.

• •

우선 가설을 확인한다.

> 귀무가설 H_0: $\mu_1=\mu_2$ (매출이 같다.)
>
> 대립가설 H_1: $\mu_1<\mu_2$ (새로운 웹 사이트 쪽이 매출이 크다.)

귀무가설 H_0이 옳을 때의 검정통계량 T는 다음과 같다.

$$T = \frac{\bar{X} - \bar{Y}}{\sqrt{\frac{{\sigma_1}^2}{n_1} + \frac{{\sigma_2}^2}{n_2}}}$$

유의수준을 $\alpha = 0.01$로 설정한다는 것은 H_0과 H_1을 대상으로 관찰 결과가 우연인지 아닌지를 다음과 같은 확률을 기준으로 판단하는 것을 뜻한다.

$$\alpha = 0.01 = P(T < -2.33)$$

그러므로 유의수준 0.01로 귀무가설 H_0을 기각하기 위한 기각역은 다음과 같다.

$$D = (-\infty, -2.33]$$

여기까지가 지금까지의 복습이다. 지금부터는 H_1이 옳다는 상황에 관해 생각해보자.

먼저 H_1이 옳다면 $\mu_1 - \mu_2 = 0$이 아니므로 다음과 같다.

$$\frac{\bar{X} - \bar{Y} - (\mu_1 - \mu_2)}{\sqrt{\frac{{\sigma_1}^2}{n_1} + \frac{{\sigma_2}^2}{n_2}}} \neq \frac{\bar{X} - \bar{Y}}{\sqrt{\frac{{\sigma_1}^2}{n_1} + \frac{{\sigma_2}^2}{n_2}}}$$

이때 확률변수

$$\frac{\bar{X} - \bar{Y} - (\mu_1 - \mu_2)}{\sqrt{\frac{{\sigma_1}^2}{n_1} + \frac{{\sigma_2}^2}{n_2}}}$$

는 정규분포의 표준화에 따라 표준정규분포 $N(0, 1)$을 따르므로 이를 다시 다음과 같이 둔다.

$$Z = \frac{\bar{X} - \bar{Y} - (\mu_1 - \mu_2)}{\sqrt{\frac{\sigma_1^{\ 2}}{n_1} + \frac{\sigma_2^{\ 2}}{n_2}}}$$

그러면 $Z \sim N(0, 1)$이다. 우리가 알고 싶은 것은 유의수준 α로 귀무가설 H_0을 기각하면서 가설이 옳을 확률이 충분히 큰 $1-\beta$가 되도록 하는 문제다. 여기서 검정통계량 T에 관한 확률을 다음과 같이 변형한다.

$$P(T < -2.33) = P\left(\frac{\bar{X} - \bar{Y}}{\sqrt{\frac{\sigma_1^{\ 2}}{n_1} + \frac{\sigma_2^{\ 2}}{n_2}}} < -2.33\right)$$

$$= P\left(\frac{\bar{X} - \bar{Y} - (\mu_1 - \mu_2) + (\mu_1 - \mu_2)}{\sqrt{\frac{\sigma_1^{\ 2}}{n_1} + \frac{\sigma_2^{\ 2}}{n_2}}} < -2.33\right)$$

분자에 $-(\mu_1 - \mu_2) + (\mu_1 - \mu_2)$를 추가

$$= P\left(Z + \frac{\mu_1 - \mu_2}{\sqrt{\frac{\sigma_1^{\ 2}}{n_1} + \frac{\sigma_2^{\ 2}}{n_2}}} < -2.33\right)$$

Z로 치환

• • • • • • • • • • • • • • • • • •

"어라? 왜 일부러 $-(\mu_1 - \mu_2) + (\mu_1 - \mu_2)$를 추가한 거야?" 바다가 고개를 갸우뚱했다.

"검정통계량 T에 관한 식을 확률변수 Z에 관한 식으로 치환하기 위해서지. 지금부터는 약간의 잔머리가 필요한데, 표본 크기를 논리적으로

정하는 데 필요한 변형이란다."

• • • • • • • • • • • • • • • • • • • •

이 확률변수 Z가 부등식을 만족하는 확률(H_1이 옳다는 조건을 이용하여 H_0을 기각하는 확률)이 검출력 $1-\beta$다.

$$1-\beta = P\left(Z < -2.33 - \frac{\mu_1 - \mu_2}{\sqrt{\frac{{\sigma_1}^2}{n_1} + \frac{{\sigma_2}^2}{n_2}}}\right)$$

여기에 $1-\beta = P(Z < a)$라는 변수 a를 적용한다. 그러면 앞의 식을 다음과 같이 쓸 수 있다.

$$a = -2.33 - \frac{\mu_1 - \mu_2}{\sqrt{\frac{{\sigma_1}^2}{n_1} + \frac{{\sigma_2}^2}{n_2}}}$$

또한, 간략화하고자 집단 1과 집단 2의 모분산과 표본 크기는 같다고 가정한다. 즉, 다음과 같이 가정한다.

$$\begin{aligned} n_1 = n_2 = n \\ {\sigma_1}^2 = {\sigma_2}^2 = \sigma^2 \end{aligned} \qquad (1)$$

그러면

$$a = -2.33 - \frac{\mu_1 - \mu_2}{\sqrt{\frac{\sigma_1^{\ 2}}{n_1} + \frac{\sigma_2^{\ 2}}{n_2}}}$$

$$a = -2.33 - \frac{\mu_1 - \mu_2}{\sqrt{\frac{2\sigma^2}{n}}}$$ 가정 (1)에 따라

$$\frac{\mu_1 - \mu_2}{\sqrt{\frac{2\sigma^2}{n}}} = -a - 2.33$$ 항을 정리

$$\frac{\sqrt{n}\left(\mu_1 - \mu_2\right)}{\sqrt{2\sigma^2}} = -a - 2.33$$ 좌변에 $\frac{\sqrt{n}}{\sqrt{n}}$ 곱하기

$$\sqrt{n} = (-a - 2.33)\frac{\sqrt{2\sigma^2}}{\mu_1 - \mu_2}$$ 항을 정리

$$n = \frac{(-a - 2.33)^2 \left(2\sigma^2\right)}{\left(\mu_1 - \mu_2\right)^2}$$ 양변을 2제곱

$$n = \frac{2(-a - 2.33)^2}{\left(\frac{\mu_1 - \mu_2}{\sigma}\right)^2}$$ σ^2을 정리

$$n = 2\left(\frac{-a - 2.33}{\Delta}\right)^2$$

마지막은 다음과 같은 기호로 치환했다.

$$\Delta = \frac{\mu_1 - \mu_2}{\sigma}$$

Δ는 평균의 차이가 표준편차의 몇 배인가라는 양을 나타낸다.

• •

"그러면 바로 다음을 사용하여 필요한 표본 크기를 계산해보자.

$$n = 2\left(\frac{-a - 2.33}{\Delta}\right)^2$$

매출에 1,000원 차이가 있다면 이를 연간 매출로 환산하면 충분히 이익을 얻을 수 있으므로 다음과 같이 가정하자.

$$\Delta = \frac{\mu_1 - \mu_2}{\sigma} = \frac{50000 - 51000}{5000} = -0.2$$

이 정도의 차이가 있다는 대립가설을 $\alpha = 0.01$, 검출력 $1 - \beta = 0.95$라는 설정의 검정으로 지지하고자 하지. a의 정의에 따라

$$1 - \beta = P(Z < a)$$
$$0.95 \approx P(Z < 1.65)$$

이므로 $a = 1.65$야. 이를 대입하면 다음과 같아.

$$n = 2\left(\frac{-a - 2.33}{\Delta}\right)^2 = 2\left(\frac{-1.65 - 2.33}{-0.2}\right)^2 \approx 788.522$$

즉, 한 집단마다 789명 정도 조사하면 된다는 결론이 되는 거지."

"그렇다는 건 모든 집단을 1,000명 조사했으니까 이번 조사는 문제없다는 거네."

"뭐 이상적으로는 조사 전에 Δ, α, $1 - \beta$를 정한 다음 표본 크기를 설정하는 것이 좋지만 말이야."

"검정 원리를 전혀 이해하지 못했었다는 걸 비로소 알게 되었어."

8.6 이론의 필요성

"A/B 테스트를 시행할 때 신경을 써야 할 점은 평균의 차이가 왜 발생했는가를 설명하는 일반적인 이론을 미리 생각해둬야 한다는 거야. 여기서 이론은 통계 이론이 아니라 대상이 되는 사람이나 집단에 관한 이론을 말해. 웹을 이용한 A/B 테스트는 지금 살펴본 바까지는 기술적으로 간단히 할 수 있어. 그리고 표본 크기만 확보한다면 아주 작은 차이라도 의미가 있다는 것을 나타낼 수 있겠지. 그러므로 무턱대고 차이가 있다는 것만을 추구해서는 그다지 의미가 없어."

"음, 차이를 설명하기 위한 이론이라. 내가 잘하지 못하는 분야네. 도대체 이론이 뭔지 잘 모르겠어."

"특별히 어려운 건 아냐. 예를 들어 이전 디자인보다도 새로운 디자인 쪽이 매출이 더 나을 것으로 예상했을 때 어떤 이유로 늘어날 것으로 생각한 거야?"

"음, 그러니까 새로운 디자인에서는 예를 들어 셔츠를 사려 검색한 사람에 대해 그 셔츠에 어울릴 것 같은 재킷이나 바지도 함께 추천하거든."

"그래 맞아. 그런 느낌으로 다음은 왜 관련 상품을 추천하면 고객이 그 상품을 살 확률이 높아질까를 한 번 더 추상적인 수준에서 생각하는 거지. 이를 반복하면 상품 구매에 관한 인간행동의 일반 이론이 만들어지는 거지."

"그런 걸 생각하는 사람이 우리 회사에 있을까?"

"만약 생각하지 않았다면 바꾸는 게 좋아. 이를 생각할 수 있는 기업은 생각하지 않는 기업보다 더 유리한 처지에 있을 수 있으니까."

바다는 수찬이 회사에서 일하는 모습을 상상해보았다. 그라면 다양한 지식이나 수학 모델을 이용하여 비즈니스 장면에서 어떻게 응용할 것인지를 고민할 것 같은 느낌이 들었다.

한편으로는 회사에서 일하는 것보다 조용히 책 읽는 모습이 그에게 더 잘 어울린다고 생각했다.

내용 정리

- 가설 검정을 위한 기각역은 유의수준과 대립가설 내용에 따라 달라진다.
- 통계 검정은 특정 통계 모델(귀무가설)을 이용하여 데이터로 얻은 통계량이 관찰될 확률을 계산하여 이것이 드문 일인가 아닌가를 확인하는 과정이다.
- 검정 성질상 표본 크기가 클수록 어떤 미세한 차이라도 통계적으로 의미 있는 차이가 된다. 따라서 검정 전에 미리 확인하고자 하는 효과량을 정한 다음, 표본 크기를 정하는 것이 바람직하다.
- 필요한 표본 크기는 효과량, 검출력, 유의수준을 이용하여 역산할 수 있다.

참고 문헌

小寺平治,『新統計学入門』裳華房, 1996.

처음 배우는 사람을 위한 입문서입니다. 고등학생 정도면 읽을 수 있는 수준으로, 기술통계, 확률론의 기초, 추측통계, 가설 검정을 간결하게 설명합니다. 평균값 차이의 검정을 참고했습니다.

河野敬雄,『確率概論』京都大学学術出版会, 1999.

대학생을 위한 공리론적 확률론을 정리한 교과서입니다. 고등학생 수준의 확률통계에서 다음 수준으로 넘어가는 데 적당합니다. 드무아브르 – 라플라스의 중심극한정리(이항 분포의 극한으로서 정규분포를 유도하는 명제)를 자세하게 설명합니다. 더 일반적인 조건을 이용한 중심극한정리도 함께 설명합니다.

永田靖,『サンプルサイズの決め方』朝倉書店, 2003.

검정의 기초 이론과 다양한 상황에서의 표본 크기 설계 방법을 설명한 대학생부터 전문가를 위한 책입니다. 다른 책에서는 보기 어려운 유의수준과 검출력을 이용한 표본 크기 계산 방법을 자세히 설명합니다.

당신이 읽고 있는 그 상품평, 믿을 수 있습니까?

9.1 사용자 평가

바다가 제안한 무작위화 비교 실험 결과 온라인 쇼핑몰의 디자인 변경에 따라 1인당 평균 구매액이 1,000원 증가했음을 알 수 있었다. 1,000원의 차이가 크지는 않지만, 통계적으로 의미가 있으며 고객 전체, 나아가 연간 매출로 환산하면 9,000만 원 가까운 매출 증대가 예상되므로 그녀의 제안은 어느 정도 설득력이 있다고 사내에서 인정받게 되었다.

이는 업무를 대하는 바다의 태도에 눈에 띄는 변화를 일으켰다. 지금까지는 오로지 회사에서 주어진 업무를 묵묵히 수행하는 것이 그녀의 일과였다. 일이 싫은 것은 아니었으나 그렇다고 특별히 좋아하는 것도 아니었다. 그러나 자신의 지식이나 아이디어가 실제 매출액 증가에 공헌한다는 것을 경험한 그녀는 이때 처음으로 자신과 회사가 이어졌다는 것을 실감했다. 좀 과장되게 표현하자면 외부 세계가 자신의 행동에 의해 변화하는 것을 처음으로 느꼈다.

그 결과 그녀는 더 능동적으로 업무를 수행하게 되었다. 또한, 상사의 믿음도 얻었으며 새로운 일을 맡기도 했다. 이전의 그녀라면 단순히 귀찮은 것이라고밖에 생각하지 않았으나 지금은 이것이 해결해야 할 즐거운 목표라는 느낌이 들었다.

상사의 이번 의뢰는 쇼핑몰 사이트의 사용자 평가 데이터 분석이었다. 구체적으로는 온라인 쇼핑몰에 올라온 각 상품의 상품평을 분석하여 생산량을 늘려야 하는 상품을 선정하는 일이었다. 이 의뢰는 그냥 잘 팔리는 상품의 생산을 늘리면 되는 단순 작업은 아니었다. 고객의 반응을 통해 정말로 평가가 좋은 상품을 선정하고 이후 브랜드 가치를 높이는 상품의 특징을 찾아낸다는, 조금은 어려운 업무 지시였다.

바다가 전달받은 데이터는 상품마다 상품평을 단순 집계한 것이었다. 이들 상품평은 가장 낮은 만족도(별 1개)부터 가장 높은 만족도(별 5개)의 득점 분포였다.

그런데 애당초 사용자 상품평은 어느 정도 믿을 수 있을까? 이것이 이 일을 수행하면서 가장 먼저 떠오른 의문이었다.

9.2 배심정리

"일할 때 자기 효능감이 높아진 듯하구나."라며 수찬은 바다의 심경 변화를 지적했다.

"뭐야, 자기 효능감이란 게?" 바다가 물었다.

"간단히 말하면 하면 할 수 있다는 자신감이지."

"아, 그런 뜻이야? 뭐, 분명히 전보다는 업무에 적극적인 듯하니깐." 바다는 자신에게 일어난 변화를 인정했다.

"좋은 일 아냐? 지겹다고 생각하며 일하는 것보단 즐거운 쪽이 좋지. 그런데 새로운 문제란 게 뭐야?"

"사용자 평가를 분석하는 일을 맡게 되었는데, 조금 신경 쓰이는 부분이 있어서 말이야."

"신경 쓰이는 부분?" 수찬이 물었다.

"즉, 매출액과는 달리 평가는 주관적이잖아? 게다가 익명이고. 요컨대 애당초 이런 데이터를 믿어도 되는지에 대한 문제야."

"이젠 데이터를 무척 신중하게 관찰하는 자세가 몸에 배었네? 물론 네가 가진 데이터는 익명이고 주관적인 판단을 집계한 것에 지나지 않지. 단, 집합적인 의사결정은 특정 조건만 만족한다면 개인의 의사결정보다도 더 나아. 배심정리라고 들어 봤니?" 수찬은 이렇게 묻고는 테이블 위에 펼쳐진 빈 계산 용지에 식을 썼다.

"배심정리? 들어본 적 없는걸?" 바다는 솔직히 답했다.

"한 집단이 n명으로 이루어지고 각자가 독립일 때 어떤 명제의 진위를 판정한다고 가정해보자. 이때 한 사람 한 사람이 0.5보다 큰 확률로 올바른 결정을 내릴 수 있다면 집단의 사람 수 n이 늘어나면 다수결에 따라 올바른 판정을 선택할 확률이 1에 가까워져."

"무슨 소린지 잘 모르겠어."

"예를 들어 배심원이 어떤 피고의 죄가 유죄인지를 판정하는 장면을 생각해보자. 각 배심원이 피고의 죄를 올바르게 판정할 수 있는 확률은 0.5보다도 크다고 할게. 그러면 배심원 대부분이 다수결에 따라 피고의 죄를 결정하면 제대로 옳은 판결을 내릴 확률이 배심원 수와 함께 커져서 1에 가까워진다는 뜻이야. 이 정리를 상품에 대한 사용자 평가 문맥에 적용해보자. 먼저 사용자 한 사람 한 사람이 어떤 상품에 대해 그 품질이 '좋다'인지 '나쁘다'인지를 판정하자. 이때 사용자의 판정은 독립이고 상품의 품질을 올바르게 판정할 수 있는 확률이 0.5보다도 크다고 가정하는 거지."

“음, 재판의 예는 이해하겠는데 상품의 품질을 올바르게 판정할 수 있는 확률이라는 게 뭔지 잘 모르겠어. 상품의 품질을 객관적으로 정할 수 있다고 생각해도 되는 거야?”

“그 부분은 객관적으로 정할 수 있다고 가정하자. 만약 네가 고객의 판단을 100% 신뢰할 수 있다면 확률은 생각하지 않아도 돼. 그렇지만, 가끔은 고객의 평가가 틀릴 가능성도 생각할 수 있지.”

“예를 들면?”

“예를 들면…… 너희 회사가 다루는 게 의류니까 맞지 않는 사이즈의 옷을 산 고객을 상상해봐. 어떤 상품의 품질이 객관적으로는 ‘좋다’지만, 안 맞는 사이즈를 산 사람은 ‘나쁘다’라는 내용으로 평가를 작성할 수도 있지. 이 평가가 올바른 판단이라고 보기는 어렵고.”

“분명히 그럴 때는 올바른 판단이라 보기 어렵겠네. 그렇구나. 이제 알 것 같아. 평가 자체는 주관적일지 몰라도 객관적인 품질은 각 사용자의 주관과는 상관없이 정해진다는 말이지?”

“바로 그거지. 그러면 한 사람 한 사람의 판단이 올바를 확률이 0.5보다 클 때 다수결에 따라 그 상품의 품질을 판정하면 어떻게 될까?”

“다수결이라…… 한 사람 한 사람의 확률이 0.5보다도 크므로 다수결의 결과도 올바를 가능성이 큰 거 아냐?”

“배심정리에서는 한 집단의 사람 수 n이 한없이 커지면 다수결에 따른 올바른 판정에 도달할 확률이 1에 가까워진다고 주장해. 사람 수가 많을수록 확률은 1에 수렴한다는 점이 중요하지.”

“오~ 확률이 1이라. 제법 강력한 주장인걸?”

• • • • • • • • • • • • • • • • • •

그러면 정리가 주장하는 내용을 조금 더 정확하게 확인해보도록 하자.

한 사람 한 사람이 독립으로 확률 p로 올바른 결정을 내린다고 가정한다(단, $p > 0.5$). 개인 i의 판정은 베르누이 분포를 따르는 확률변수 X_i로 나타낼 수 있다. n명 중 x명이 올바른 결정을 내릴 확률은 이항 분포의 확률변수로 나타낸다(Model 2 참조).

$$P(X = x) = {}_nC_x p^x (1-p)^{n-x}$$

여기서 새롭게 확률변수를 정의한다.

$$\bar{X} = \frac{X_1 + X_2 + \cdots + X_n}{n}$$

$X_i = 1$은 개인 i가 올바른 판단을 내린 확률이므로 $\bar{X}$는 집단 안에서 올바른 판단을 내린 사람의 비율과 같다.

따라서 $\bar{X}$가 0.5보다도 크다는 것은 과반수의 사람이 올바르게 판단했다는 것을 뜻한다. 이 확률을 다음과 같이 나타낸다.

$$P(\bar{X} > 0.5)$$

이것은 다수결에 따라 올바른 판단에 도달할 수 있는 확률이다.

$P(\bar{X} > 0.5)$가 사람 수 n의 증감에 따라 어떻게 커지는지를 그래프로 나타내보자. 이 그래프는 각 개인이 올바를 확률이 $p = 0.55$일 때 다수결이 올바를 확률 $P(\bar{X} > 0.5)$를 나타낸다.

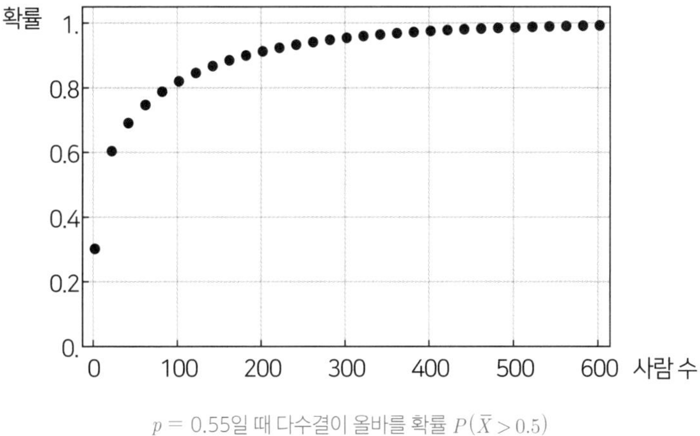

$p = 0.55$일 때 다수결이 올바를 확률 $P(\bar{X} > 0.5)$

사람 수가 늘어날수록 다수결이 옳을 확률이 점점 1에 가까워지는 모습을 볼 수 있다. 이 수치 예에서는 $n = 500$일 때 다수결이 올바를 확률은 약 0.986까지 올라간다.

확률 $P(\bar{X} > 0.5)$는 n의 증가와 함께 단조 증가한다. 각자가 올바를 확률이 $p > 0.5$라는 조건에서는 다음이 성립한다.

$$\lim_{n \to \infty} P(\bar{X} \geq 0.5) = 1$$

이것이 콩도르세(Condorcet)의 배심정리(jury theorem)라 불리는 명제다.

• • • • • • • • • • • • • • • • • •

"백지 한 장도 맞들면 낫다는데, n명이나 모였으니 훨씬 낫겠지." 수찬은 즐거운 듯 중얼거렸다.

처음에는 그가 왜 배심정리 이야기를 꺼냈는지 바다는 알지 못했다. 그러나 설명을 듣던 중 겨우 그 정리가 자기 일에 어떤 의미가 있는지 이해했다.

익명 평가를 일종의 다수결이라 보고 이 집합적 판단이 특정 상품을 높게 평가한다면 실제로 그 상품을 '좋다'는 것으로 보는 데는 어느 정도 근거가 있다. 바다는 이렇게 이해했다.

"단, 주의해야 할 점이 있어." 수찬은 설명을 이어갔다. "한 사람 한 사람이 올바르게 판단한 확률이 0.5보다 조금이라도 크다는 가정은 정말로 만족하는가? 개인의 판단은 독립인가? 이런 점들을 신중하게 고려해만 해."

"그렇지만, 품질은 '좋다'거나 '나쁘다' 2가지뿐이므로 아무렇게나 판단했다고 해도 올바를 확률은 1/2보다 큰 거 아냐?"

"상품을 산 사람만 평가할 수 있는 시스템이야?" 수찬이 확인했다.

바다는 답을 잠시 머뭇거렸다. 그녀의 기억이 옳다면 누구나 평가할 수 있는 시스템이다.

"애당초 옳은가 그른가, 둘 중 하나를 고른다고 해도 사람이 올바른 길을 선택할 확률이 반드시 1/2이라고는 할 수 없어."

"뭐? 거짓말 마~" 바다는 수찬의 주장을 믿을 수 없었다. 그 모습을 보고 수찬은 이렇게 물었다.

"그럼 간단한 퀴즈를 내볼게. 『다음 예로 든 5쌍의 나라 중 의회 총 의석수 대비 여성 의원의 비율이 높은 나라를 고르라.』라는 퀴즈야."

수찬은 계산 용지에 5쌍의 나라 이름을 적었다.

스웨덴	or	르완다
니카라과	or	핀란드
아이슬란드	or	세네갈
볼리비아	or	독일
이탈리아	or	에콰도르

"너라면 어떻게 대답할래?"

바다는 각각의 쌍을 비교하면서 신중히 생각했다. 물로 각 나라의 정확한 데이터를 아는 건 아니다. 이에 그녀는 경제발전 정도가 높은 나라 쪽이 여성 의원 비율이 높지 않을까 예상했다.

바다는 순서대로 여성 의원 비율이 높다고 생각하는 나라 이름에 ○를 표시했다.

○스웨덴	or	르완다
니카라과	or	○핀란드
○아이슬란드	or	세네갈
볼리비아	or	○독일
○이탈리아	or	에콰도르

"네 대답은 그야말로 정해진 모범답안이구나." 수찬은 그녀의 답을 보며 웃었다.

바다는 자신의 답에 자신은 없었지만 적어도 반 정도는 맞추지 않았을까 예상했다.

"실은 전부 틀렸어."

"뭐? 정말?" 바다는 무의식적으로 목소리가 커졌다.

“정답은 정반대인 이거야.” 수찬이 정답을 표시했다.[1]

스웨덴(북유럽)	or	○르완다(동아프리카)
○니카라과(중앙아프리카)	or	핀란드(북유럽)
아이슬란드(북유럽)	or	○세네갈(서아프리카)
○볼리비아(남미)	or	독일(서유럽)
이탈리아(서유럽)	or	○에콰도르(남미)

“각 쌍은 유럽 국가와 아프리카·남미 국가라는 조합으로 이루어졌어. 아마 넌 유럽 국가 쪽이 아프리카·남미 국가 쪽보다 여성 의원 비율이 높을 것이라 직감적으로 예상했을 거야.”

“끙…. 인정하기 싫은걸. 잠깐의 실수라고 봐줘.”

“만약 네가 한 문제씩 동전을 던져 그 결과로 답을 대신했다면 진지하게 생각하며 답한 결과보다도 정답률이 높았을 거야. 동전은 문제의 의미를 이해조차 못 해도 무작위로 정답을 고르기 때문이지. 이 퀴즈가 무엇을 뜻하는지 알겠니?”

바다는 퀴즈를 모두 틀렸다는 충격으로 잠시 아무 말도 못 했다.

“문제의 의미를 이해할 수 있는 네가 오히려 쓸데없는 선입관에 사로잡혀 틀린 답을 골랐던 것일 수도 있어. 인간이란 생물은 가끔 진지하게 생각하는 바람에 편향이나 선입견에 사로잡혀 틀린 답을 고르곤 하지. 예를 들어 충분히 지적인 사람이라도 집단적 의사결정의 결과로서 틀린

1 Inter-Parliamentary Union (http://achive.ipu.org/wmn-e/classif.htm)에 공개된 정보로, 하원 또는 일원제 의회의 여성 의원 비율 데이터(2018년 6월 1일 시점)를 참고했습니다.

선택지를 고를 때가 있어." 수찬은 계산 용지에 수식을 하나 추가했다.

한 사람이 옳게 판단할 확률 $p < 0.5$라는 조건에서는 다음이 성립한다.

$$\lim_{n \to \infty} P(\bar{X} > 0.5) = 0$$

"배심정리의 또 하나의 얼굴이야. 한 사람 한 사람의 판단이 옳을 확률이 조금이라도 0.5 아래라면 집합적 의사결정이 올바른 판단을 내릴 확률은 n이 늘어날수록 0에 가까워져."

"응? 다수결인데도 0이 되는 거야?"

"예를 들어 전 국민을 대상으로 원자력 발전소를 계속 사용할 것인가에 대해 투표를 진행한다면 어떻게 될까? 다수결에 따라 '원자력을 계속 사용' 혹은 '사용하지 않음'이라는 판단을 했을 때 이 판단이 옳다고 말할 수 있을까? 정말 어려운 문제야."

"음, 그렇구나. 선택지가 2개뿐이라고 해서 한 사람 한 사람의 정답률이 0.5보다 반드시 크다고는 할 수 없으니깐."

"퀴즈 예에서 보듯이 양자택일 문제라도 인간의 정답률이 0.5를 밑돌 때가 있어. 이때 다수결을 믿게 되면 무서운 일이 일어나지. 많은 의사결정 국면에서 이를 알지 못한 채 집단으로 틀린 선택을 하는 것은 아닌지 걱정이야."

9.3 체비쇼프의 부등식

"그런데, 배심정리가 왜 성립하는지는 알아?"

"음, 듣고 보니 왠지 모르게 직감적으로는 그렇게 되는구나 정도로만 이해하고 있어."

"그럼 원리를 한 번 생각해보자. 배심정리는 큰 수의 약한 법칙을 이용하여 증명할 수 있어."

"큰 수의……, 그거 이전에 들었던 적이 있어. 아마 응답 무작위화를 배웠을 때 본 것 같은데?"

"큰 수의 약한 법칙을 증명하는 데는 체비쇼프의 부등식이라는 명제를 사용해. 이 명제는 어떤 분포라도 평균 주변에 일정 비율의 실현값이 모였다는 것을 나타내는 정리야. 우선 예를 들어볼게."

• • • • • • • • • • • • • • • • • •

어떤 확률변수 X의 분산을 $V[X]$로 나타낸다. $\sqrt{V[X]}=\sigma$로 쓰고 σ를 표준편차라 부른다. 체비쇼프의 부등식을 이용하면 어떤 분포라도 평균에서 $\pm 2\sigma$ 범위를 벗어나 실현될 확률은 전체의 1/4 이하임을 알 수 있다.

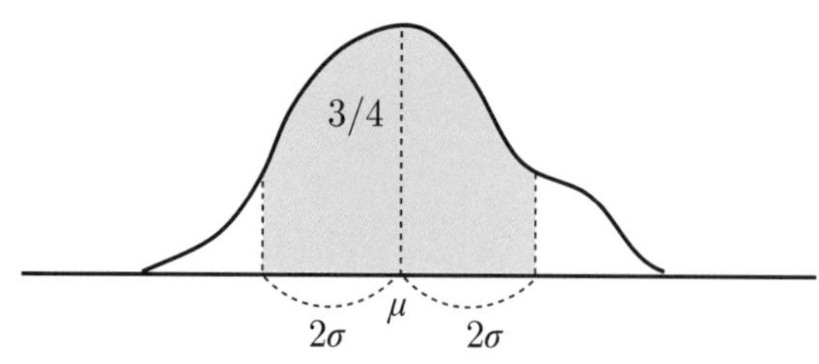

체비쇼프의 부등식의 예

"응, 대충의 모습은 알겠어."

"그럼 명제를 확인하고 가자."

정리 9.1

체비쇼프의 부등식

확률변수 X의 표준편차를 $\sigma = \sqrt{V[X]}$ 라 둔다. 이때 임의의 $a > 0$에 대해 다음이 성립한다

$$P(|X - \mu| \geq a\sigma) \leq \frac{1}{a^2}$$

"$a = 2$라 하면

$$P(|X - \mu| \geq 2\sigma) \leq \frac{1}{4}$$

$$P(X \leq \mu - 2\sigma \quad \text{또는} \quad X \geq \mu + 2\sigma) \leq \frac{1}{4}$$

이므로 앞서 예에서 봤듯이 X가 $\mu - 2\sigma$부터 $\mu + 2\sigma$까지의 범위 밖에서 실현될 확률이 1/4 이하임을 알 수 있어. 그럼 증명을 확인해보자."

• • • • • • • • • • • • • • • • • •

먼저 $\{1, 2, \cdots, n\}$을 다음과 같은 2개의 집합 A, B로 나눈다.

$$A = \{i \mid |x_i - \mu| < a\sigma\} \qquad |x_i - \mu| < a\sigma\text{를 만족하는 } i\text{의 집합}$$
$$B = \{i \mid |x_i - \mu| \geq a\sigma\} \qquad |x_i - \mu| \geq a\sigma\text{를 만족하는 } i\text{의 집합}$$

이렇게 정의하면 A, B는 상호 배반이므로 $\{1, 2, \cdots, n\} = A \cup B$라는 관계가 된다. A의 요소인 i에 대해서만 x_i를 더한다는 표현은 다음과 같다.

$$\sum_{i \in A} x_i$$

예를 들어 $A = \{1, 5, 9\}$라면 다음과 같다.

$$\sum_{i \in A} x_i = x_1 + x_5 + x_9$$

$\sum$와 $i \in A$를 조합해 사용하면 이런 식으로 순서대로 나열되지 않은 첨자를 더할 수 있으므로 편리하다. 마찬가지로 B의 요소인 i에 대해서만 x_i를 더한다는 표현은 다음과 같다.

$$\sum_{i \in B} x_i$$

이 기호를 사용하면 다음과 같이 나눌 수 있다.

$$\sum_{i=1}^{n} x_i = \sum_{i \in A} x_i + \sum_{i \in B} x_i$$

집합 A, B를 사용하여 $V[X]$를 2개의 합으로 나누어보자.

$$\begin{aligned} V[X] &= \sum_{i=1}^{n} (x_i - \mu)^2 p_i \\ &= \sum_{i \in A} (x_i - \mu)^2 p_i + \sum_{i \in B} (x_i - \mu)^2 p_i \end{aligned}$$

여기서 제1항을 소거한다. 그러면 제1항은 음수가 아니므로 우변 쪽이 작아진다.

$$V[X]=\sum_{i\in A}(x_i-\mu)^2 p_i+\sum_{i\in B}(x_i-\mu)^2 p_i$$

$$\geq \sum_{i\in B}(x_i-\mu)^2 p_i \qquad \text{제1항을 소거}$$

$$\geq \sum_{i\in B}(a\sigma)^2 p_i \qquad |x_i-\mu|\geq a\sigma\text{를 이용}$$

$$=(a\sigma)^2\sum_{i\in B}p_i \qquad \text{상수의 합은 밖으로 뺌}$$

여기까지를 정리하면 다음과 같다.

$$V[X]\geq(a\sigma)^2\sum_{i\in B}p_i$$

이 양변을 $(a\sigma)^2$으로 나누면 다음과 같이 된다.

$$\frac{V[X]}{(a\sigma)^2}\geq\sum_{i\in B}p_i \qquad (*)$$

여기서 $\sum_{i\in B}p_i$는 집합 B의 정의에 따라 확률변수를 사용하여 $P(\ )$ 형식으로 쓰면

$$\sum_{i\in B}p_i=P(|X-\mu|\geq a\sigma)$$

이므로 (*)에 따라

$$\sum_{i\in B}p_i\leq\frac{V[X]}{(a\sigma)^2} \qquad \text{(*)를 좌우 바꿈}$$

$$P(|X-\mu|\geq a\sigma)\leq\frac{V[X]}{(a\sigma)^2}$$

$$=\frac{\sigma^2}{(a\sigma)^2}=\frac{1}{a^2}$$

그러므로

$$P(|X-\mu| \geq a\sigma) \leq \frac{1}{a^2}$$

임을 알 수 있다.

• • • • • • • • • • • • • • • • • •

"끙~ 조금 어렵네."

"익숙해질 때까지는 시간을 들여 천천히 따라가는 게 좋아. 아무리 해도 모를 때는 그곳을 기억해두고 다음으로 넘어가도 돼. 나중에 되돌아봤을 때 이전과 비해 더 잘 이해할 수 있을 테니까."

"정말 그럴까?"

"정말이야. 적은 힘으로는 커터 칼을 이용해도 두꺼운 종이를 자를 수 없어. 그러나 몇 번이고 같은 작업을 반복하면 언젠가는 아무리 두꺼운 종이일지라도 잘리지. 이렇게 생각하면 돼."

왠지 속는 듯한 기분이 들었지만, 바다는 그냥 그런 거로 생각했다.

9.4 | 큰 수의 약한 법칙

"그럼 준비가 끝났으므로 주제로 들어가자. 큰 수의 약한 법칙의 직감적인 의미는 찌그러지지 않은 동전을 수없이 던지면 '대체로 절반이 앞면'이라는 것이야. 이를 확률론의 언어로 표현해볼게.

여기 확률 p로 1, 확률 $(1-p)$로 0이 나오는 베르누이 확률변수를 X

로 나타내자.[2] 그러면 X의 기댓값은 다음과 같아.

$$E[X] = 1 \times p + 0 \times (1-p) = p$$

이 X를 n개 더한 합

$$X_1 + X_2 + \cdots + X_n$$

은 n번 실행 결과 1이 나온 횟수와 같지. 그러므로 1이 나온 횟수를 n으로 나눈 값은 1의 출현 비율이 되지.

$$1\text{의 출현 비율: } \bar{X} = \frac{X_1 + X_2 + \cdots + X_n}{n}$$

n이 클 때 1이 나온 비율 $\bar{X}$가 p(각 X_i에서 1이 나올 확률)에 가까워진다는 것을 보이고자 해. 예를 들어 이를 확률로 나타내면 다음과 같아.

$$P(p - 0.001 < \bar{X} < p + 0.001) = 1$$

절댓값으로 정리

$$P(|\bar{X} - p| < 0.001) = 1$$

이 식이 성립한다면 1이 나올 비율은 p에 매우 가까워진다고 할 수 있어. 그림으로 그리면 다음과 같아. $\bar{X}$는 확률변수이므로 다양한 값을 가져."

2 이 책에서는 '확률변수 X는 베르누이 분포를 따른다'를 간략히 'X는 베르누이 확률변수다'로 표현하겠습니다.

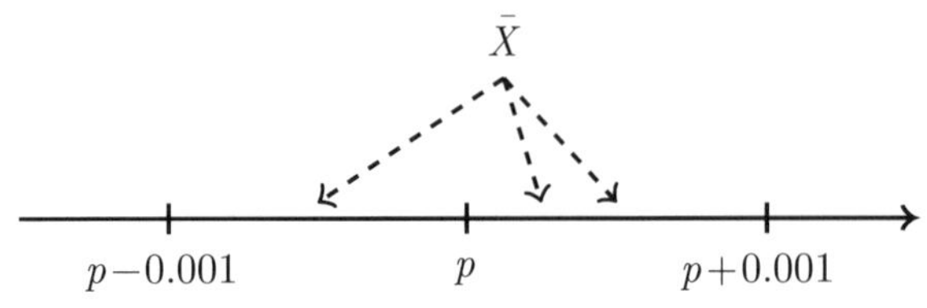

$\bar{X}$가 평균 p에 가까워지는 모습

"그렇지만 말이야, $\bar{X}$와 p의 차이가 0.001 이내란 건 지금 수찬 네가 적당히 정한 거잖아. 도대체 얼만큼의 차이에 들어가야 매우 가까워진다고 할 수 있는 거야?"

• • • • • • • • • • • • • • • • • • • •

좋은 지적이다. $\bar{X}$와 p의 차이를 기호 ε(입실론)으로 나타내고 $\varepsilon = 0.001$이라도 좋고 $\varepsilon = 0.0001$이라도 좋다고 하자.

이러한 임의의 (아무리 작아도 좋은) ε을 사용하여 나타내면 다음과 같다.

$$P\left(\left|\bar{X} - p\right| < \varepsilon\right) = 1$$

여기서 $P(\ )$ 안의 부등호를 뒤집으면 반대가 되므로 다음과 같이 바꿔쓸 수 있다.[3] 물론 같은 의미다.

$$P\left(\left|\bar{X} - p\right| \geq \varepsilon\right) = 0$$

---

3 여기서는 $P(A) = p$라면 $P(A^C) = 1 - p$라는 정리를 사용했습니다. 예를 들어 주사위를 생각하면 '짝수가 나옴'의 여사건은 '홀수가 나옴'입니다. 이때 P(짝수가 나옴) $= 0.5$라면 P(홀수가 나옴) $= 1 - 0.5$가 성립합니다. 이 정리를 $P\left(\left|\bar{X} - p\right| \geq \varepsilon\right)$에 대해 적용했습니다.

n이 커지면 이 확률이 점점 0에 가까워진다는 것은 극한을 이용하여 다음과 같이 나타낼 수 있다.

$$\lim_{n\to\infty} P\left(\left|\overline{X} - p\right| \geq \varepsilon\right) = 0$$

• • • • • • • • • • • • • • • • • • •

"이것을 이용하여 큰 수의 약한 법칙의 증명을 생각해보자. 베르누이 확률변수가 아니라도 성립하므로 기댓값 p는 일반적인 표현인 μ로 바꿔쓰도록 할게."

정리 9.2

큰 수의 약한 법칙

서로 독립이고 같은 확률변수 $X_1, X_2, \cdots, X_n$의 평균은 μ, 분산은 σ^2이다. 이때 임의의 실수 $\varepsilon > 0$에 대해 다음이 성립한다.

$$\lim_{n\to\infty} P\left(\left|\overline{X} - \mu\right| \geq \varepsilon\right) = 0$$

증명

$$\overline{X} = \frac{X_1 + X_2 + \cdots + X_n}{n}$$

이라 둔다. $\overline{X}$는 확률변수 $X_1, X_2, \cdots, X_n$을 더한 다음 n으로 나눈 확률변수다. $\overline{X}$의 분산을 계산하면 다음과 같다.

$$
\begin{aligned}
V[X] &= V\left[\frac{X_1 + X_2 + \cdots + X_n}{n}\right] \\
&= V\left[\frac{1}{n}(X_1 + X_2 + \cdots + X_n)\right] \\
&= \frac{1}{n^2} V[X_1 + X_2 + \cdots + X_n] \\
&= \frac{1}{n^2}\{V[X_1] + V[X_2] + \cdots + V[X_n]\} \\
&= \frac{1}{n^2} n\sigma^2 = \frac{\sigma^2}{n}
\end{aligned}
$$

2줄부터 3줄까지의 변형에서는 다음이 성립한다는 명제를 사용했다 (1.6절 참고).

$$a\text{가 상수일 때 } V[aX] = a^2 V[X]$$

3줄부터 4줄까지의 변형에서는 X_1과 X_2가 서로 독립일 때 다음이 성립한다는 명제를 사용했다.

$$V[X_1 + X_2] = V[X_1] + V[X_2]$$

여기서 X_i에 대해 체비쇼프의 부등식을 사용한다.

$$
\begin{aligned}
&P(|X_i - \mu| \geq a\sigma) \leq \frac{1}{a^2} = \frac{\sigma^2}{(a\sigma)^2} \\
&P(|X_i - \mu| \geq \varepsilon) \leq \frac{V[X_i]}{\varepsilon^2}
\end{aligned}
$$

$a\sigma = \varepsilon$이라 둠

이와 함께 X_i를 $\bar{X}$로 치환하면 $\bar{X}$의 평균도 μ이므로 다음이 성립한다.

$$P\left(\left|\overline{X}-\mu\right|\geq\varepsilon\right)\leq\frac{V[\overline{X}]}{\varepsilon^2}$$
$$P\left(\left|\overline{X}-\mu\right|\geq\varepsilon\right)\leq\frac{\sigma^2}{n\varepsilon^2}$$

1줄부터 2줄까지의 변형에서는 $V[\overline{X}]=\frac{\sigma^2}{n}$을 사용했다. $P\left(\left|\overline{X}-\mu\right|\geq\varepsilon\right)$은 확률이라 0이상이므로 다음이 성립한다.

$$0\leq P\left(\left|\overline{X}-\mu\right|\geq\varepsilon\right)\leq\frac{\sigma^2}{n\varepsilon^2}$$

n에 대해 극한을 구하면 다음과 같다.

$$\lim_{n\to\infty}0\leq\lim_{n\to\infty}P\left(\left|\overline{X}-\mu\right|\geq\varepsilon\right)\leq\lim_{n\to\infty}\frac{\sigma^2}{n\varepsilon^2}$$
$$0\leq\lim_{n\to\infty}P\left(\left|\overline{X}-\mu\right|\geq\varepsilon\right)\leq 0$$

따라서 다음과 같이 된다.

$$\lim_{n\to\infty}P\left(\left|\overline{X}-\mu\right|\geq\varepsilon\right)=0$$

이것으로 큰 수의 약한 법칙을 증명할 수 있다. 그럼 바로 이를 이용하여 배심정리를 증명해보자.

9.5 배심정리의 증명

다시 한 번 더 배심정리를 정리해보자.

정리 9.3

배심정리

각 개인은 독립이며 확률 $p>0.5$로 올바른 판단을 내린다고 가정한다. 각 개인의 판단은 베르누이 확률변수 X_i로 나타내며 올바를 때는 1, 틀렸을 때는 0의 실현값을 갖는다. 이때 확률변수

$$\bar{X}=\frac{X_1+X_2+\cdots+X_n}{n}$$

은 n명 중 올바른 판단을 한 사람의 비율을 나타낸다. 따라서 다수결로 올바른 판단을 내릴 확률은 $P(\bar{X}>0.5)$로 나타낼 수 있다. 이때 $P(\bar{X}>0.5)$는 n이 커질수록 단조 증가한다. 1명의 올바른 판단 확률이 $p>0.5$라는 조건에서는 다음이 성립한다.

$$\lim_{n\to\infty} P(\bar{X}>0.5)=1$$

"증명을 하기 전에 정리의 대략적인 이미지를 설명해볼게. $\bar{X}$는 올바른 판단을 내린 사람의 비율이라 했지? 가정에서 각 개인이 올바르게 판단할 확률 p는 0.5보다도 크고 이 p는 $\bar{X}$의 평균 p와 같아. 큰 수의 약한 법칙에 따라 n이 늘어나면 $\bar{X}$가 평균 p에 가까운 값을 가질 확률이 1에 가까워지지. 그러므로 다수결로 올바른 판단을 내릴 수 있단 거지. 그림으로 나타내면 다음과 같아."

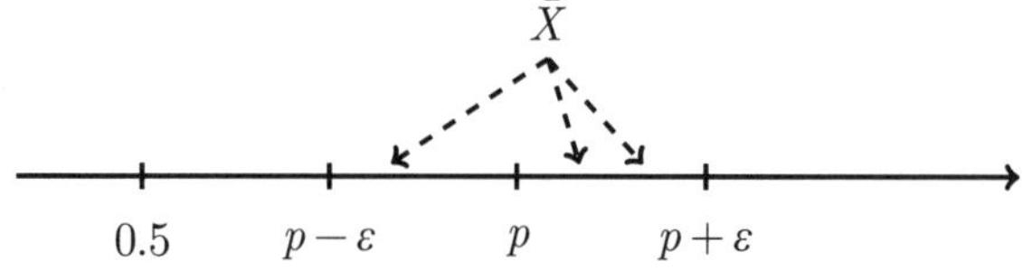

$\bar{X}$가 0.5보다 큰 p 근처에서 실현되는 모습

"그런 거구나. $\overline{X}$ 의 실현값은 0.5보다도 큰 p 가까이에 집중하는구나."

"그럼 증명을 확인해보자."

증명

큰 수의 약한 법칙에 따라 임의의 $\varepsilon > 0$에 대해 다음이 성립한다.

$$\lim_{n\to\infty} P\left(\left|\overline{X} - p\right| \geq \varepsilon\right) = 0$$

여기서 p는 $\overline{X}$ 의 평균이다. 부등호를 반전하면 여사건이 되므로 다음이 성립한다.

$$\lim_{n\to\infty} P\left(\left|\overline{X} - p\right| < \varepsilon\right) = 1$$

절댓값을 풀고 다시 쓰면 다음과 같다.

$$\lim_{n\to\infty} P\left(\left|\overline{X} - p\right| < \varepsilon\right) = 1$$

$$\lim_{n\to\infty} P\left(-\varepsilon < \overline{X} - p < \varepsilon\right) = 1 \quad \text{절댓값 없앰}$$

$$\lim_{n\to\infty} P\left(p - \varepsilon < \overline{X} < p + \varepsilon\right) = 1 \quad \text{부등식에 } p\text{를 더함}$$

그런데 $P(\overline{X} > 0.5)$는 확률이므로 반드시 다음이 성립한다.

$$1 \geq P\left(\overline{X} > 0.5\right)$$

다음으로, 가정 $p > 0.5$와 $\varepsilon > 0$에 따라 아무리 작은 ε을 취하더라도 $p + \varepsilon > 0.5$이다. 이것을 이용하여 $\overline{X}$ 의 범위를 위에서부터 제한하면 다음이 성립한다.

$$1 \geq P\left(\bar{X} > 0.5\right) \geq P\left(p + \varepsilon > \bar{X} > 0.5\right)$$

ε은 임의의 수이므로 $p - \varepsilon > 0.5$를 만족하는 작은 ε을 선택할 수 있다. 지금부터 ε은 $p - \varepsilon > 0.5$를 만족한다고 가정한다. 그러면 다음과 같다.

$$1 \geq P\left(\bar{X} > 0.5\right) \geq P\left(p + \varepsilon > \bar{X} > 0.5\right) \geq P\left(p + \varepsilon > \bar{X} > p - \varepsilon\right)$$

왼쪽에서 3번째 식을 빼고 쓰면 다음과 같다.

$$1 \geq P\left(\bar{X} > 0.5\right) \geq P\left(p + \varepsilon > \bar{X} > p - \varepsilon\right)$$

여기서 극한을 구하면 다음과 같다.

$$\lim_{n\to\infty} 1 \geq \lim_{n\to\infty} P\left(\bar{X} > 0.5\right) \geq \lim_{n\to\infty} P\left(p + \varepsilon > \bar{X} > p - \varepsilon\right)$$

$$1 \geq \lim_{n\to\infty} P\left(\bar{X} > 0.5\right) \geq 1$$

우변이 1과 같은 것은 큰 수의 약한 법칙을 사용했기 때문이다. 마지막으로 부등식에 샌드위치 정리를 적용하면 다음과 같이 된다.

$$\lim_{n\to\infty} P\left(\bar{X} > 0.5\right) = 1$$

"음, 증명이 조금 어려운걸." 바다가 한숨을 쉬었다.

"그렇지? 확률 부등식을 연결하는 부분이 좀 어려웠을 거야. 수직선을 그려 확률변수가 실현하는 구간의 길이를 비교한다면 좀 더 쉽게 이해할 수 있을 거야."

9.6 개인의 확률이 다를 때

"그렇지만, 한 사람 한 사람이 올바르게 판단할 확률 p가 전원 똑같다는 것이 좀 현실적이지 못한 듯해." 바다가 지적했다.

"좋은 질문이야. 그럴 때는 어떻게 했었지?" 수찬의 질문에 바다는 잠시 생각에 잠겼다.

"……아, 그렇지! 만남 모델에서도 똑같은 문제를 다룬 기억이 나. '확률 p로 좋아함'을 '확률 p로 올바르게 판단함'으로 바꿔 생각하면 되는 거잖아."

바다는 표면적으로는 전혀 다른 만남 모델과 배심정리가 수학적인 구조를 공유한다는 사실을 깨달았다.

"개인 사이에 확률 p가 흩어져 있다고 가정한 경우의 확장 모델을 사용하면 되는구나. 그러니까, 응? 뭐였더라?"

"개인의 판단 확률 p가 베타분포를 따른다고 가정하자. 그러면 다수결로 올바른 판단을 내릴 확률은 베타 이항 분포를 기준화한 확률분포로 계산할 수 있어."

수찬은 베타 이항 분포를 사용한 계산 예를 생각하기 시작했다.

⋯⋯⋯⋯⋯⋯⋯⋯⋯⋯

베타 이항 분포의 확률함수는 다음과 같았다.

$$P(X=x \mid a,b) = {}_nC_x \frac{B(a+x, b+n-x)}{B(a,b)}$$

여기서 파라미터 a, b는 이항 분포의 파라미터 p가 베타분포를 따른다고 가정했을 때의 베타분포 Beta(a, b)의 파라미터에 대응한다.

평균이 같은 이항 분포와 베타 이항 분포를 비교해보자. 먼저 이항 분포를 생각해보자.

$$\mathrm{Bin}(n,\ p) = \mathrm{Bin}(50,\ 0.6)$$

이 기호는 파라미터가 $n = 50$, $p = 0.6$의 이항 분포를 나타낸다.

다음으로, 베타 이항 분포를 생각해보자.

$$\mathrm{BetaBin}(n,\ a,\ b) = \mathrm{BetaBin}(50,\ 6,\ 4)$$

파라미터를 $n = 50$, $a = 6$, $b = 4$로 두었다.

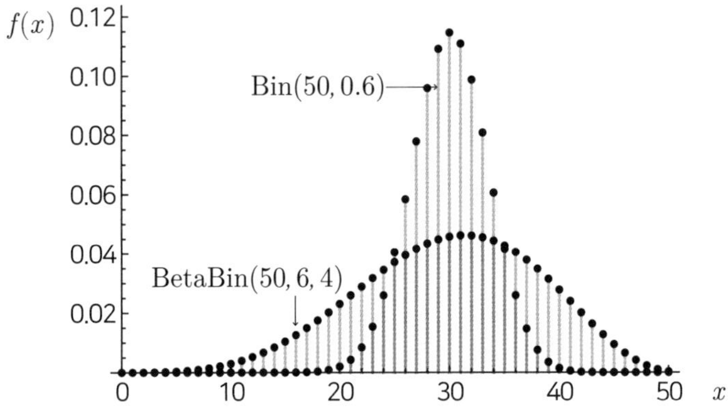

이항 분포와 베타 이항 분포의 확률함수 비교

베타 이항 분포의 평균은

$$E[X] = \frac{an}{a+b}$$

이므로 BetaBin(50, 6, 4)의 평균은 다음과 같다.

$$E[X] = \frac{an}{a+b} = \frac{6 \times 50}{6+4} = 30$$

이는 다음 이항 분포 Bin(50, 0.6)의 평균과 일치한다.

$$E[X]=np=50\times 0.6=30$$

2가지 분포의 평균은 같지만, 분산은 다르다.

이항 분포는 각 개인의 올바른 판단 확률 p가 모두 같을 때 올바른 판단을 한 사람 수를 알려준다는 것을 기억하자.

한편, 베타 이항 분포는 각 개인의 올바른 판단 확률 p가 개인마다 모두 다르고 p가 베타 이항 분포 Beta(a, b)를 따를 때 올바른 판단을 한 사람 수를 알려준다.

그러면 판단 확률 p가 개인마다 다를 때 다수결이 올바를 확률을 계산해보자. 이는 베타 이항 분포로, 올바른 판단을 한 사람 수가 과반수를 넘을 확률을 더한 값으로 정한다.

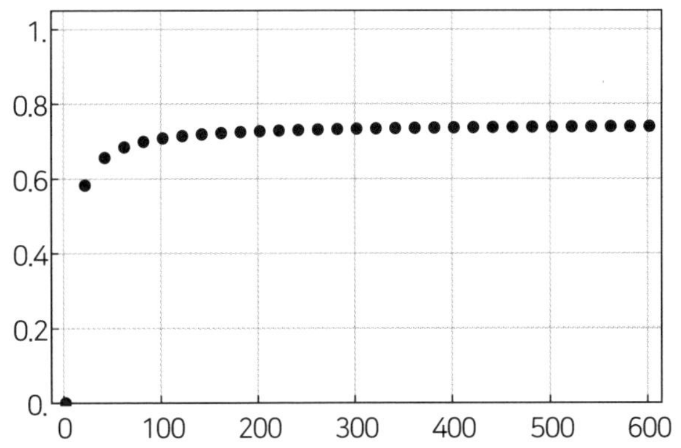

a=6, b=4인 베타 이항 분포를 가정했을 때의 다수결에 의한 판단이 옳을 확률

· · · · · · · · · · · · · · · · · ·

"어라? 1이 안 되네."

"이 계산 결과로부터 p의 분포(베타분포) 평균이 0.5를 넘어도 다수결에 의한 판단이 옳을 확률이 1에는 도달하지 못한다는 점을 알 수 있어. 개인 간에 판단 확률 p가 흩어졌을 때 그중에는 $p < 0.5$인 사람도 섞였으므로 다수결로도 올바를 확률에 도달하지 못하는 경우가 생긴다는 거지."

"그렇구나."

"일반적인 증명은 아직 없지만 말이야."

"엥? 이거 이미 증명된 내용 아냐?"

"이는 평균적으로 판단 확률 p가 0.5를 넘을 때도 배심정리가 성립하지 않을 수 있다는 하나의 예일뿐이야. 이제부터 어떤 일반적인 명제를 도출할 수 있을지를 여러 가지로 생각해보는 작업을 시작할 거야." 수찬은 이렇게 말하고는 커피를 한 잔 더 주문했다.

"이게 바로 **모델 만들기**란 거구나." 바다가 혼잣말을 했다.

"응?"

"지금처럼 배심정리를 한층 더 일반화한다는 이야기."

"그렇지. 이미 성립한 모델을 이용하여 가정을 조금 수정하면 자신만의 모델을 만드는 데 많은 도움이 돼."

"직접 만들면 역시 재미있을까?"

"그야 그렇지."

"그렇지만, 나한텐 무리야."

"왜?"

"왜냐하면, 수학을 잘 모르니깐." 바다는 자신 없는 듯 대답했다.

"새로운 모델은 누구도 모르는 거야. 그러니까 자신이 좋을 대로 생각할 수 있지. 손으로 계산해도 되고 컴퓨터를 이용해도 되고. 어쨌든 자신의 손으로 여러 가지 계산을 해보면 좋아. 아무리 단순해도 좋으니 우선은 자신의 손으로 직접 계산을 시작하는 거야. 잘 안 될 때도 있겠지만 계속 반복하다 보면 언젠가는 익숙해질 거야."

"정말 그럴까?"

"모델 수정에 실패했다 한들 원래 모델이 망가지는 것도 아니잖아. 오히려 망가질 정도로 맘껏 수정해보면 모델을 더 잘 이해할 수 있어. 난 항상 신기하게 생각해. 왜 모두 자신이 원하는 대로 모델을 만들려 하지 않는가 하고 말이야."

바다는 이 말에 화들짝 놀랐다.

이때 처음으로 자신이 학생 시절에 하지 않은 것이 무언인가를 알았다.

대학생 때는 그렇게 시간이 여유로웠었는데. 자신은 도대체 무얼 했느냐고 생각했다. 유명한 학자가 주장하는 이론을 배우고 누군가가 생각한 방법으로 단지 데이터를 분석하기만 했다.

그 무엇도 새로운 것을 만들려 하지 않았다.

이 사실을 새삼스레 들킨 듯하여 바다는 흠칫했다.

"문제는 자기 효능감이야. 첫 발자국을 내디디면 누구든지 할 수 있지." 그렇게 말한 수찬은 장난을 떠올린 어린아이처럼 웃었다.

내용 정리

- 수많은 소비자의 상품 평가를 믿을 수 있는지 어떤지는 배심정리를 이용하여 평가할 수 있다.
- 배심정리는 각 개인이 독립이고 확률 $p>0.5$로 올바른 판단을 할 수 있을 때 다수결에 의한 판단이 올바를 확률은 사람 수가 늘어남에 따라 1에 가까워진다는 것을 나타낸다.
- 배심정리가 성립하는 기본 원리는 큰 수의 약한 법칙이라는 확률론 정리다.
- 개인의 판단 확률 p가 모두 같을 때는 이항 분포로, 확률 p가 베타분포를 따를 때는 베타 이항 분포로 다수결이 올바른지 확률을 구할 수 있다.
- 선택지가 2개뿐인 문제라도 사람의 정답률에는 편향이나 선입견에 따라 0.5를 밑돌 때가 종종 있다.
- 응용 예: 자신이 지금부터 사려는 상품이나 볼까 말까 망설이는 영화에 대한 인터넷 평가가 있다면 배심정리를 적용할 수 있을지 검토해보자(단, 영화평은 스포일러 우려가 있으므로 충분히 주의하자).

참고 문헌

小張晛宏,『確率·統計入門』岩波書店, 1973.

대학 초년생을 위한 확률론·통계학 교과서입니다. 수식 전개가 상세하므로 한 걸음씩 증명 과정을 따라갈 수 있습니다. 곳곳에서 저자의 위트를 엿볼 수 있으므로 즐겁게 읽을 수 있는 책입니다. 이 장의 체비쇼프의 정리와 큰 수의 약한 법칙 증명에 참고했습니다(小寺(1996), 河野(1999)도 참조).

坂井豊貴,『社会的選択理論への招待-投票と多数決の科学』日本評論社, 2013.

보르다와 콩도르세를 시작으로 애로의 불가능성 정리까지 설명한 사회선택이론 입문자를 위한 교과서입니다. 배경지식이 없는 독자라도 투표와 다수결에 관한 수학 모델을 이해할 수 있도록 자세하게 설명합니다. 특히 배심정리의 기초적인 증명은 다른 책에서는 볼 수 없는 독창성이 있습니다. 이 장의 증명은 이 책을 참고로 했습니다.

0원 좋아,
공짜 좋아.

10.1 이득은 어느 쪽?

배심정리를 이용한 사용자 평가 분석 결과, 바다는 사람의 집합적 판단이라는 것에 관해 이전보다 더 신중하게 생각하게 됐다.

이전의 그녀라면 단순한 평균값을 비교하는 정도밖에 생각하지 못했을 것이다. 그러나 지금은 평가의 평균값 배후에 있는 개인의 선택을 의식하게 되면서 다양한 통계량을 모델에 기초해 비교할 수 있게 됐다. 또한, 다수결이라는 의견 수렴 규칙에 관해서도 그것이 올바르게 기능하는 데 필요한 조건을 의식하게 됐다.

이 배심정리를 이용한 사용자 평가 분석은 업무뿐 아니라 개인적으로 쇼핑할 때도 많은 도움이 됐다. 덕분에 바다는 쇼핑에서 실패하는 일이 거의 사라졌다.

그녀는 지금 할인 세일 가격 설정에 관한 업무를 맡고 있다. 상품의 가격을 내리면 당연히 수요는 늘어난다. 그러나 가격이 내려가면 전체 이익에 영향을 주고 너무 싸게 판매하면 브랜드 이미지도 나빠진다.

세일 기간에 적절한 가격을 설정하는 것은 상당히 어려운 문제였다.

역 앞 찻집에 들렀을 때는 이미 오후 7시가 넘었다.

"수찬, 배 안 고파?"

"응, 별로 안 고프네."

"뭘 먹지? 집에 가서 만들어 먹는 것도 귀찮고."

"여기 스파게티 맛있어." 수찬은 테이블 위에 있던 메뉴를 집어 건넸다.

"음, 아라비아따 8,000원, 까르보나라 8,500원, 추억의 나폴리탄 5,000원이라……. 뭐로 할까? 매콤한 게 생각나기도 하니 아라비아따로 할까나."

"잠깐만." 수찬이 호주머니에 손을 넣어 지갑을 꺼냈다.

"엥? 설마 네가 쏘는 거야?"

"아니, 이게 아직 남아서 주려고." 수찬은 지갑에서 찻집 할인권을 건넸다. '합계 금액에서 5,000원 할인'이라는 문구가 적혔다.

"우와 제법 할인 금액이 많은데? 내가 써도 돼?"

"응. 아직 많이 남았어."

"이걸 쓰면 5,000원짜리 나폴리탄이 공짜가 되네. 이런 방식으로 써도 되나?"

"아마 될 거야. 마실 것도 따로 주문했으니까."

"그럼 나폴리탄으로 할래. 야호~ 공짜다~"

수찬은 그 모습을 잠시 말없이 바라봤다.

10.2 제로 가격의 신기함

"지금의 선택, 조금 신기하다." 수찬이 메뉴를 보며 말했다.

"응? 뭐가?"

"원래 넌 아라비아따를 먹으려 했지만, 할인권 때문에 나폴리탄으로 바꾼 거잖아."

"별로 신기할 것도 없는데? 할인권을 쓰면 공짜니깐 그게 더 이득이잖아."

"네가 할인권을 보기 전에 나폴리탄을 골랐다면 별로 신기할 게 없지. 할인권 때문에 선택이 달라졌다는 점이 조금 신기할 뿐이야. 식으로 설명해볼까?"

· · · · · · · · · · · · · · · · · · ·

아라비아따로 생긴 효용을 u(아라비아따), 나폴리탄으로 생긴 효용을 u(나폴리탄)이라 하자. 이 $u(\ )$는 효용을 나타내는 함수로, utility(효용)의 약자다. 이는 스파게티 소비로부터 얻는 만족도나 기쁨을 수치로 나타낸다.

예를 들어, 효용 함수를 $u(x)=\sqrt{x}$ 로 정의하고 1만 원을 받았을 때의 기쁨을 이 효용 함수로 나타내면 다음과 같다.

$$u(10000)=\sqrt{10000}=100$$

할인권이 있는지 몰랐을 때는 아라비아따를 선택했다.

즉, 8,000원을 주고 아라비아따를 먹는 편이 5,000원을 주고 나폴리탄을 먹는 것보다 바람직하다고 생각한 것이다. 이 선호를 식으로 쓰면 다음과 같다.

$$u(\text{아라비아따})-\underbrace{8000}_{\text{가격}}>u(\text{나폴리탄})-\underbrace{5000}_{\text{가격}}$$

양변에 5000을 더해 좀 더 간단한 식으로 만들자.

$$u(\text{아라비아따})-\underbrace{8000}_{\text{가격}}+5000>u(\text{나폴리탄})-\underbrace{5000}_{\text{가격}}+5000$$

$$u(\text{아라비아따})-3000>u(\text{나폴리탄})$$

한편, 할인권이 있다는 것을 알자 아라비아따가 아닌 나폴리탄을 선택했다. 즉, 5,000원을 할인했을 때는 나폴리탄 쪽이 바람직하다고 판단했다.

이를 식으로 나타내면 다음과 같다.

$$u(\text{아라비아따}) - (\underbrace{8000}_{\text{가격}} - \underbrace{5000}_{\text{할인}}) < u(\text{나폴리탄}) - (\underbrace{5000}_{\text{가격}} - \underbrace{5000}_{\text{할인}})$$

$$u(\text{아라비아따}) - \underbrace{(3000)}_{\text{지급 금액}} < u(\text{나폴리탄}) - \underbrace{(0)}_{\text{지급 금액}}$$

$$u(\text{아라비아따}) - 3000 < u(\text{나폴리탄})$$

신기하지 않은가?

• • • • • • • • • • • • • • • • • • • •

"응? 어디가 신기하단 거야? 결국은 같은 식이 됐잖아."

"아니지, 부등호 방향을 잘 봐."

"음…… 어라? 거꾸로네? 끙, 속았다……. 그렇지만 선택이 바뀌었으니 방향이 달라져도 상관없는 거 아냐?"

"2개의 부등식은 **동일 대상**에서 너의 선호를 나타내는 거야. 그러니까 부등호가 거꾸로라는 건 이상하지. 앞서 식 변형에서도 봤듯이 비교하는 우변과 좌변은 똑같아. 즉, 부등식은

$$u(\text{아라비아따}) - (3000) \text{과 } u(\text{나폴리탄})$$

둘 중 어느 것이 바람직한가를 나타내. 그러나 너의 행동은

$$u(\text{아라비아따}) - (3000) > u(\text{나폴리탄})$$
$$u(\text{아라비아따}) - (3000) < u(\text{나폴리탄})$$

두 가지를 동시에 뜻해.

효용 함수 u가 어떤 함수이든 2개의 부등식은 모순이야. 즉, 할인 전의 선호에서 할인 후의 선호 변화를 다음 식으로는 나타낼 수 없다는 거야."

효용 함수 — 비용

"그렇구나. 듣고 보니 신기하긴 하네." 바다는 수찬이 지적한 할인에 따른 심리 변화의 신기함을 이해했다.

"많은 인간 행동 모델에서 합리적 선택의 가정을 나타내고자

효용 함수 — 비용

이라는 식을 사용해. 그렇지만, 우리가 일상적으로 체험하는 할인에 따른 심리 변화를 이 식으로는 설명할 수 없어. 네가 아라비아따를 선택했다 해도 할인권으로 5,000원 이득 보는 건 변함이 없어. 그럼 왜 선택을 바꾼 걸까?"

"음, 나한테 물은들 알 리가 없잖아. 그냥 왠지 공짜가 된다면 그쪽이 더 이득인 듯한 느낌이어서?"

10.3 초콜릿 실험

"가격이 0원이 됐을 때 생기는 신기한 효과를 보여주는 행동경제학자가 시행한 재미있는 실험이 하나 있어. 대학교 카페테리아 이용자를 대상으로 추가로 초콜릿을 살 것인가 말 것인가를 선택하도록 하고 그 행

동을 관찰했지."

"우와 재밌겠는걸?"

"이 실험에서는 피험자가 초콜릿을 추가로 살 때 '잔돈 꺼내기가 귀찮음'이라는 거래 비용이 들지 않도록 머리를 썼어."

"어떻게?"

"이미 무언가를 사기로 하고 계산대로 온 사람만을 대상으로 한 거야. 그러므로 초콜릿을 사지 않아도 어쨌든 다른 상품에 대한 금액을 지급해야 하는 사람이 피험자였던 거지."

"오호 그러네. 귀찮으니까 안 사겠다는 사람은 없는 거네?"

"그렇지. 이 조건에서 피험자에게 제시한 제1 선택지는 다음과 같아."

- 린트의 트러플 초콜릿: 14센트
- 허시의 키스 초콜릿: 1센트

계산대 옆에 2종류의 초콜릿과 가격을 제시하고 1인당 1개만 사도록 했어. 이 선택지를 카페테리아 이용자에게 제시한바 린트를 선택한 사람이 30%, 허시는 8%, 아무것도 사지 않은 사람이 62%였어."

"린트가 고급 초콜릿이고 허시가 보통 초콜릿이란 거네. 14센트란 건 1달러 1,200원이라 하면 약 170원쯤 되나? 음, 이 가격이라면 나도 린트를 선택하겠는걸? 그거 맛있거든."

"다음으로, 가격을 각각 1센트씩 내린 선택지를 사용해 비교했어."

- 린트의 트러플 초콜릿: 13센트
- 허시의 키스 초콜릿: 0센트

허시는 최초 조건에서 1센트였으므로 1센트 내리면 0센트가 되지. 결과는 어땠을 것 같아?"

"글쎄……. 공짜가 됐으니까 허시를 고르는 사람이 늘어난 거 아냐?"

"바로 그거야. 허시를 고른 사람이 31%, 린트는 13%, 아무것도 고르지 않은 사람이 56%였어. 즉, 공짜가 되자마자 허시가 갑자기 인기를 얻은 거지."

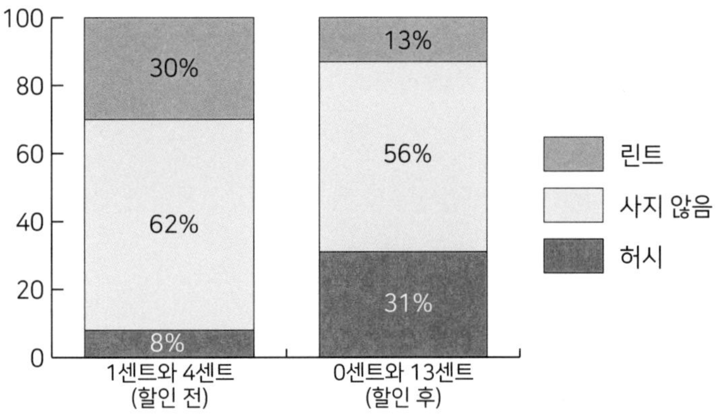

실험 결과. Shampanier, Mazar, and Ariely (2007)에서 인용

"응. 분명히 그럴 것 같았어."

"이 실험 무언가와 닮지 않았니?"

"조금 전의 스파게티 선택과 똑같네? 공짜가 되자마자 나폴리탄이 먹고 싶어졌지."

"공짜 상품을 무심코 선택하는 행위 자체는 별로 신기한 것이 아니야. 그러나 일견 당연한 것처럼 보이지만, 실은 설명이 필요한 것임을 눈치채는 것이 중요해. 그들의 연구가 재미있는 이유는 많은 사람이 무의식적으로 행하는 선택이 실은 신기한 것임을 알게 해줬기 때문이야."

"흠, 연구자란 별난 것만 생각하는구나."

"할인 전에는 가격이 비싼 상품을 선택했지만, 할인으로 0원이 되자마자 선택을 바꾸는 거지. 이 선호의 역전을 **제로 가격 효과**라 부르도록 하자. 이 효과를 설명하는 가장 단순한 방법의 하나는 가격이 0이 되었을 때만 특별한 효용 α가 추가된다고 가정하는 모델이야.

$$u(\text{아라비아따}) - \underbrace{(3000)}_{\text{지급 금액}} < u(\text{나폴리탄}) + \alpha - \underbrace{(0)}_{\text{지급 금액}}$$

$$u(\text{아라비아따}) - 3000 < u(\text{나폴리탄}) + \alpha$$

한편, 할인 전 너의 선호는 다음과 같았어.

$$u(\text{아라비아따}) - 3000 > u(\text{나폴리탄})$$

할인 전과 후의 선호가 모순되지 않으려면 다음과 같이 돼야 해.

$$u(\text{나폴리탄}) + \alpha > u(\text{아라비아따}) - 3000 > u(\text{나폴리탄})$$

이 부등식이 성립하는 α 값을 역산하면 다음과 같지.

$$\begin{aligned} u(\text{나폴리탄}) + \alpha &> u(\text{아라비아따}) - 3000 \\ \alpha &> u(\text{아라비아따}) - u(\text{나폴리탄}) - 3000 \\ \alpha &> \big(u(\text{아라비아따}) - u(\text{나폴리탄})\big) - (8000 - 5000) \end{aligned}$$

마지막 부등식의 의미는 다음과 같이 해석할 수 있어.

$$\alpha > (\text{효용 차이}) - (\text{가격 차이})$$

즉, 0원의 추가 효용 α가 효용 차이와 가격 차이의 차이를 웃돌 때는 제로 가격 효과를 모순 없이 설명할 수 있어."

바다는 수찬이 쓴 식을 가만히 바라봤다. 간단한 식 변형이므로 이해는 할 수 있었다. 그러나 무엇 때문인지 시원한 기분은 아니었다.

"음, 공짜가 됐을 때의 기쁨을 추가 효용 α로 나타내면 앞뒤가 잘 맞는다는 건 잘 알았는데……. 뭐랄까, 이 설명이 마음에 들진 않아."

"왜?"

"왜냐면 억지로 끼워 맞춘 설명 같아."

"그렇기도 하지. 나도 이 모델은 임시방편이라 생각해. 제로 가격 효과를 설명하는 또 하나의 모델로 전망 이론(prospect theory)의 가치 함수(value function)가 있어."

"전망?"

"앞서 본 것처럼 지금까지는

상품 효용 – 비용

이라는 식을 기반으로 개인의 선택을 생각했지만, 전망 이론은 효용 함수 대신 새롭게 가치 함수라는 함수를 이용하여

상품 가치 – 비용을 지급할 때의 손실

이라는 식을 기반으로 행동을 설명하지."

"음, 어디가 다른지 잘 모르겠지만……"

10.4 효용 함수와 도함수

"가치 함수는 효용 함수를 일반화한 것이므로 먼저 효용 함수를 간단히 설명할게. 예를 들어 효용 함수 $u(x)$의 구체적인 함수형이 $u(x)=\sqrt{x}$일 때 이 그래프는 다음과 같아.

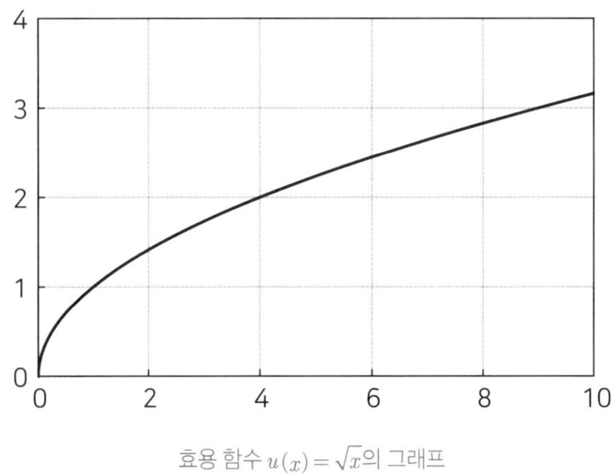

효용 함수 $u(x) = \sqrt{x}$의 그래프

이 효용 함수 $u(x) = \sqrt{x}$ 는 다음과 같은 특징이 있어.

1. x가 증가할수록 $\sqrt{x}$ 도 증가한다.
2. $\sqrt{x}$ 의 증가 정도는 x가 증가할수록 점점 작아진다.

예를 들어 x가 돈이고 $\sqrt{x}$ 가 돈 x를 받았을 때의 기쁨을 나타낸다고 해보자. 제1특징은 돈을 많이 받을수록 더 기뻐한다는 것을 뜻해. 제2특징은 '0원에서 1만 원으로 늘었을 때의 기쁨'이 '100만 원에서 101만 원으로 늘었을 때의 기쁨'보다 크다는 관계를 나타내지."

"같은 1만 원이라도 돈이 없다가 생길 때가 분명히 더 기쁘긴 하지."

"효용 함수의 형태가 항상 $\sqrt{x}$ 라고는 할 수 없어. 예를 들어 x^2이나 $\log x$, $100 + 2x$라는 함수로 가정할 수도 있어. 단, 우리 경험에 잘 들어맞는 건 앞에서 이야기한 특징이야. 이 특징을 효용 함수 $u(x)$를 x로 미분한 도함수를 사용하여 '1차 도함수는 양이고 2차 도함수는 음'이라 간결하고 정확하게 서술할 수 있어."

"미분이라… 계산하는 법은 아는데 솔직히 의미는 잘 모르겠단 말이야."

"그럼 우선 정의부터 확인해보자. $y=f(x)$라는 함수를 x의 특정 구간 D에서 정의했을 때 극한값

$$\lim_{h\to 0}\frac{f(x+h)-f(x)}{h}$$

가 있다면 이때 $f(x)$는 점 x에서 미분 가능이라 말해. 특히 구간 D의 임의의 점에서 $f(x)$가 미분 가능이라면 이 극한값을 도함수라 하고 이를 $f'(x)$로 나타내지."

"늘 그렇듯이 무슨 소린지 잘 모르겠어."

"직감적으로 말하자면 도함수란 x가 아주 조금 늘었을 때 $f(x)$는 얼마나 변하는가를 비율 형태로 나타낸 거야. 효용 함수의 그래프를 사용해서 설명해볼게." 수찬은 효용 함수를 노트북을 이용해 그렸다.

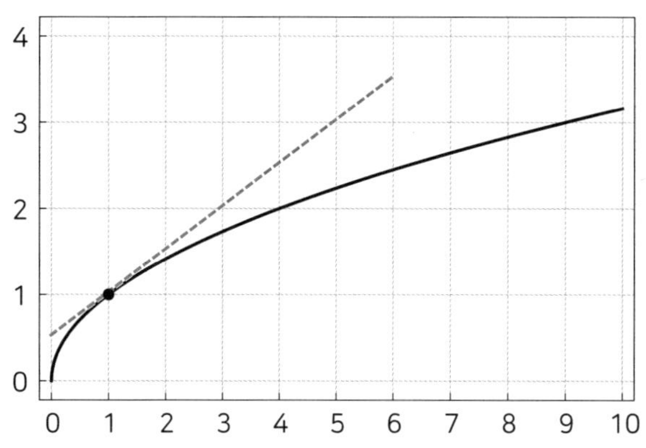

효용 함수 $u(x)=\sqrt{x}$의 그래프. 점선은 점 $(1,\sqrt{1})$에서의 접선

"$x=1$일 때 $\sqrt{x}=\sqrt{1}$이 돼. 그림 안의 점선은 점 $(1, \sqrt{1})$에서의 접선이야. 이 접선의 기울기를 함수 $\sqrt{x}$가 $x=1$일 때 도함수 값으로 정의하지. $x=1$이라는 특정 점에서의 도함수를 미분 계수라고도 불러.

$x=1$에서 함수 $\sqrt{x}$의 미분 계수 = 함수 $\sqrt{x}$의 점 $(1, \sqrt{1})$에서의 접선 기울기라는 관계야."

"끙, 여전히 모르겠어."

"그럼 다음으로, $\sqrt{x}$의 $(4, \sqrt{4})$에서의 접선 그래프를 한 번 보자. 이 기울기는 함수 $\sqrt{x}$가 $x=4$일 때의 도함수 값과 같아. 앞의 접선과 뭐가 다른지 알겠어?"

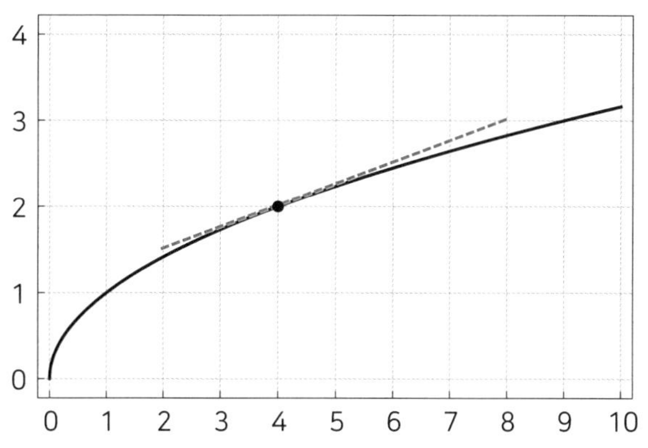

효용 함수 $u(x)=\sqrt{x}$의 그래프. 점선은 점 $(4, \sqrt{4})$에서의 접선

"그러니까, 이전보다 접선이 **누웠**네. 기울기가 작아진 게 아닐까?" 바다는 2개의 그래프를 비교했다.

"맞아. 눈으로 보니 기울기 차이를 분명히 알겠지? 이 차이를 $\sqrt{x}$의 도함수를 계산하여 수치로 나타내보자. 여기서 미분 정리를 쓸 거야.

정리 10.1

---

a가 임의의 실수일 때 $x>0$이면 다음이 성립한다.

$$f(x)=x^a \Rightarrow f'(x)=ax^{a-1}$$

정리를 쉽게 사용할 수 있도록 효용 함수를 변형해보자.

$$u(x)=\sqrt{x}=x^{\frac{1}{2}}$$

이므로 x^a의 a를 1/2로 보고 정리를 적용하자.

$$u'(x)=\frac{1}{2}x^{\frac{1}{2}-1}=\frac{1}{2}x^{-\frac{1}{2}}=\frac{1}{2}\cdot\frac{1}{x^{\frac{1}{2}}}=\frac{1}{2}\cdot\frac{1}{\sqrt{x}}=\frac{1}{2\sqrt{x}}$$

따라서 도함수는 $u'(x)=\dfrac{1}{2\sqrt{x}}$이 돼. 여기에 $x=1$을 대입하면 다음과 같아.

$$u'(x)=\frac{1}{2\sqrt{x}}$$
$$u'(1)=\frac{1}{2\sqrt{1}}=\frac{1}{2}$$

$u'(1)$은 $x=1$일 때의 미분 계수야. 접선의 기울기는 이 미분 계수와 같고."

"흠흠." 바다는 그래프를 보며 접선의 기울기를 확인했다.

"다음으로, 도함수 $u'(x)$에 $x=4$를 대입하여 $u'(4)$를 계산하자.

$$u'(x)=\frac{1}{2\sqrt{x}}$$
$$u'(4)=\frac{1}{2\sqrt{4}}=\frac{1}{4}$$

즉, 점 $\left(4,\sqrt{4}\right)$에서의 접선 기울기는 1/4이야."

"작아졌네."

"이처럼 도함수

$$u'(x)=\frac{1}{2\sqrt{x}}$$

은 x 값을 정할 때마다 미분 계수(접선의 기울기)를 출력해주는 편리한 함수야. 도함수는 함수 $u(x)$에 대해 다양한 것을 알려주지. 예를 들어 도함수 $u'(x)=\dfrac{1}{2\sqrt{x}}$은 $x>0$ 범위에서 항상 양이므로 $u'(x)>0$이라는 조건을 만족해. 이는 'x가 증가하면 $u\left(x\right)=\sqrt{x}$ 도 증가한다'라는 사실과 일치하지."

"x가 커질수록 분명히 $\sqrt{x}$ 도 커지긴 하니깐."

"다음으로, $u'(1)=\dfrac{1}{2}$과 $u'(4)=\dfrac{1}{4}$을 비교한 결과에서 알 수 있듯이 도함수 $u'(x)$는 x가 커질수록 점점 작아지게 돼."

"확실히 도함수 $u'(x)=\dfrac{1}{2\sqrt{x}}$은 분모에 x가 있으므로 x가 클수록 점점 작아지겠네."

"즉, $x>0$의 범위에서 $u'(x)$는 양이지만 x의 증가에 따라 점점 작아진다는 거지.

$$u'(x)=\frac{1}{2\sqrt{x}}=\frac{1}{2}x^{-\frac{1}{2}}$$

으로 다시 쓴 다음, $u'(x)$를 한 번 더 미분해보자. 이를 기호로는 $u''(x)$라고 나타내고 2차 도함수라 불러. 덧붙여 $u'(x)$는 1차 도함수라 하지.

$$u''(x)=-\frac{1}{2}\cdot\frac{1}{2}x^{-\frac{1}{2}-1}=-\frac{1}{4}x^{-\frac{3}{2}}<0$$

이로부터 $u''(x)<0$임을 알 수 있어. 이는 다음을 의미하지.

$u'(x)>0$: x가 증가하면 $u(x)$가 증가함

$u''(x)<0$: x가 증가하면 $u'(x)$가 감소함

즉, $u'(x)>0$, $u''(x)<0$은 'x가 증가함에 따라 $u(x)$도 증가하나 그 증가 정도는 점점 작아진다'라는 뜻이야."

"조금은 알 것 같아. 요컨대 효용 함수를 미분하면 효용 함수의 변화 모양을 알 수 있다는 거네?"

"바로 그거야. 그래서 효용 함수의 성질은 도함수로 간결하고 정확하게 표현할 수 있어. 단, 효용 함수는 항상 다음과 같은 조건을 가정하지는 않으므로 주의할 필요가 있어.

$$u'(x)>0,\ u''(x)<0$$

예를 들어

$$u(x)=2x+10$$

과 같은 효용 함수는 1차 도함수가

$$u'(x)=2>0$$

이지만 2차 도함수 $u''(x)$는

$$u''(x)=0$$

이므로 '$u(x)$는 x와 함께 증가하고 증가 정도는 일정'하게 돼."

"그렇구나. $2x+10$은 1차 함수이므로 확실히 그렇기는 하겠네."

10.5 가치 함수

"효용 함수는 어느 정도 이해했을 테니까 다음은 고전적인 가치 함수 그래프를 살펴보자." 수찬은 노트북을 이용해 새로운 그래프를 하나 그렸다.

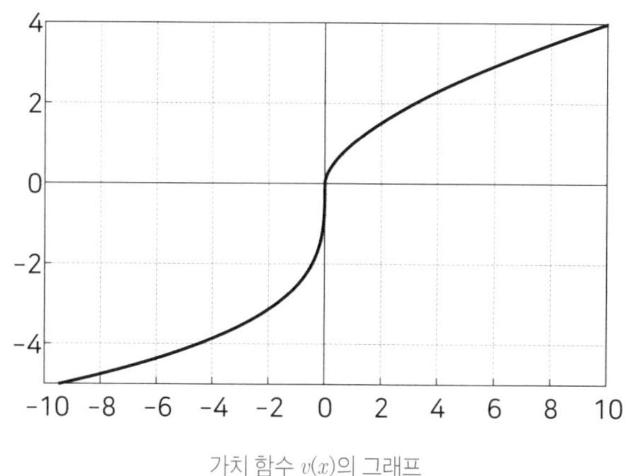

가치 함수 $v(x)$의 그래프

"이게 가치 함수의 예야. 효용 함수와 뭐가 다른지 알겠니?" 수찬은 화면을 바다 쪽으로 향했다.

"음, 가치 함수 쪽은 x가 마이너스 범위까지 그래프가 그려졌지만, 효용 함수는 $x > 0$ 범위에만 그려졌어."

"그렇지. 가치 함수의 특징 중 하나는 손실을 표현한다는 점이야. 가치 함수는 인간이 참조점을 기준으로 하여 이득이나 손실을 어떤 식으로 느끼는가를 표현하고 있어.[1] 그밖에 발견한 건 없어?"

"그러니까……. 가치 함수도 효용 함수도 모두 $x>0$ 범위에서는 같은 형태 같은데?"

"눈치가 빠른데? 앞서 설명했듯이 효용 함수 $u(x)=\sqrt{x}$ 는

$$u'(x)>0,\ u''(x)<0$$

이라는 조건을 만족한다고 했는데, 이 가치 함수 $v(x)$도 마찬가지로 $x>0$이라면

$$v'(x)>0,\ v''(x)<0$$

이라는 성질을 가정하고 있어."

"그렇다는 건 $x>0$ 범위라면 같은 거네."

"바로 그렇지. 그럼 $x<0$ 범위에서는 어떨까?"

"x가 감소하면 $v(x)$도 감소하긴 하지만 감소 정도가 점점 작아지는 듯한데?"

"응. 이를 도함수를 사용해 나타내면 $v'(x)>0$, $v''(x)>0$가 되는 거지. 가치 함수 $v(x)$가 만족해야 하는 가정은 다음과 같아.

$$\begin{aligned} x>0 \quad &\Rightarrow \quad v'(x)>0,\ v''(x)<0 \\ x<0 \quad &\Rightarrow \quad v'(x)>0,\ v''(x)>0 \end{aligned}$$

---

1 가치 함수의 독립 변수 x의 원점은 참조점이 되는 기준점입니다. 그러므로 항상 금액 0에 대응하는 것은 아닙니다. 예를 들어, 초기 상태로서 100만 원을 가진 사람이 10만 원을 잃었을 때 가치 함수는 v(100만 − 10만)이 아니라 100만 원을 기준점 0으로 생각하므로 손실 v(−10만)이 됩니다.

1차 도함수 $v'(x)$에 관한 조건은 효용 함수와 같지만, 2차 도함수의 조건은 부등호가 반대이므로 $v''(x) > 0$가 돼."

"왜 이렇게 가정하는 거지?"

"추가적인 손실에 대한 느낌을 표현하기 위해서지. 예를 들어 네가 비행기에 탄다고 해. 항상 무료였던 커피 서비스가 유료로 바뀌어 5,000원을 내야 한다고 상상해봐."

"그야 돈을 내기는 싫지." 바다는 바로 답했다.

"그럼 이번에는 항공권을 10만 원에 살 때 지급 단계에서 공항사용료 5,000원을 추가로 내야 하는 상황이야. 조금 전과 같은 정도의 손해라 생각해?"

"음, 그렇게까지는 생각 안 할 것 같은데?"

"둘 다 '추가 5,000원 지급'인데도?"

"음, 분명히 그렇기는 하지만……. 지급액이 0원에서 5,000원으로 늘어나면 손해라는 느낌이 들지만 10만 원이 10만 5,000원으로 늘어도 그다지 변한 것 같지는 않아."

"가치 함수는 그 차이를 잘 표현하고 있어. 지급액이 0원에서 5,000원으로 바뀌면 가치 함수는 크게 감소하지. 한편, 지급액이 10만 원에서 10만 5,000원으로 바뀌어도 손실에는 거의 변화가 없어. 그림으로 나타내면 다음과 같은 모습이야.

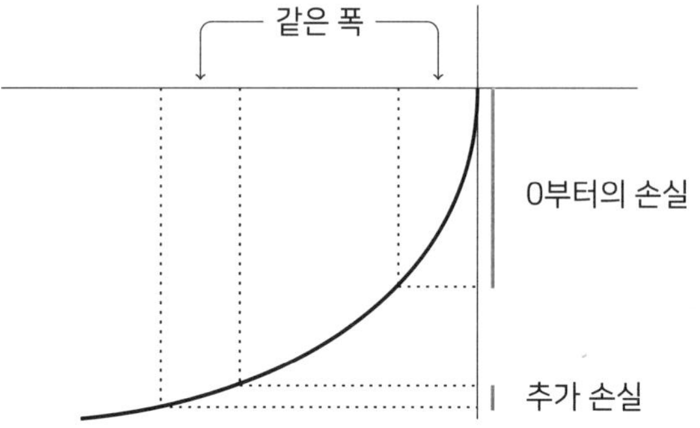

0부터의 손실이 추가 손실보다 크다는 성질이 성립하기 위한 조건이 다음과 같기 때문이지.

$$x < 0 \quad \Rightarrow \quad v'(x) > 0, v''(x) > 0$$

즉, 비싼 물건을 살 때는 추가로 내는 돈에 둔감해지니 조심해야 해."

"예를 들면?"

"3,000만 원짜리 자동차를 살 때 100만 원의 옵션을 추가해도 그리 큰 지출은 아니라고 느끼지. 그렇지만, 100만 원짜리 상품 하나만 살 때는 비싼 물건을 산다는 느낌이 들 거야."

"응. 분명히 그렇긴 해. 조심해야겠다."

10.6 이득 느낌의 차이

"그러면 가치 함수를 사용해서 제로 가격 효과가 어떻게 생기는지를 살펴보자."

• • • • • • • • • • • • • • • • • • • •

x가 음이라면 가치 함수 $v(x)$도 음이 된다. 예를 들어 5,000원을 냈을 때는 다음과 같다.

$$v(-5000) < 0$$

손실이므로 $v(-5000)$은 마이너스 값이 된다.

할인을 통해 우리가 어느 정도의 이득을 느끼는지를 그림으로 살펴보자.

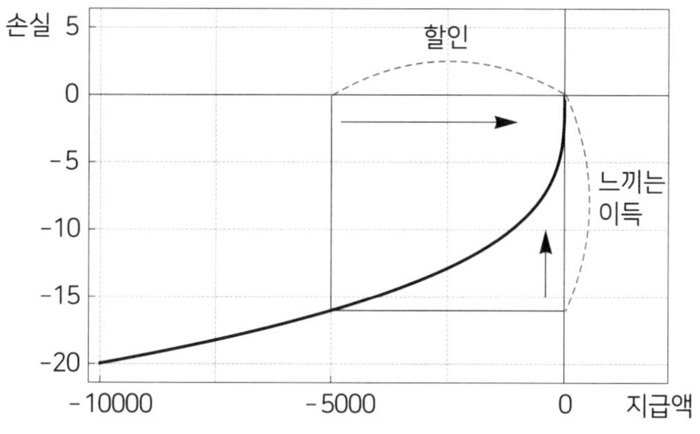

5,000원짜리 상품이 공짜가 되었을 때 느끼는 이득

이 그래프는 5,000원짜리 나폴리탄이 0원이 될 때 어느 정도 손실이 변화하는가를 나타낸다. 화살표는 할인 방향과 손실의 감소를 나타낸다. 5,000원을 지급할 때의 손실은 $v(-5000)$이고 0원이 되면 손실은 $v(0)=0$이다. 그러므로 5,000원의 할인은 절댓값으로 나타내면 $|v(-5000)|$분의 **이득 느낌**이 있다고 할 수 있다.

다음 그림은 8,000원짜리 아라비아따가 5,000원 할인으로 3,000원이 되었을 때의 느끼는 이득을 나타낸다.

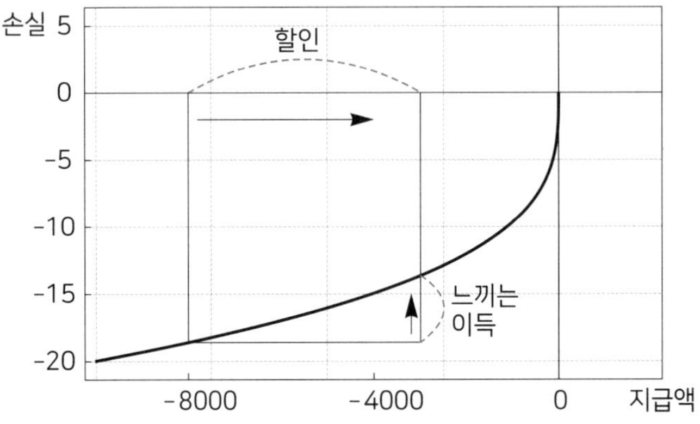

8,000원짜리 상품이 5,000원 할인으로 3,000원이 되었을 때 느끼는 이득

8,000원을 냈을 때의 손실이 $v(-8000)$이고 5,000원 할인일 때는 낼 돈이 3,000원이 되므로 손실은 $v(-3000)$이 된다. 따라서 할인에 따른 이득 느낌의 차이는 다음과 같다.

$$v(-3000)-v(-8000)$$

이때 $v(-3000)-v(-8000)>0$이다. 예를 들어

$$v(-3000)=-14, \quad v(-8000)=-18$$

이라 하면 손실의 차이는 다음과 같다.

$$v(-3000)-v(-8000)=-14-(-18)=-14+18=4$$

즉, 이득 느낌은 4가 되는 것이다.

여기서 2개의 그래프를 비교했을 때 이득을 더 크게 느끼는 쪽은 어디일까?

• • • • • • • • • • • • • • • • • • •

"5,000원 → 0원 쪽이 느끼는 이득이 더 큰 것 같은데?" 바다는 그래프를 비교하며 자신 있게 대답했다.

"왜 그런지 알겠어?"

"가치 함수가 이렇게 쭈~욱 올라가니까?"

"그래. '쭈~욱 올라간다'의 정확한 표현은 '함수 $v(x)$가 $x < 0$ 범위에서 $v'(x) > 0$, $v''(x) > 0$'이라는 가정이야. 이 조건을 만족할 때는 다음이 성립한다고 예상할 수 있지."

비싼 상품과 저렴한 상품이 같은 금액만큼의 할인이라면
저렴한 상품 쪽에서 느끼는 이득이 더 크다.

"그렇구나."

"상품의 가치 자체는 할인에 따라 변하지 않지만, 할인에 따라 낼 돈의 손실이 작아지지. 그리고 그 감소 정도가 저렴한 상품 쪽이 크므로 저렴한 상품에서 느끼는 이득이 비싼 상품보다 크지. 이것이 선호가 역전하는 필요조건이야. 머릿속에 이미지가 떠올라?"

"응, 알 것 같아."

"이를 더 일반적으로 증명해보도록 하자."

"엥? 왜 굳이 증명까지 해야 해? 앞의 그림을 보면 분명하잖아?"

"그림에서는 분명히 공짜가 된 나폴리탄에서 느끼는 이득이 더 크다고 표시하지. 그렇지만, 그림을 보고 그렇게 생각하는 건 증명이 아냐. 게다가 5,000원이나 8,000원이라는 수치에도 일반성이 없어."

"그야 그렇지만. 눈으로 봐도 이렇게 분명한 걸 어떻게 증명한다는 거야?"

"그럼 함께 증명에 도전해볼까?"

"잘 될까나……."

10.7 부등식의 성립 조건

지금까지의 내용을 간단히 되돌아보자. 효용-비용 식으로 생각해보면 할인 전의 선호와 할인 후의 선호에서 모순이 발생한다.

$$u(\text{아라비아따}) - (3000) > u(\text{나폴리탄})$$
$$u(\text{아라비아따}) - (3000) < u(\text{나폴리탄})$$

이에 스파게티의 효용과 지급의 손실을 가치 함수로 나타낸다. 그러면 다음과 같다.

$$v(\text{아라비아따}) + v(-8000) > v(\text{나폴리탄}) + v(-5000)$$
$$v(\text{아라비아따}) + v(-3000) < v(\text{나폴리탄}) + v(0)$$

문제는 이 두 부등식이 모순인가 아닌가이다. 첫 번째 부등식을 변형하면 다음과 같고

$$v(\text{아라비아따}) - v(\text{나폴리탄}) > v(-5000) - v(-8000)$$

두 번째 부등식을 변형하면 다음과 같다.

$$v(\text{아라비아따}) - v(\text{나폴리탄}) < 0 - v(-3000)$$

이 두 부등식이 동시에 성립한다면 다음과 같이 된다.

$$0-v(-3000)>v(\text{아라비아따})-v(\text{나폴리탄})>v(-5000)-v(-8000)$$

여기서 좌변과 우변에 주목하면 다음과 같은 관계가 된다.

$$\underbrace{0-v(-3000)}_{\text{할인 후의 가치 차이}}>v(\text{아라비아따})-v(\text{나폴리탄})>\underbrace{v(-5000)-v(-8000)}_{\text{할인 전의 가치 차이}}$$

사이에 있는 항을 빼더라도 부등식은 성립하므로 다음과 같이 쓸 수 있다.

$$0-v(-3000)>v(-5000)-v(-8000)$$

이를 또 다른 표현으로 나타내면 다음과 같다.

$$0-v(-5000)>v(-3000)-v(-8000)$$

$$\underbrace{0-v(-5000)}_{\substack{\text{나폴리탄이 5,000원}\\\text{할인일 때의 이득}}}>\underbrace{v(-8000-(-5000))-v(-8000)}_{\substack{\text{아라비아따가 5,000원}\\\text{할인일 때의 이득}}}$$

즉, 할인 전후의 선호가 바뀐 것이 동시에 성립한다면 '같은 금액의 할인이라도 공짜가 되는 쪽이 더 이득'이 된다.

• • • • • • • • • • • • • • • • • • •

"앞에서 그림으로 확인한 내용이네. 그렇지만, 함수 v가 마음대로라면 마지막 부등식이 정말로 성립하는가 아닌가를 알 수 없잖아. 어떻게 확인하면 되는 거야?"

"가치 함수의 가정만 사용하여 이 부등식이 성립하는가 아닌가를 조사하는 거지. 먼저, 가격을 일반적인 기호로 치환하면 다음과 같이 쓸 수 있어."

- p_1: 아라비아따(비싼 쪽)의 가격
- p_2: 나폴리탄(싼 쪽)의 가격

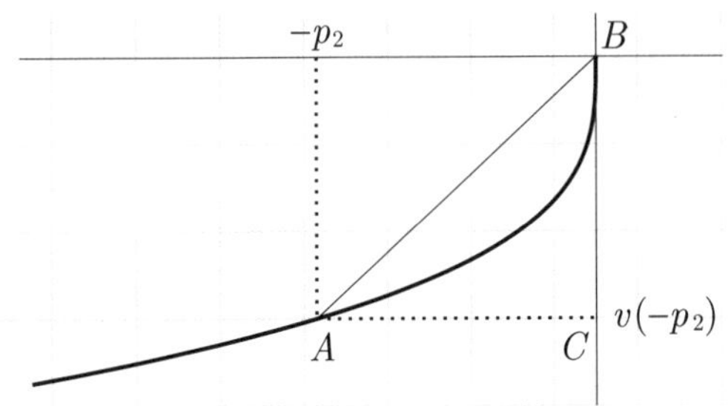

가격 p_2인 상품이 공짜가 되었을 때

"그림의 선분 BC가 가격 p_2인 상품이 0원이 되었을 때 느끼는 이득을 나타내지. 이 길이는 $-v(-p_2)$야. $v(-p_2)$는 마이너스이므로 $-v(-p_2)$는 양수가 된다는 점에 주의해야 해."

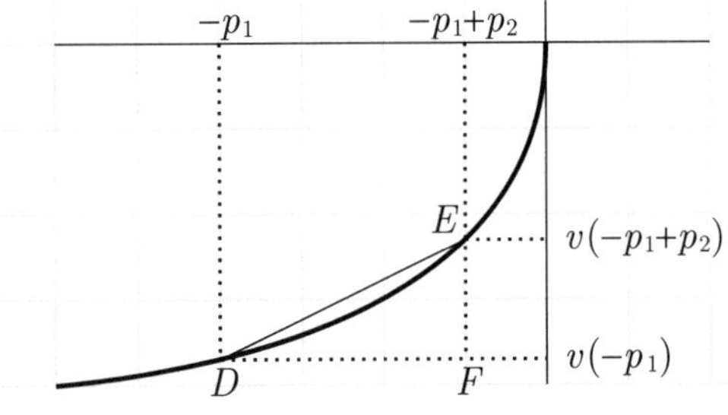

가격 p_1인 상품을 p_2만큼 할인했을 때

"다음으로, 이 그래프는 가격 p_1인 상품을 p_2만큼 할인했을 때 느끼는 이득을 나타내고 있어. 선분 EF의 길이가 그 이득 느낌을 나타내므로 느끼는 이득의 크기는 $v(-p_1+p_2)-v(-p_1)$이야. 즉,

$$-v(-p_2) > v(-p_1+p_2) - v(-p_1)$$

임을 나타내면 같은 할인 금액이라도 할인 후 0원이 되는 쪽이 느끼는 이득이 더 크다고 할 수 있지."

"흠, 그렇지만 함수 v의 형태가 정해지지 않으면 $-v(-p_2)>v(-p_1+p_2)-v(-p_1)$을 계산할 수 없는 거잖아." 바다가 그래프를 비교하면서 중얼거렸다.

"2개의 삼각형 ABC와 DEF에 주목해보자. 각각의 밑변 길이는 알겠지?"

"AC의 길이는 p_2잖아. DF의 길이는 할인액 p_2와 일치하므로 이것도 역시 p_2네. 그렇다는 건 밑변의 길이는 같다는 거네?"

"빗변 AB와 DE의 기울기는 알겠니?" 수찬이 물었다.

"그걸 어떻게 알아?"

"그럼 밑변과 높이를 사용해서 빗변의 기울기는 나타낼 수 있겠지?"

"음, 그러니까 높이와 밑변의 비율이니깐

$$AB\text{의 기울기}=\frac{BC}{AC} \qquad DE\text{의 기울기}=\frac{EF}{DF}$$

이거 아냐?"

"맞았어. 밑변의 길이가 같으므로 높이 BC와 EF의 대소 관계는 빗변의 기울기의 크고 작음과 일치한다는 걸 알 수 있지."

"그렇구나. BC와 EF를 비교할 필요없이 빗변의 기울기를 비교하면 되는 거네. 그런데 애당초 빗변의 기울기를 모르는 걸?"

"**기울기**라는 말 앞에서도 나오지 않았어?" 수찬이 물었다.

"그러니까, 앗 그렇구나! 접선의 기울기였어. 그렇지만…… 함수 $v(x)$

위의 접선 기울기와 심각형의 빗변 기울기는 다르잖아."

"그럼 만약 빗변 AB, DE와 같은 기울기인 접선이 반드시 있다고 한다면?"

"그렇게 딱 들어맞는 접선이 있을까?"

"있어. 평균값 정리가 그 존재를 보증하지." 수찬이 즐거운 듯이 말했다.

정리 10.2 **평균값 정리**

함수 $f(x)$가 구간 $[a, b]$에서 연속이고 (a, b)에서 미분 가능이라면 다음을 만족하는 점 c가 (a, b) 사이에 적어도 1개 존재한다.

$$\frac{f(b)-f(a)}{b-a}=f'(c)$$

"무슨 소린지 잘 모르겠어."

"그림을 이용해서 설명할게. 평균값 정리는 빗변 AB와 같은 기울기인 접선이 $(c, v(c))$ 위에 존재한다는 것을 말해. 이 접선의 기울기는 정의에 따라 $v'(c)$가 되지. 이 점 c는 반드시 $(-p_2, 0)$ 사이에 있어."

수찬은 가치 함수 그래프를 사용하여 평균값 정리의 예를 보였다.

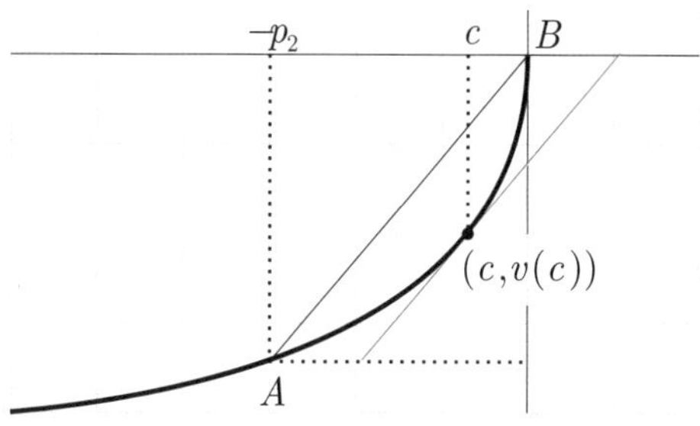

빗변 AB의 기울기와 점 $(c, v(c))$에서의 접선 기울기는 같음

"오~ 엄청 편리한 정리네."

"이 정리를 사용하면

> 빗변 AB의 기울기와 도함수 $v'(c)$가 일치하는 점 c가
> $(-p_2, 0)$ 사이에 존재한다.

그리고

> 빗변 DE의 기울기와 도함수 $v'(d)$가 일치하는 점 d가
> $(-p_1, -p_1+p_2)$ 사이에 존재한다.

라고 할 수 있어. 요컨대 높이 BC와 EF를 도함수 $v'(c)$와 $v'(d)$로 비교할 수 있다는 말이지."

"앗! 그렇다는 건 여기서 가치 함수의 가정 $v''(x)>0$을 사용할 수 있는 거네."

"바로 그거야. 도함수 $v'(c)$와 $v'(d)$를 비교하여 $v'(c)$ 쪽이 더 크다는 걸 나타내면 돼. 평균값 정리에서

$$c\in(-p_2,0),\quad d\in(-p_1,-p_1+p_2)$$

를 만족하는 c, d가 존재하므로

$$p_1 - p_2 > p_2$$

라고 가정하면[2] 2개 구간 사이에 겹치는 부분은 없으므로 반드시 $d < c$가 되지.

$v''(x) > 0$ 조건에서 $v'(x)$는 x에 관해 증가이므로 다음과 같이 말할 수 있어.

$$v'(c) > v'(d)$$

지금까지의 결과 가치 함수가 만족하는 조건을 기반으로 부등식

$$\underbrace{0 - v(-5000)}_{\text{나폴리탄이 5,000원 할인일 때의 이득}} > \underbrace{v(-8000 - (-5000)) - v(-8000)}_{\text{아라비아따가 5,000원 할인일 때의 이득}}$$

이 확실히 성립한다는 것을 알 수 있지. 이 부등식은 할인 전후에 성립하는 다음 2가지 선호의 필요조건이 되는 거야."

$$v(\text{아라비아따}) + v(-8000) > v(\text{나폴리탄}) + v(-5000)$$
$$v(\text{아라비아따}) + v(-3000) < v(\text{나폴리탄}) + v(0)$$

2 $p_1 > p_2$만을 가정해도 같은 결과를 얻을 수 있습니다. 그러나 증명이 복잡해지므로 여기서는 간략하게 하고자 가정사항을 철저하게 적용하여 사용했습니다.

10.8 제로 가격 효과의 일반화

"마지막으로 0원으로 할인, 즉 낮은 가격 상품 가격만큼의 할인이 제로 가격 효과 발생에 반드시 필요한가라는 문제를 생각해보자."

"글쎄, 과연 어떨까? 역시 공짜라는 조건이 가장 강하게 이득을 느끼게 되는 듯한데 말이야."

"가치 함수를 가정하면 예를 들어 할인이 0원에 도달하지 않더라도 선호가 변하는 조건이 있어. 이를 좀 더 정확하게 표현해볼게."

• • • • • • • • • • • • • • • • • •

할인 전에 손님이 비싼 상품을 골랐다고 가정하자. 더불어 비싼 가격 p_1과 싼 가격 p_2에서 모두 ε만큼 할인했을 때 다음과 같았다고 가정하자.

$$p_2 - \varepsilon > 0$$

이는 싼 상품의 할인 후 가격이 0원보다 크다는 것을 뜻한다.

앞에서는 할인액이 p_2일 때만 생각했지만, 이번에는 ε이라는 할인에 따라 p_2가 0원이 되지 않는 일반적인 경우를 생각해보자.

이때 손님의 선호가 싼 상품으로 변할 수 있다. 다른 말로 하면 제로 가격이 아니더라도 할인 전후에 상품에 대한 선호를 변화시킬 수 있는 할인액이 있다는 것이다.

가정은 다음과 같다.

- v_1: 비싼 상품의 가치
- v_2: 싼 상품의 가치
- p_1: 비싼 가격
- p_2: 싼 가격
- ε: 할인액
- $v_1 > v_2 > 0$, $p_1 > p_2 > \varepsilon > 0$

명제 10.1

가치 함수 $v(x)$가 $x<0$ 범위에서 $v'(x)>0$이고 $v''(x)>0$일 때 할인 전후에서 비싼 상품에서 싼 상품으로 선호를 변화시킬 수 있는 할인액 $\varepsilon>0$가 적당한 v_1, v_2에서 존재한다. 즉, v_1-v_2가

$$v(-p_2)-v(-p_1)<v_1-v_2<v(-(p_2-\varepsilon))-v(-(p_1-\varepsilon))$$

을 만족함과 동시에 $p_2-\varepsilon>0$ 그리고 $p_1-\varepsilon>p_2$일 때 할인 후에 선호 역전이 일어난다.

"이 증명은 기본적으로는 앞서 보인 증명과 같아. 평균값 정리를 사용해서 싼 상품의 할인에 따른 이득 느낌이 비싼 상품의 그것보다 크다는 걸 보이면 돼. 이 명제가 의미하는 시사점 중 하나는

> 할인 전에는 구매를 선택하지 않았던 소비자에 대해 구매를 선택하도록 하는 데 필요한 최소의 할인액을 논리적으로 이끌어낼 수 있다.

라는 거야."

"오~. 그렇다는 건 손님이 깊이 생각지 않고 물건을 사게 할 수 있는 할인 가격을 이론적으로 정할 수 있다는 말?"

"이론적으로는 그렇지. 단독 상품일 때는 더 간단하게

$$v+v(-(p-\varepsilon))>0$$

을 만족하는 최소 ε이 손님이 상품을 사게 하는 데 필요한 할인액이라 할 수 있지. 단, 이 금액을 계산하려면 데이터를 이용해서 소비자의 가치 함수를 추정해야 하지."

"그건 간단하게 할 수 있는 거야?"

"음, 어떨까? 실험적인 조사를 반복하면 어느 정도는 추정할 수 있을 듯한데."

"그렇지만, 그게 된다면 무엇이든 팔 수 있게 되잖아."

"원리상으로는 그렇지만 가격이 원가를 밑돌지 않도록 보증할 수는 없어. 팔린다고 해서 신차 1대를 100만 원에 팔면 이익은커녕 손해만 볼 테니깐."

"그렇구나. 그건 그렇지. 조금 어렵기는 했지만, 상당히 재미있었어. 이후 업무에 참고할게."

바로 그때 테이블 위에 할인돼서 '0원'이 된 나폴리탄이 도착했다.

"제로 가격 효과 모델과 전망 이론을 비교했을 때 넌 어느 모델이 더 설득력이 있어 보여?"

"단순함으로는 제로 가격 모델이지만, 내가 좋아하는 것은 전망 이론이야.[3] 이유는 잘 설명하지 못하겠지만 말이야."

"나도 마찬가지 의견이야. 임시방편 α를 가정하면 간단하게 제로 가격 효과를 표현할 수 있지만, 그 원리를 잘 알 수가 없어. 그렇지만, 전망 이론은 적용 범위가 더 넓은 일반론이므로 제로 가격 효과라는 특수 예를 잘 설명할 수 있어. 추상적이고 일반적인 틀에서 개별적이고 구체적인 현상을 설명할 수 있는 편이 이론으로서는 체계적이고 뛰어나지. 그

---

3 전망 이론의 특징에는 가치 함수 외에도 확률 가중 함수가 있습니다. 기대 가치 계산에서 객관적인 확률이 아니라 주관적인 가중치를 이용합니다. 이 장에서는 불확실성을 고려할 필요가 없었기에 가치 함수로 내용을 한정했습니다.

리고 체계적인 이론을 만드는 것이 과학의 목적이고."

"우흔 아을 하은지 오르게서, 꿀꺽. 이거 맛있네."

입안 가득히 나폴리탄을 씹으며 바다는 만족한 듯 미소를 지었다.

내용 정리

- 종래의 효용-비용 틀로는 할인 가격에 관한 사람의 선호 변화를 제대로 설명할 수 없다.
- 할인되어 0원이 되는 것은 종종 사람을 강하게 끌어당긴다. 이를 실험적으로 확인한 연구 예도 있다.
- 전망 이론의 가치 함수는 표준적인 효용 함수로는 설명할 수 없는 모순을 해결하고자 생각해낸 것으로, 더 일반적인 함수이다.
- 가치 함수의 특징은 손실의 아픔은 동등한 이득에서 얻을 수 있는 기쁨보다 크다는 데 있다.
- 가치 함수는 손실을 회피하는 경향을 표현하며 이 성질을 이용해 제로 가격 효과를 설명할 수 있다.
- 가치 함수를 가정했을 때 선호의 역전이 생기려면 반드시 0원으로 할인할 필요는 없다.
- 응용 예: 사람의 소비나 선호에 기초한 행동을 이해하려면 심리적인 편향을 고려한 가치 함수를 이용하는 것이 효과적이다. 예를 들어 장바구니 소지자에게 50원의 장려금을 주는 것과 없는 사람에게 50원 벌금을 부과하는 것 중 후자 쪽이 행동에 대한 영향력이 더 크다. 왜냐하면, 같은 50원이라도 50원을 잃는 손실은 50원을 얻은 기쁨보다 더 크기 때문이다.

참고 문헌

Ariely, Dan, *Predictably Irrational, Revised and Expanded Edition: The Hidden Forces That Shape Our Decisions*, Harper Perennial, [2008] 2010. (= 장석훈 역, 『상식 밖의 경제학』, 청림출판, 2008.)

다양한 실험을 예로, 행동경제학의 흥미로움을 전하는 일반인을 위한 책입니다. 뛰어난 실험 아이디어로 일상생활에서는 쉽게 놓쳐버리는 인간행동의 불합리를 발견합니다. 제로 가격 효과에 관한 초콜릿 실험도 그중 하나입니다.

Kahneman, Daniel and Amos Tversky, "Prospect Theory: An Analysis of Decision under Risk", *Econometrica*(1979), 47(2): 263 – 392.

카너먼과 트버스키가 쓴 전망 이론의 고전적 논문입니다. 종래의 표준 이론이었던 기대효용 이론으로는 설명할 수 없었던 행동이나 선택을 예로 들고 이 문제를 극복하고자 전망 이론을 제창합니다. 연구자를 위한 논문입니다만, 기대효용이론에서 생기는 모순을 독자가 이해할 수 있도록 설명하므로 즐겁게 읽을 수 있는 논문입니다.

Shampanier, Kristina, Nina Mazar, and Dan Ariely, "Zero as a Special Price: The True Value of Free Products", *Marketing Science*(2007), 26(6): 742 – 757.

실험 조사를 통해 제로 가격 효과의 해명을 시도한 논문입니다. MIT의 카페테리아에서 수행한 실험에서는 이용자가 계산 시 추가로 초콜릿을 살 것인가를 조사하여 할인에 의해 선호가 달라지는지를 알아보았습니다. 논문은 0 근처에서 불연속인 가치 함수가 이 실험 결과를 잘 설명한다고 이야기합니다.

눈치싸움, 감정이 아닌 분석으로 승리하자.

11.1 가격 경쟁

일주일에 두 번 일을 마치고 돌아가는 길에 역 앞에 있는 찻집을 들르는 것이 바다의 버릇처럼 되었다. 그렇다고 해서 수찬과 만날 약속을 한 것도 아니었다. 그래서 가끔은 수찬이 없을 때도 있었다. 그럴 때는 혼자 커피를 마시면서 들고 다니던 소설을 읽으며 1시간 정도를 보냈다.

시간이 늦을 때는 저녁을 먹고 가기도 했다. 직장 생활을 시작하고 나니 일이 끝나도 집에 바로 돌아가고 싶지 않다는 기분을 비로소 이해할 수 있었다.

대학생 시절에는 혼자 식당에 가는 것이 싫었다. 그러나 지금은 혼자만의 생활을 어느 정도는 즐기게 되었다.

찻집 문이 열리며 수찬이 들어오는 모습을 발견했을 때 그녀는 아침에 본 오늘의 운세가 좋았을 때처럼 작은 행운을 발견한 듯했다. 뛸 듯이 기쁜 것도 아닌 ε 정도의 미세한 플러스. 수찬이 있으면 운이 좋은 거고 없다면 혼자만의 시간을 즐길 수 있었다.

바다는 그런 나날을 보냈다.

"넌 나와는 인간관계 같은 고민은 얘기 안 하네."

수찬은 읽던 책을 덮었다. 순간 오래된 종이 냄새를 느꼈다.

"그랬었나? 뭐, 그럴 수도. 그런 고민을 말한들 무슨 의미가 있겠어."

"그렇지만, 직장인 중에는 불만을 이야기하고 싶은 사람도 많던데?"

"나 역시 회사에 대한 불만이 없는 건 아냐. 그렇지만, 너한테까지 그런 이야기를 할 필요가 있나 싶어."

"그건 그렇지. 난 인간의 추상적인 네트워크 구조라면 흥미가 있지만, 각 개인의 구체적인 인간관계에는 관심 없어."

"그렇지? 난 쓸데없는 일은 안 하는 스타일이야. 그건 그렇고 오늘 알고 싶은 건 입찰 방법이야. 이번에 웹 사이트 제작을 담당할 새로운 회사와 계약을 해야 하는데, 여러 후보를 대상으로 입찰을 통해 정해야만 해."

"오~ 경쟁입찰이라. 재밌겠는 걸?"

"방법을 잘 몰라 난처한 처지야. 제작 회사에는 솔직한 견적을 내주길 바라지만 그쪽도 사업이므로 경쟁 상대를 이길 수 있는 견적을 낼 거란 말이야. 즉, 원래 필요한 제작비보다도 약간 낮은 금액을 제시하는 거지."

"흠……. 그러면 결국 싸게 결정될 거니 회사로서는 좋은 거 아냐?"

"그건 그렇지만, 그렇다는 건 결국 적정 가격보다도 낮아지므로 품질을 낮추지 않으면 제작 회사도 손해를 볼 거잖아. 게다가 한번 가격 인하 경쟁을 시작하면 솔직히 하고 싶지는 않지만 모두 가격을 내리니 그만둘 수도 없고 계속 손해를 볼 거 아냐? 결국, 이는 업계 전체의 생산성 저하로 이어지고. 뭔가 좀 잘못됐다는 생각이 들어."

"가격 인하 경쟁이 계속되면 회사 전체로서는 분명히 이익이 줄지. 이런 일이 계속되면 경기 회복은 요원하겠지. 그렇지만, 가격을 내리는 기업도 하고 싶어서 그러는 건 아냐."

"그럼 왜 하고 싶지도 않은 가격 인하를 하는 거야?"

"게임 이론 모델을 이용해 설명해볼게.[1]"

11.2 게임 이론과 지배 전략

"설명하려면 게임 이론의 지배 전략이라는 개념이 필요해. 대학교 때 배웠을 텐데……"

"수업 시간에 한 번 정도는 들었는지 몰라도 정확한 정의는 잊었어. 교과서에서도 읽은 적이 있지만, 제대로 이해하지 못했던 기억이 있어."

"그럼 기본적인 개념을 확인하면서 왜 경쟁하는 기업은 바라지도 않는 가격 인하를 할 수밖에 없는지 문제를 생각해보자. 기업 간 가격 경쟁을 게임 이론 모델로 표현하면 다음과 같아."

		기업 2	
		적정 가격	가격 인하
기업 1	적정 가격	3, 3	1, 4
	가격 인하	4, 1	2, 2

"기업 1과 2에는 각각 적정 가격으로 팔 것인가 가격 인하하여 팔 것인가의 2가지 선택지가 있어. 이 선택지를 게임 이론에서는 전략이라 하지. 각 기업은 상대가 어떤 것을 고를지 알 수 없는 상태에서 자신의 전략을 선택하게 되지. 이를 비협력 게임이라 해. 표 안에 쓴 한 쌍의 숫자

1 게임 이론의 기본과 죄수의 딜레마에서 지배 전략에 대해 이미 알고 있다면 다음 절을 건너뛰고 바로 '11.3 제2가격 봉인입찰'을 읽기 바랍니다.

중 왼쪽이 기업 1의 이득이고 오른쪽이 기업 2의 이득이야. 예를 들어

기업 1이 적정 가격을 선택하고 기업 2가 가격 인하를 선택

하면 이득의 조합은 (1, 4)가 돼. 이는

기업 1의 이득은 1이고 기업 2의 이득은 4

라는 뜻이야.” 수찬이 표 읽는 방법을 설명했다.

“그래, 이제 생각났어. 서로 적정 가격을 선택하면 (3, 3)이라는 거네. 읽는 법은 알았는데, 이 수치는 도대체 어디서 나온 거야?”

바다가 물었다. 옛날부터 그녀는 이런 종류의 표를 볼 때마다 숫자가 어디서 나왔는지 신경이 쓰여 이후 이야기가 귀에 들어오지 않았다.

“예를 들어 이렇게 생각해보자. 우선 적정 가격으로 상품을 판매했을 때의 기본 이득을 3이라 두자. 그리고 가격을 낮추면 판매 단가가 낮아지므로 그만큼의 마이너스는 1로 두고. 그러면 가격 인하일 때의 이득은 3 − 1 = 2가 되지. 단, 한쪽 기업만 가격을 인하하면 경쟁 상대의 고객을 빼앗게 되는데 이때 늘어난 이득이 2야. 고객을 빼앗긴 쪽의 손해도 마찬가지로 2라 하자. 따라서 (적정 가격, 가격 인하) 조합을 기본으로 한 이득은 가격 인하 쪽은

$$\text{기본 이득} - \text{가격 인하} + \text{늘어난 이득} = 3 - 1 + 2 = 4$$

적정 가격으로 고객을 빼앗긴 쪽은

$$\text{기본 이득} - \text{손해} = 3 - 2 = 1$$

이라 해석할 수 있어.”

“그렇구나. 그렇다면 앞뒤가 맞네.”

"게임 이론은 여러 행위자가 각각 상대의 선택을 고려하면서 자신에게 최적의 선택을 고르는 상황을 표현하는 모델이야. 가장 단순한 모델을 만드는 데 필요한 정보는

1. 참가자는 몇 명인가? (참가자 집합)
2. 각 참가자는 무엇을 선택할 수 있는가? (전략 집합)
3. 전략 조합과 이득의 대응 (이득 함수)

와 같은 3가지야. 모델이 복잡해지면 추가 정보가 필요하지만, 우선은 이 정도면 충분해."

"알겠어." 바다는 게임의 기본 가정을 다시 확인했다.

"다음으로 **지배 전략**이라는 개념을 설명할게. 다른 참가자의 전략이 어떤 것이든 자신에게 유리한 전략이 존재할 때 이를 **지배 전략**이라 불러. 구체적인 예를 들어 설명해보자."

• • • • • • • • • • • • • • • • • • • •

기업 1의 처지에서 생각하자. 우선 기업 2가 적정 가격을 선택했다고 가정한다. 그러면 기업 1이 비교해야 할 상태는 다음 표에서 점선(⬚)으로 감싼 영역이 된다.

		기업 2	
		적정 가격	가격 인하
기업 1	적정 가격	3, 3	1, 4
	가격 인하	4, 1	2, 2

기업 2가 적정 가격을 선택했을 때 기업 1이 비교해야 할 이득(화살표)

이때 기업 1로서는 이득 3을 받을 수 있는 적정 가격보다 이득 4를 받

을 수 있는 가격 인하 쪽이 좋다. 이득 함수를 식으로 쓰면 다음이 성립한다.

$$4 > 3$$

$$u_1(\text{가격 인하, 적정 가격}) > u_1(\text{적정 가격, 적정 가격})$$

다음으로, 기업 2가 가격 인하를 선택했다고 가정하자. 이번에는 기업 1이 비교해야 할 상태는 다음 표에서 점선(⬚)으로 감싼 영역이다. 비교할 곳이 이전과 다르다는 데 주의해야 한다.

		기업 2	
		적정 가격	가격 인하
기업 1	적정 가격	3, 3	1, 4
	가격 인하	4, 1	2, 2

기업 2가 가격 인하를 선택했을 때 기업 1이 비교해야 할 이득(화살표)

이때 기업 1로서는 이득 1을 받을 수 있는 적정 가격보다 이득 2를 받을 수 있는 가격 인하 쪽이 좋다. 이득 함수를 식으로 쓰면 다음이 성립한다.

$$2 > 1$$

$$u_1(\text{가격 인하, 가격 인하}) > u_1(\text{적정 가격, 가격 인하})$$

지금까지의 비교한 바를 정리하면 기업 2가 적정 가격을 선택하든 가격 인하를 선택하든 기업 1은 가격 인하를 선택하는 쪽이 득이 된다고 결론 낼 수 있다. 이처럼 상대가 무엇을 선택하든 기업 1이 고를 전략(가격 인하)이 자신의 다른 전략(적정 가격)보다 이득이 클 때 기업 1에는 가격 인하가 지배 전략이 된다.

정의 11.1 **지배 전략(직감적 정의)**

다른 참가자의 전략이 무엇이든 자신이 고른 전략이 자신의 다른 전략보다도 항상 많은 이득을 가져올 때 이 전략을 지배 전략이라 한다.

"지배 전략의 정의를 이해했니?"

"응, 아마도."

"그럼 기업 2도 지배 전략을 가지고 있을까?" 수찬이 확인을 위해 물었다.

"좋아. 한 번 찾아볼게." 바다는 계산 용지에 표를 그리기 시작했다.

"이번에는 기업 2의 처지에서 생각해야 하는 거지? 음, 기업 1이 우선 적정 가격을 선택했다고 하면 비교해야 할 수치는 오른쪽의 이득이므로 이렇게 되나?"

기업 2

기업 1		적정 가격	가격 인하
	적정 가격	3, 3	1, 4
	가격 인하	4, 1	2, 2

기업 1이 적정 가격을 선택했을 때 기업 2가 비교해야 할 이득(화살표)

"3과 4를 비교하면 4가 크므로 기업 1이 적정 가격이라면 기업 2는 가격 인하를 선택하는 것이 이득이 크네. 다음으로, 기업 1이 가격 인하를 선택했을 때를 볼까? 이번에는 기업 2가 비교해야 할 이득은 이거지?"

바다는 이득 표에 화살표를 그려넣었다.

기업 2

		적정 가격	가격 인하
기업 1	적정 가격	3, 3	1, 4
	가격 인하	4, 1	2, 2

기업 1이 가격 인하를 선택했을 때 기업 2가 비교해야 할 이득(화살표)

"그렇다는 건 기업 2로서는 가격 인하가 이득이라는 거네. 정리해 보면……, 기업 1이 적정 가격이든 가격 인하든 기업 2로서는 가격 인하 전략이 더 큰 이득을 가져와. 즉, 기업 2의 지배 전략은 가격 인하야. 어때?"

"OK. 이 모델은 죄수의 딜레마라 불리는, 게임 이론의 역사 중 가장 유명한 모델 중 하나야. 서로 적정 가격을 선택하면 (3, 3)이라는 이득을 얻을 수 있음에도 합리적으로 자신의 이득을 높이려는 결과 쌍방에게는 더 작은 (2, 2)라는 이득을 실현하게 되지. 이것이 가격을 인하하고 싶지 않아도 어쩔 수 없게 되는 메커니즘이야."

"음, 그렇구나. (가격 인하, 가격 인하)보다 (적정 가격, 적정 가격) 쪽이 둘 모두에게 좋은 상태임에도 지배 전략을 선택하면 적정 가격을 고르지 않게 되는구나."

"이것이 '딜레마'라 불리는 이유야. 그러면 **참가자 집합**, **전략 집합**, **이득 함수**를 일반적으로 다시 정의해보자."

정의 11.2

참가자 집합과 전략 집합

$$N = \{1, 2, \cdots, n\}$$

을 n명으로 이루어진 참가자 집합으로 한다. 참가자 i의 전략 집합을 S_i로 나타낸다. 집합 S_i의 요소는 i가 선택할 수 있는 전략이다.

예를 들어

$$S_i = \{a, b, c\}$$

라면 참가자 i의 전략은 a, b, c의 3가지가 된다.

정의 11.3

곱집합과 순서쌍

참가자 집합이 $N = \{1, 2\}$이고 1과 2의 전략 집합이 각각

$$S_1 = \{a, b\},\ S_2 = \{c, d\}$$

일 때 2개의 전략 집합에서 요소를 각각 1개씩 꺼내 조합한 집합을 S_1과 S_2의 곱집합이라 한다. 기호로는 다음과 같이 쓴다.

$$S_1 \times S_2 = \{(a, c), (a, d), (b, c), (b, d)\}$$

이 곱집합은 가능한 전략의 조합 모두를 포함한다. 이때 곱집합의 요소인 (a, c)나 (b, d) 등을 순서쌍이라 한다.

순서쌍은 곱집합의 요소다. 예를 들어 (a, c)는 곱집합 $S_1 \times S_2$의 요소 중 하나로, 전략의 조합을 나타낸다. 이를 기호로 다음과 같이 쓴다.

$$(a, c) \in S_1 \times S_2$$

이때 전략 순서에는 의미가 있다. (a, c)는 참가자 1의 전략이 a, 참가

자 2의 전략이 c라는 뜻이다. (c, a)가 아니므로 조심해야 한다.

• • • • • • • • • • • • • • • • • • • •

"응, 알았어." 바다가 고개를 끄덕였다.

"이득 함수는 어떠한 전략 조합이 실현됐을 때 참가자가 얻을 이득을 나타내는 함수야."

정의 11.4 **이득 함수**

전략의 조합에 대해 그 조합에서 참가자 i가 얻을 수 있는 이득을 이득 함수 u_i로 정의한다.

$$u_i : S_1 \times S_2 \times \cdots \times S_n \to \mathbb{R}$$

이득 함수 u_i는 모든 전략 조합에 대해 참가자 i가 그로부터 얻는 이득을 정한다. 이득 함수의 정의역은 전략의 곱집합(모든 전략의 조합)이고 치역은 실수 집합 $\mathbb{R}$이다.

"끙, 이미지가 잘 잡히지 않는걸."

"그럴 때는 어떻게 해야 한댔지?" 수찬이 물었다.

"음……, 그렇지! 구체적인 예를 만들어라, 였지?" 바다는 즉시 예를 하나 만들기 시작했다.

"좋아. 2인 게임으로 예를 들어 보는 게 좋겠어. $N = \{1, 2\}$라 하고 전략 집합을

$$\begin{aligned} S_1 \times S_2 = \{&(\text{해리}, \text{말포이}), (\text{해리}, \text{스네이프}), \\ &(\text{헤르미온느}, \text{말포이}), (\text{헤르미온느}, \text{스네이프})\} \end{aligned}$$

라고 가정할래. 이득 함수의 정의역은 전략 조합이므로……, 예를 들어

$$u_1\big((\text{해리, 말포이})\big)=3\ ,\ \ u_2\big((\text{헤르미온느, 스네이프})\big)=5$$

이런 느낌? u_1이 그리핀도르, u_2가 슬리데인의 이득이야. 기숙사 대항전을 표현해본 건데, 구체적인 예로 적당하려나?"

"주제가 왜 해리 포터인지는 잘 모르겠지만, 예로는 문제없어. 전략 집합을 사용하면 n명 중에서 i만을 뺀 사람들의 전략 조합을 표현할 수 있어. 우선 전략의 곱집합을 다음과 같이 나타내고 이 요소를 $\mathbf{s}\in S$로 나타내자.

$$\underbrace{S=S_1\times S_2\times\cdots\times S_n}_{n\text{개 전략 집합의 곱}}$$

$\mathbf{s}$는 1개의 기호로 n명분의 전략을 나타내지. 예를 들어

$$\underbrace{\mathbf{s}=(s_1,s_2,\cdots,s_n)}_{n\text{개의 전략}}$$

이라는 전략의 순서쌍을 나타내지.

다음으로, 전략 조합 $\mathbf{s}$에서 i 전략만을 제외한 조합을 $\mathbf{s}_{-i}$로 나타내자. 즉, 다음과 같지.

$$\mathbf{s}_{-i}=\underbrace{(s_1,s_2,\cdots,s_{i-1},s_{i+1},\cdots,s_n)}_{(n-1)\text{개 전략}}$$

$\mathbf{s}_{-i}$는 $\mathbf{s}$에서 s_i를 제외했으므로 $(n-1)$개의 전략 조합을 나타내는 거지. 이 $\mathbf{s}_{-i}$와 s_i를 조합하면 다음과 같이 돼."

$$\mathbf{s} = \underbrace{(s_i, \mathbf{s}_{-i})}_{n\text{개의 전략}}$$

"이 기호는 무엇 때문에 쓰는 거야?"

"n명 게임에서 지배 전략을 일반적으로 정의하고자 사용하지."

정의 11.5 **지배 전략**

참가자 i의 두 가지 전략 s_i와 t_i에 관해 다른 $(n-1)$명 참가자 전원의 전략

$$\underbrace{\mathbf{s}_{-i}}_{n-1\text{개 전략}} \in \underbrace{S_1 \times S_2 \times \cdots \times S_{i-1} \times S_{i+1} \times \cdots \times S_n}_{(n-1)\text{개 전략 집합의 곱}}$$

에 대해

$$u_i \underbrace{(s_i, \mathbf{s}_{-i})}_{n\text{개의 전략}} > u_i \underbrace{(t_i, \mathbf{s}_{-i})}_{n\text{개의 전략}}$$

가 성립할 때 s_i가 t_i를 강지배한다고 한다. 또한, s_i가 참가자 i의 다른 전략 모두를 강지배할 때 전략 s_i를 i의 강지배 전략이라 한다. 다음으로, 모든 $\mathbf{s}_{-i}$에 대해

$$u_i \underbrace{(s_i, \mathbf{s}_{-i})}_{n\text{개의 전략}} \geq u_i \underbrace{(t_i, \mathbf{s}_{-i})}_{n\text{개의 전략}}$$

가 성립하고 이와 함께 적어도 1개의 전략 조합 $\mathbf{s}'_{-i}$에 대해

$$u_i \underbrace{(s_i, \mathbf{s}'_{-i})}_{n\text{개의 전략}} > u_i \underbrace{(t_i, \mathbf{s}'_{-i})}_{n\text{개의 전략}}$$

가 성립할 때 s_i가 t_i를 지배한다고 한다. 또한, s_i가 참가자 i의 다른 전략 모두를 지배할 때 전략 s_i를 i의 지배 전략이라 한다. 강지배할 때는 반드시 지배한다.

"끙, 너무 복잡해서 도대체 무슨 소린지 모르겠어."

"그렇게 말할 줄 알았어. 처음 이 정의를 봤을 때 나도 무슨 소린지 몰랐으니깐. 언제나 그렇듯이 그럴 때는 $n=2$ 정도의 구체적인 예를 생각해보면 도움이 돼. 예를 들어 2인 게임에서 전략 집합을

$$S_1=\{a,b\},\ S_2=\{c,d\}$$

라고 정의하자. 이 둘의 곱집합

$$S_1 \times S_2=\{(a,c),(a,d),(b,c),(b,d)\}$$

는 모든 전략 조합을 나타내지. 이때 '참가자 1의 a가 강지배 전략이다'라는 건 무슨 뜻일까? 식으로 쓸 수 있겠니?"

"음, a가 b를 강지배하면 되는 거지? 그렇다는 건 상대가 어떤 전략이든 a를 선택했을 때의 이득이 b를 선택했을 때의 이득보다 크면 되는 거니까 다음과 같으면 되는 거 아냐?"

$$u_1(a,c)>u_1(b,c)$$
$$u_1(a,d)>u_1(b,d)$$

"그렇지. 일반적인 정의의 의미를 이해하기가 어렵다고 느낀다면 반드시 $n=2$나 $n=3$인 경우를 써보는 거야. 익숙해지면 정의를 읽기만 해도 머릿속에 떠올릴 수 있게 되지. 전략 조합의 일반적인 기호를 사용하면 n명 게임에서 파레토 효율도 간단하게 정의할 수 있어."

정의 11.6

파레토 효율

전략 조합 $\mathbf{s} \in S$가 파레토 효율이란 것은 모든 $i \in N$에 대해

$$u_i(\mathbf{t}) > u_i(\mathbf{s})$$

가 성립하는 전략 조합 $\mathbf{t} \in S$가 존재하지 않는다는 것이다.

"죄수의 딜레마는 지배 전략해가 파레토 효율이 아닌 게임을 말해. 그러면 마지막으로 지배 전략해를 정의해보자."

정의 11.7

지배 전략해

모든 참가자가 지배 전략을 선택한 상태를 지배 전략해(dominant strategy solution)**라 한다.**

"기업이 합리적으로 지배 전략을 선택할 때 왜 원하지 않던 가격 인하를 선택하는지 알았어. 그렇다면 적정 가격 입찰 같은 건 할 수 없잖아. 뭔가 방법이 있을까?"

바다의 머릿속에는 해결 방법이 전혀 떠오르지 않았다.

11.3 제2가격 봉인입찰

"게임의 규칙을 바꾸는 거지. 제2가격 봉인입찰을 사용하면 돼." 수찬이 새로운 계산 용지를 테이블 위에 펼쳤다.

"제2가격 봉……? 뭐야, 그게?"

"서로 입찰금액을 모르도록 한 다음 가장 조건이 좋은 회사를 선택하는 거지. 단, 회사가 지급할 비용은 제2위 입찰금액으로 하는 방법이지."

"무슨 소린지 이해가 잘 안 돼."

"간단한 예로 설명해볼게."

· · · · · · · · · · · · · · · · · · · ·

그림 한 장을 경매에 부치되 이 경매에는 3인의 참가자가 있다고 하자. 서로 알 수 없도록 입찰금액을 쓴 종이를 봉투에 넣은 다음 제출한 결과가

A의 입찰금액 10,000원, B의 입찰금액 50,000원, C의 입찰금액 30,000원

이라 가정하자. 이때 승자는 가장 높은 입찰금액을 쓴 B가 된다. 단, B가 대금으로 지급할 금액은 50,000원이 아니라 2번째 높은 입찰금액인 30,000원이다.

이것이 제2가격 봉인입찰이다. 제2가격은 두 번째로 높은 입찰금액이 지급액이 된다는 것을, 봉인은 서로 입찰금액을 모르도록 봉인한다는 것을 의미한다.

· · · · · · · · · · · · · · · · · · · ·

"흠, 별난 규칙이네. 보통은 50,000원에 낙찰받았다면 50,000원을 내는데 말이야."

"일반적으로 알려진 경매 규칙에서는 최고입찰금액 = 지급금액이 되지. 그렇지만, 제2가격 봉인입찰에서 일부러 이런 별난 규칙을 적용하는 데는 특별한 이유가 있어."

"오~ 어떤 이유야?"

"네가 만약 경매 주최자로 경매품을 파는 쪽이라면 참가자에게 무엇을 원하겠어?" 수찬이 되물었다.

"그거야, 가능한 한 높은 금액으로 입찰해주는 거지."

"그렇지만, 사는 쪽은 가능한 한 싸게 사려 할 테고."

"그야 그렇지. 그래서 될수록 사는 쪽이 '지급해도 괜찮은 최대한의 금액'으로 입찰했으면 하지."

"경매의 규칙을 제2가격 봉인입찰로 설정하면 사는 쪽은 합리적인 판단 결과로서 '지급해도 괜찮은 최대한의 금액'으로 입찰하게 된단다."

"정말? 왜 그런 거야?"

"제2가격 봉인입찰을 게임 이론 모델로 설명해볼게. 모델의 가정은 다음과 같아."

1. n명이 참가하는 경매에 1개의 물품이 있다. 각 참가자는 물품에 대한 평가액 a_1, a_2, $\cdots$, a_n을 가진다. $a_i \geq 0$이며 평가액 a_i는 i가 물품에 대해 지급해도 괜찮은 상한액을 나타낸다. 단, 다른 참가자의 평가액은 관찰할 수 없다. 참가자 사이에 같은 평가액은 없다고 가정한다.
2. 각 참가자는 봉인한 입찰금액 $x_i \geq 0$을 1번만 제출한다. 참가자는 다른 참가자의 입찰금액을 관찰할 수 없다. 가장 큰 x_i를 제시한 참가자 i가 경매의 승자가 된다.
3. 모든 참가자의 입찰금액 조합을 다음과 같이 나타낸다.

$$\mathbf{x} = (x_1, x_2, \cdots, x_n)$$

승자 i의 지급금액은 해당 입찰금액 x_i가 아니라 2번째로 큰 입찰금액이 된다. 이 2번째로 큰 입찰금액을 제2가격이라 부르고 기호로는 $\mathbf{x}[2]$로 나타낸다.

4. 각 참가자 i의 이득은 입찰금액 조합 $\mathbf{x}=(x_1, x_2, \cdots, x_n)$을 바탕으로 다음과 같이 된다.

$$u_i(\mathbf{x})=\begin{cases} a_i-\mathbf{x}[2] & i\text{가 이겼을 때} \\ 0 & i\text{가 이기지 못했을 때} \end{cases}$$

※ 효용 함수의 인수는 벡터이다.

"예를 들어 입찰금액 조합이

$$\mathbf{x}=(8,5,10)$$

이라면 제2가격은 $\mathbf{x}[2]=8$이야. 입찰금액의 나열 순서가 아니라 크기를 기준으로 한 2번째 값으로 정한다는 점에 주의하고. 이 게임에서 재미있는 부분은 지급금액은 제2가격이지만, 각 참가자에게 있어 합리적인 입찰금액은 그 평가액 a_i와 일치한다는 점이지."

"그건 좀 이상하지 않아? 어차피 지급할 금액은 자기가 낸 입찰금액이 아니잖아? 그렇다면 경매에 이기고자 자신의 평가액 이상으로 입찰할 것 같은데……"

"물론 극단적으로 이야기하면 자신이 1억 원에 입찰하더라도 제2가격이 5,000원이면 지급금액 5,000원으로 충분하지."

"그럼에도 왜 자신의 평가액으로 정직하게 입찰할까?" 바다는 고개를 기울였다.

"이 게임에서는 자신의 평가액으로 입찰하는 것이 각 참가자에게는 **지배 전략**이 되기 때문이야."

제2가격 봉인입찰 모델로부터 다음 명제가 성립한다.

명제 11.1

각 참가자에게는 자신의 평가액 a_i를 입찰금액으로 써내는 것이 지배 전략이다. 즉, 입찰금액 조합 $(a_1, a_2, \cdots, a_n)$이 지배 전략해다.

증명

이 게임은 n명 게임이므로 모든 i에 대한 지배 전략이 a_i라는 것을 보이면 된다. 그러려면 전략 a_i가 어떤 경우에도 i의 다른 전략 x_i와 같거나 그 이상의 이득을 가져옴과 동시에 특정 경우에는 다른 전략보다 더 큰 이득을 가져온다는 것을 보여야 한다.

i에게 a_i이외의 전략 x_i는 수없이 많지만, 부등호를 사용해 나타낸다면

$$x_i > a_i$$

인 x_i나 혹은

$$x_i < a_i$$

인 x_i의 2종류만 생각하면 된다.

다음으로, i 이외의 다른 참가자의 전략 조합도 수없이 많으나 a_i를 내면 i가 이길 수 있는 $\mathbf{s}_{-i}$와 a_i를 내면 지게 되는 $\mathbf{s}_{-i}$의 2종류로 나누어 생각하면 모든 조합을 포함할 수 있다.

따라서 반드시 생각해야 하는 조건은 다음과 같다.

1. 입찰금액 a_i로 i가 이기는 $\mathbf{s}_{-i}$
   (a) 전략을 x_i로 바꿔도 이길 때
   (b) 전략을 x_i로 바꾸면 질 때
2. 입찰금액 a_i로 i가 지는 $\mathbf{s}_{-i}$
   (a) 전략을 x_i로 바꿔도 질 때
   (b) 전략을 x_i로 바꾸면 이길 때

이 모든 경우에 대해 a_i가 다른 전략 x_i보다도 유리하는 것을 보일 수 있다면 a_i가 지배 전략임을 증명할 수 있다.

	a_i로 이기는 $\mathbf{s}_{-i}$	a_i로 지는 $\mathbf{s}_{-i}$
$x_i > a_i$	(A) x_i로 이김 $u_i(a_i, \mathbf{s}_{-i}) \geq u_i(x_i, \mathbf{s}_{-i})$ $a_i - \mathbf{x}[2] \geq a_i - \mathbf{x}[2]$	(B) x_i로 이김 $u_i(a_i, \mathbf{s}_{-i}) > u_i(x_i, \mathbf{s}_{-i})$ $0 > a_i - \mathbf{x}[2]$ (C) x_i로 짐 $u_i(a_i, \mathbf{s}_{-i}) \geq u_i(x_i, \mathbf{s}_{-i})$ $0 \geq 0$
$x_i < a_i$	(D) x_i로 이김 $u_i(a_i, \mathbf{s}_{-i}) \geq u_i(x_i, \mathbf{s}_{-i})$ $a_i - \mathbf{x}[2] \geq a_i - \mathbf{x}[2]$ (E) x_i로 짐 $u_i(a_i, \mathbf{s}_{-i}) > u_i(x_i, \mathbf{s}_{-i})$ $a_i - \mathbf{x}[2] > 0$	(F) x_i로 짐 $u_i(a_i, \mathbf{s}_{-i}) \geq u_i(x_i, \mathbf{s}_{-i})$ $0 \geq 0$

이 표는 모든 조건에 대한 조합을 나타낸 것이다.

조건 1. 입찰금액 a_i로 i가 이기는 $\mathbf{s}_{-i}$의 경우

입찰금액 a_i로 이긴다는 것은 제2가격 $\mathbf{x}[2]$보다도 입찰금액 a_i 쪽이 크다는 것이므로 $a_i > \mathbf{x}[2]$가 성립한다. 이때 i의 이득 $a_i - \mathbf{x}[2]$는 0보다 크다. 이하 a_i가 아닌 임의의 입찰금액을 x_i라 하고 i가 전략을 바꿔도 이득이 늘어나지 않는 것을 확인한다.

조건 1(a). 입찰금액 x_i로도 참가자 i가 이길 때

a_i가 아닌 임의의 입찰금액 x_i로도 i가 이길 때 지급금액은 당연히 $\mathbf{x}[2]$ 이다. 따라서 이득은 $a_i - \mathbf{x}[2]$인 채 변하지 않으므로 다음이 성립한다(표 중 (A), (D)의 경우).

$$u_i(a_i, \mathbf{s}_{-i}) \geq u_i(x_i, \mathbf{s}_{-i})$$
$$a_i - \mathbf{x}[2] \geq a_i - \mathbf{x}[2]$$

조건 1(b). 입찰금액 x_i로 참가자 i가 질 때

이기지 못할 때는 i의 이득이 0이 된다. 따라서 다음이 성립한다(표 중 (E)의 경우).

$$u_i(a_i, \mathbf{s}_{-i}) > u_i(x_i, \mathbf{s}_{-i})$$
$$a_i - \mathbf{x}[2] > 0$$

따라서 조건 1에서(즉, a_i가 이기는 임의의 $\mathbf{s}_{-i}$에 대해) a_i는 다른 전략보다도 크거나 적어도 같은 이득을 가져온다는 것을 알 수 있다.

다음으로 a_i로 질 때를 생각해보자.

조건 2. 입찰금액 a_i로 i가 지는 $\mathbf{s}_{-i}$의 경우

a_i로 이기지 못할 때 참가자 i의 이득은 다음과 같다.

$$u_i(a_i, \mathbf{s}_{-i}) = 0$$

이하 a_i가 아닌 임의의 입찰금액을 x_i라 하고 i가 전략을 바꿔도 이득이 늘어나지 않는 것을 확인한다.

조건 2(a). a_i 이외의 x_i 로도 질 때

이득은 0인 채 변하지 않는다(표 중 (C), (F)의 경우).

조건 2(b). a_i 이외의 x_i로 이길 때

a_i로는 이기지 못하므로 $a_i \leq \mathbf{x}[2] < \mathbf{x}[1^*]$가 성립한다. 여기서 $\mathbf{x}[1^*]$는 a_i로 이기지 못할 때의 최고 입찰금액이라 하자. 따라서 이기려면 $x_i > \mathbf{x}[1^*]$을 만족하는 x_i로 입찰해야 한다. 그러면 i가 지급할 가격은 제2가격이 $\mathbf{x}[1^*]$가 되며 $x_i < \mathbf{x}[1^*]$이라는 관계 때문에 이득은 마이너스가 된다. 따라서 다음과 같이 된다(표 중 (B)의 경우).

$$u_i(a_i, \mathbf{s}_{-i}) > u_i(x_i, \mathbf{s}_{-i})$$
$$0 > a_i - \mathbf{x}[2]$$

결국, 조건 2일 때도 a_i는 다른 전략 x_i보다도 크거나 같은 이득을 가져온다는 것을 알 수 있다.

그러므로 조건 1과 조건 2를 함께 고려해보면 어떤 경우에도 a_i는 $x_i \neq a_i$일 때보다도 크거나 같은 이득을 i에게 가져다준다. 그런 까닭에 a_i는 i의 지배 전략이 된다.

이상의 고찰은 임의의 참가자 i에 대해 성립하므로 다음은 지배 전략

해가 된다.

$$(a_1, a_2, \cdots a_n)$$

"그렇구나. 이제 겨우 이해했네. 요컨대 솔직하게 평가액을 신고하면 다른 금액을 신고했을 때 이상으로 이득을 얻을 수 있다는 거네. 무리해서 큰 금액으로 입찰해도 제2가격이 자신의 평가액보다 클 때는 경매에 이기더라도 손해를 보게 되고."

"바로 그거지. 이런 종류의 증명에서는 경우를 확실하게 나누는 게 중요해. 전체를 조망하며 생각하지 않으면 올바른 증명이 될 수 없으니깐 말이야."

11.4 메커니즘 디자인

"제2가격 봉인입찰 모델의 시사점은 단순히 '이런 방식의 경매에서는 지배 전략해가 있다'라는 게 아냐."

"그럼 뭐야?"

"정말로 중요한 시사점은

> 참가자가 솔직하게 평가액을 써서 입찰하게 하려면 경매 규칙을 어떻게 설정해야 좋은가?

라는 문제에 대해 이론적인 해답을 주었다는 데 있어. 즉, 제2가격 봉인입찰이라는 규칙은 합리적인 사람이 자신의 이득을 최대화하려면 자발적으로 솔직한 평가액을 신고해야 하는 식으로 설계되었다는 거지. 이 규칙은 사람에게 솔직한 평가액 신고를 강제하지 않아. 단지 규칙은 이러하니 입찰금액은 자유로이 정해달라고 참가자에게 부탁할 뿐이야. 규칙을 잘 설정하면 설계자가 생각한 대로 사람의 선택을 제어할 수 있어. 행위를 강제하는 것이 아니라 사람의 합리성을 이용하여 효율적인 선택을 유도하는 거지."

"그렇구나. 이건 실제 행동 분석만을 위한 모델이 아니라 다른 목적도 있었던 거네."

"경매의 규칙을 설정하는 사람, 더 일반적으로 이야기하면 게임의 규칙을 설정하는 사람 자체가 중요하다는 거야. 만약 네가 규칙을 만드는 사람이라면 적절한 규칙을 설정해서 사람의 선택을 제어할 수도 있어. 이를 **메커니즘 디자인**이라 하지. 이처럼 게임의 규칙은 매우 중요해."

"메커니즘 디자인이라…… 그런 시점에서 경매를 생각해본 적은 없었어. 덕분에 경매 설계에 대해서도 배웠고 게임 이론의 기본도 이전보다 더 잘 이해할 수 있었어. 우선은 지배 전략해가 어떤 전략 조합인가를 찾는 게 좋겠네."

"응, 뭐 반드시 지배 전략이 있는 건 아니지만."

"뭐? 지배 전략이 없을 때도 있어?" 바다는 조금 놀랐다. 모든 게임엔 지배 전략이 있다고 굳게 믿었기 때문이다.

"응, 없는 게임도 있어."

"그런 게임은 어떻게 분석하면 돼?"

"내시 균형을 찾는 것이 일반적이랄까?"

"내시 균형……. 그거 유명한 거지. 들은 적 있어. 뜻은 까먹었지만……. 모두가 만족할 만한 적당한 이득 상태였던가?"

"'만족할 만한 적당한 이득'이란 말은 너무 모호해." 수찬은 쓴웃음을 지었다.

11.5 데이트 장소는?

"잘 알려진 예로 내시 균형을 설명해볼게. 만약 데이트라면 어디로 가고 싶어?"

"데, 데이트? 너랑? 잠깐만, 후."

"아니, 설명을 위한 예일뿐이야."

"음, 그렇다면……, 바닷가 동물원 아니면 숲속 수족관."

"동물원 아니면 수족관이네."

"아니, 나 같은 데이트 마스터라면 더 좋은 곳도 알지. 숨은 맛집이랄까? 그렇지만, 예일뿐이니깐 알기 쉬운 장소가 좋겠지."

"괜찮아, 그 두 곳이면. 갈 곳을 조합하면 그 조합에서 얻을 이득은 다음 표로 나타낸 것과 같다고 가정하자."

데이트 장소

		바다	
		동물원	수족관
수찬	동물원	2, 1	0, 0
	수족관	0, 0	1, 2

"표 읽는 법은 앞에서와 마찬가지야. 이 이득 표를 기초로 두 사람이

갈 장소를 의논하지 않고 정하는 상황을 생각해보자."

"응? 잠시만, 데이트잖아? 왜 의논도 없이 갈 곳을 정하는 거지?"

"누가 봐도 부자연스럽긴 해도 내시 균형을 설명하려면 두 사람이 의논하며 협력할 수 없는 상태, 즉 비협력 게임을 가정해야 하기 때문이야."

"상황이 너무 비현실적이라 이야기가 귀에 안 들어와."

"그럼 이렇게 하자. 장소는 미리 『수족관』으로 정해두고 만나기로 한 곳은 매표소 앞이라 하자."

"응."

"만날 장소로 가는 중 두 사람 모두 오늘은 수족관 휴관일이라는 걸 깨달았어."

"그렇다면 바로 연락해야지."

"그런데 까먹기 일쑤인 넌 스마트폰을 집에 놓고 온 거야."

"잠깐, 왜 나만 그런 덜렁이 설정인 거야?"

"실제로 자주 그러잖아."

"끙. 인정 못 해. 살다 보면 깜박할 수도 있는 거지. 그렇지만, 둘 모두 휴관이라는 걸 알았으므로 장소를 동물원으로 바꾸면 되는 거…… 아차!" 이런 바다의 모습을 본 수찬은 방긋 웃었다.

"둘 다 오늘이 휴관일이라는 걸 알아. 그렇지만, 상대도 그걸 아는지 어떤지는 몰라."

"그렇다는 건 상대가 어디로 갈 건지 서로 모른다는 거네? 음, 보통이라면 만날 장소인 수족관으로 갈 테지만, 쉰다는 걸 알고도 일부러 가봐야 헛수고일 테고. 수찬 너라면 미리 읽고 동물원으로 갈 것 같지만……. 끙, 어디로 가면 좋을까?"

"이 게임에는 지배 전략이 없어. 왜냐하면

상대가 동물원일 때 자신도 동물원

인 쪽이 이득은 크지만

상대가 수족관일 때 자신도 수족관

인 쪽도 마찬가지로 이득이 크기 때문이야."

"그건 그러네. 서로 다른 곳에 가면 데이트를 못 할 테고. 그렇지만 지배 전략이 없으므로 상대가 어디를 선택할지 알 수 없잖아."

"상대가 어디를 선택할 것인가를 몰라. 그러나 이 게임을 내시 균형을 사용해서 분석해볼 수는 있어. 내시 균형은 일단 그 상태가 실현되면 서로 거기에서 일탈할 유인이 없는 상태를 말해. 먼저 직감적인 정의를 알아본 다음, 4가지 전략 조합이 각각 내시 균형인지를 조사해보자."

정의 11.8

내시 균형(직감적 정의)

다음 2가지 조건을 만족하는 전략 조합을 내시 균형(Nash equilibrium)**이라 한다.**

1. **자신만 전략을 바꿔도 이득이 늘지 않는다.**
2. **앞 1번이 모두에게 성립한다.**

"이게 다야?"

"응. 지금은 이걸로 충분해. 이 정의를 사용하여 표의 조합 중 어디가 내시 균형이 되는가를 확인해봐. 모델을 이해하려면 모델 세계로 들어가 생각해야 해."

바다는 표에 화살표를 그려 넣으며 이득이 어떻게 변하는지를 비교했다.

• •

그러면 먼저 (동물원, 동물원)이라는 조합부터 확인해볼게. 앞서 그려 준 그림을 사용하면 되겠다.

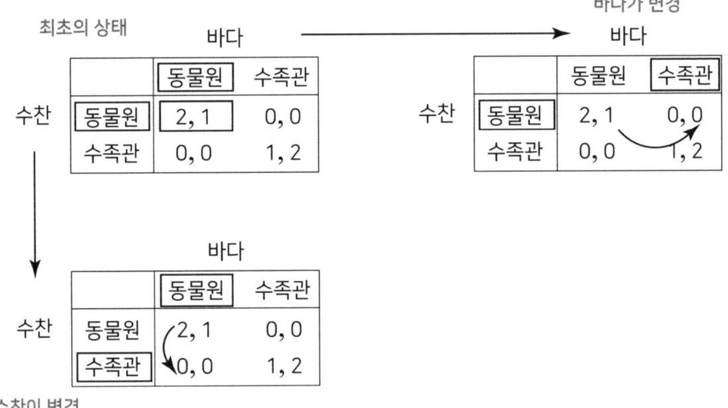

(동물원, 동물원) 조합에서 1사람만 전략을 바꿨을 때 이득의 변화

최초 상태에서는 수찬과 나 모두 동물원을 선택했어.

여기서부터……, 나만 선택을 바꾸지. 그러면……, 나의 이득은 1에서 0으로 줄어드네.

다음으로, 수찬 너만 선택을 바꾼다고 가정할게.

그러면……, 수찬 너의 이득이 2에서 0으로 줄어들어.

정리하자면 『자신만 전략을 바꿔도 이득이 늘지 않음』이 『전원(나와

수찬)』에 대해서 성립하는구나. 그렇다는 건

(동물원, 동물원)

이라는 조합은 내시 균형이네!

• • • • • • • • • • • • • • • • • •

“응. 네가 말한 대로야. 한 사림씩 선택을 바꾸면서 이득을 비교해본 부분이 좋았어.”

“뭐야? 간단하잖아.”

“그밖에는?”

“응?” 바다는 무심결에 눈을 크게 떴다.

“겨우 1개 조합밖에 조사하지 않았잖아?”

“어쨌든 내시 균형을 찾았으니 이제 된 거잖아.”

“내시 균형이 1개 이상일 수 있어.”

“뭐? 그런 거야? 아니 정의에서는……, 윽 그러고 보니 하나뿐이라는 말은 없네. 그렇다는 건 그 밖에도 조건을 만족하는 조합이 있다면 이 역시도 내시 균형이란 거네.”

“그런 거지.”

“좋아, 그럼 다음 조합을 조사해보겠어. 다음은 (수족관, 동물원)이 최초 상태라고 가정해볼게.”

바다는 이득표를 그린 계산 용지에 새로운 화살표를 그려 넣었다.

• • • • • • • • • • • • • • • • • •

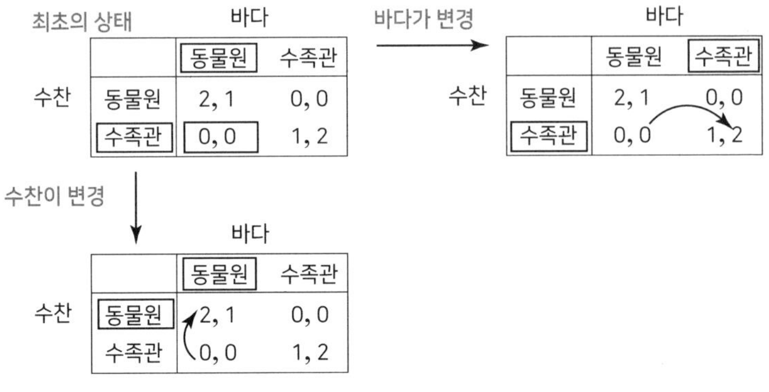

(수족관, 동물원) 조합에서 1사람만 전략을 바꿨을 때 이득의 변화

나만 선택을 바꾸면 나의 이득이 증가하고 수찬만 선택을 바꿔도 수찬의 이득이 증가하네.

그러므로 이 상태는 내시 균형이 아니야.

뭐, 이건 왠지 모르게 다를 거로 생각했으니 예상대로인걸. 계속해서 다음이 내시 균형인지 확인해볼게.

(동물원, 수족관)과 (수족관, 수족관)

음, 나만 선택을 바꾸면 이렇게 되고……, 다음으로 수찬만 선택을 바꾸면 이렇게 되고……, 음.

(수족관, 수족관)

은 내시 균형이고

(동물원, 수족관)

은 내시 균형이 아니네.

정리하면 다음처럼 되지 않을까?

내시 균형: (동물원, 동물원), (수족관, 수족관)
내시 균형이 아님: (수족관, 동물원), (동물원, 수족관)

• • • • • • • • • • • • • • • • • • • •

"틀린 곳은 없지?" 바다가 물었다.

"응. 모두 정답이야. 내시 균형인지 아닌지를 판정하는 순서는 다음과 같아.

1. 조사할 상태(전략의 조합)를 1개씩 고정한다.
2. 대상의 상태에서 1인만 전략을 바꾸었을 때 이득이 늘어나는지를 조사한다.
3. 앞 1, 2번을 반복하여 모든 사람을 빠짐없이 확인한다.

만약 한 사람이라도 이득이 증가하는 사람이 있다면 이는 내시 균형이 아니야."

11.6 | 내시 균형: 일반적인 정의

"2인 게임의 예로 내시 균형에 대해 살펴보았으니 여기서는 일반적인 n명 게임에서 정의를 확인해보도록 하자."

정의 11.9 **내시 균형**

참가자의 집합을 $N = \{1, 2, \cdots, n\}$, 참가자 i의 전략 집합을 S_i로 나타낸다. 전략의 곱집합은 $S = S_1 \times S_2 \times \cdots \times S_n$으로, 그 요소는 $\mathbf{s} \in S$로 나타낸다. 전략 조합 $\mathbf{s} \in S$가 내시 균형이란 것은 어떤 참가자 i에 대해서도 임의의 전략 $t_i \in S_i$에 대해 다음이 성립한다는 것을 뜻한다.

$$u_i(s_i, \mathbf{s}_{-i}) \geq u_i(t_i, \mathbf{s}_{-i})$$

바다는 몇 번이고 정의를 되풀이해 읽었다. 그러나 아무리 해도 머릿속에 들어오지 않았다.

"이 '임의의 전략 $t_i \in S_i$'라는 부분을 잘 모르겠어."

"나도 옛날에는 이 표현이 무척 어려웠어. 내시 균형의 정의에서는 임의의가 이중으로 사용되므로 주의가 필요해. 먼저 첫 번째 임의의는 $t_i \in S_i$를 수식하는 말이야. 즉, 다음과 같은 뜻이지.

전략 집합 S_i의 모든 요소 t_i에 대해

t_i는 하나의 기호로서 S_i의 요소를 대표한다고 생각하면 돼."

'임의의 전략 $t_i \in S_i$'는 전략 집합 S_i의 요소 중 어느 것이든 상관없음

이라는 의미인 거지. 그러므로 임의의 $t_i \in S_i$에 대해

$$u_i(s_i, \mathbf{s}_{-i}) \geq u_i(t_i, \mathbf{s}_{-i})$$

가 성립한다는 것은

s_i 와 s_{-i}

를 고정한 채 우변의 t_i를 하나씩 처음부터 끝까지 바꾸면서 확인했을 때 어떤 t_i라도 부등식이 성립한다는 뜻이야.

이 부등식의 의미는 i가 사용하는 전략 s_i를 전략 집합 S_i의 요소인 다른 어떤 전략으로 바꾸어도 i의 이득은 늘어나지 않는다는 거지. 조금 구체적인 예를 하나 만들어보자."

수찬이 테이블 위에 있던 계산 용지에 식을 써넣었다.

"예를 들어 i가 가진 전략 집합을 $S_i = \{a, b, c\}$라 가정하자. 이때 임의의 $t_i \in S_i$란 a, b, c 어느 것이라도 좋다는 것을 뜻해. 그러므로 임의의 $t_i \in S_i$에 대해

$$u_i(s_i, \mathbf{s}_{-i}) \geq u_i(t_i, \mathbf{s}_{-i})$$

라는 명제는 이 경우

$$u_i(s_i, \mathbf{s}_{-i}) \geq u_i(a, \mathbf{s}_{-i})$$
$$u_i(s_i, \mathbf{s}_{-i}) \geq u_i(b, \mathbf{s}_{-i})$$
$$u_i(s_i, \mathbf{s}_{-i}) \geq u_i(c, \mathbf{s}_{-i})$$

와 같은 뜻이란 거야."

"흠, 그렇구나. t_i에 i가 있긴 하지만, 여기서 임의의 t_i는 i가 1부터 n까지 변하는 것이 아니라 t_i 자체가 하나의 기호로, 전략 집합 안에서 다양하게 내용이 바뀐다고 생각하면 되는 거네."

"바로 그거지. 다음으로 한가지 더 '어떤 i에 대해서'가 있어. 이는 '임의의 i에 대해'와 같은 뜻으로, 1부터 n까지 모든 것에 대해라는 뜻이야. 즉, 제1단계로

임의의 t_i에 대해 $u_i(s_i, \mathbf{s}_{-i}) \geq u_i(t_i, \mathbf{s}_{-i})$가 성립한다.

이와 더불어 2단계에서

임의의 i에 대해「임의의 t_i에 대해 $u_i(s_i, \mathbf{s}_{-i}) \geq u_i(t_i, \mathbf{s}_{-i})$가 성립한다.」 가 성립한다.

라는 이중 구조로 이루어지지. 다른 말로 하면 다음이 성립한다는 뜻이야."

임의의 t_1에 대해	$u_1(s_1, \mathbf{s}_{-1}) \geq u_1(t_1, \mathbf{s}_{-1})$
임의의 t_2에 대해	$u_2(s_2, \mathbf{s}_{-2}) \geq u_2(t_2, \mathbf{s}_{-2})$
···	···
임의의 t_n에 대해	$u_n(s_n, \mathbf{s}_{-n}) \geq u_n(t_n, \mathbf{s}_{-n})$

"그렇구나. 하나씩 나누어 생각하면 되는 거네."

"덧붙여 임의의를 나타내는 기호는 ∀야. 예를 들어

$$\forall x \in \mathbb{R} \quad x^2 \geq 0$$

이라 쓰여 있다면 이는 실수 집합 $\mathbb{R}$의 요소인 임의의 실수 x에 대해 $x^2 > 0$이 성립함을 뜻하지. 수학 모델에서는 이 기호를 볼 기회가 제법 있으므로 기억해두면 좋아."

"아, 이 기호 알아. '턴에이'잖아. 뜻은 몰랐지만."

"어떻게 이 기호를 아는거야?"

"∀(턴에이) 건담[2] 이라는 건담 시리즈가 있었어. 너도 알다시피 내가

---

2 유명 애니메이션 ≪건담 시리즈≫에 나오는 로봇으로, '∀'처럼 생긴 뿔이 마치 더듬이처럼 입에 달렸습니다.

건담 마니아잖아."

"……, 설마 그럴 리는 없겠지만, 크 건담이라는 건 없지?" 수찬이 고개를 숙였다.

"그런 건 들어본 적도 없어."

바다는 테이블 위에 흩어져 있던 계산 용지를 정리하고는 커피잔을 들었다.

“오늘은 여러 가지를 배웠네. 입찰에 관해 의논한 것뿐인데 결과적으로는 게임 이론의 기초도 함께 배웠어.”

“전부 대학교에서 배웠던 것들이야.”

“헤헤, 그땐 말이야 설마 일과 관련되리라고는 생각도 못 했어.”

“대학교 때 배운 건 모두 일에 도움이 돼.”

“그럴까? 경제학이나 통계학이라면 분명히 도움이 되지만. 다른 인문 분야는 그다지라는 생각이야.”

“그렇지 않아. 너는 도움 된다는 개념을 너무 좁게 보고 있어. 사고라는 보편적인 능력은 어떤 분야를 통해서도 배우게 되고 한 번 익혀두면 어디서든 응용할 수 있지.”

“정말 그럴까……”

그때 바다는 대학에 다닐 때 좀 더 공부를 해뒀으면 좋았을 걸이라 생각했다. 혹시나 자신은 대학교에서 배운 것의 의미를 이해하지 못했던 건 아닐까?

종업원이 바다와 수찬의 잔에 두 잔째 커피를 따랐다. 옅게 남은 책 냄새를 지우기라도 하듯이 커피의 달콤한 향이 두 사람 사이에 퍼졌다.

내용 정리

- 경매에서 참가자에게 올바른 평가액을 입찰하도록 하려면 제2가격 봉인입찰이 효과적이다.
- 제2가격 봉인입찰에서는 평가액의 조합이 지배 전략해가 된다.
- 지배 전략이 없는 게임 이론 모델도 있다.
- 내시 균형은 거기서 일탈할 유인을 누구도 갖지 않은 상태이다. 따라서 한 번 실현되면 그 전략의 조합은 균형이다.
- 응용 예: 게임 이론(의 비협력 게임)을 사용하여 분석한 것은 2인 이상의 행위자가 서로 의존하는 상황에 적용할 수 있다. 참가자가 2인이고 선택지가 유한 개일 때 전략의 조합을 표로 나타내고 각 상황에서의 이득을 써넣으면서 이득 함수를 정의해 본다. 그러나 개인의 이득이 다른 사람의 선택에 의존하지 않을 때는 단순한 의사결정 문제(시작하는 장)가 되므로 게임 이론 모델을 고려할 필요는 없다.

참고 문헌

中山幹夫,『はじめてのゲーム理論』有斐閣, 1997.

게임 이론의 다양한 응용 예를 설명한 대학생을 위한 책입니다. 제2가격 봉인입찰에서 지배 전략해의 증명을 참고했습니다.

岡田章,『ゲーム理論 新版』有斐閣, [1996] 2011.

대학생과 대학원생을 위한 게임 이론 표준 교과서입니다. 전략형 게임, 전개형 게임, 반복 게임, 협력 게임, 진화 게임 등 다양한 형태의 모델을 풍부하고 구체적인 예를 통해 설명합니다. 게임 이론의 기본 개념에 관해 참고했습니다.

부자가 되는 방법,
내 손안에 있소이다.

12.1 첫 보너스

"흐흐흐. 오늘은 내가 커피를 쏠까나? 항상 많은 것을 배우니깐 말이야. 수찬 넌 학생이니 매일 마시는 커피 값도 부담이지?"

퇴근길에 들른 찻집에서 바다는 기분 좋은 일이 있는 듯 미소 지으며 테이블 위에 있던 전표를 집었다.

"응, 그래 주면 고맙지만. 왠지 모르게 삐기는 듯 들리는 건 기분 탓인가?" 수찬은 손에 든 논문에서 눈도 떼지 않고 대답했다.

바다는 가방에서 회사 이름이 적힌 봉투를 하나 꺼냈다.

"드디어 왔어. 기다리고 기다리던 그놈이. 사회인의 증거. 회사에 혼을 판 인간만이 그 보상으로 누릴 수 있는 특권. 그게 드디어 내 손안에 들어왔어."

"아니, 넌 그 정도로 열심히 일하지 않았을 텐데. 항상 정시 퇴근인 것 같고. 그래, 도대체 손에 넣은 거 뭐야?"

"바로 보너스야. 첫 보너스가 나왔어." 마술사가 숨겨둔 트럼프를 꺼내듯이 바다는 봉투에서 급여 명세서를 내보였다.

"오~ 이게 보너스 명세서란 건가. 처음 봤어."

"잔업도 꽤 했었거든. 일한다는 게 보통은 아니네. 지금에서야 부모님의 위대함을 이해할 것 같아."

"그렇지. 취직하고 결혼하고 아이를 키운다는 건 거의 기적에 가까운 일이지. 아무리 해도 난 무리일 듯."

"그런데 수찬. 큰 소리로는 말 못 하지만……" 바다는 목소리를 낮추고 귓속말을 했다. 물론, 역 앞의 찻집은 언제나처럼 손님이 없었으므로 둘의 대화를 누군가 엿들을 염려는 전혀 없었다.

“왜 그래?” 읽던 논문으로 시선을 돌리며 수찬이 물었다.

“실은 내가 뭔가를 발견한 듯해. 일하지 않고 돈을 버는 방법을 말이야.”

“그래? 어떻게 하는 건데?” 수찬은 그다지 흥미 없다는 듯이 물었다.

“뭐야, 조금은 흥미를 느껴봐.”

“알았어, 알았어. 그 방법이 진짜라면 나도 흥미가 있지. 아니, 일하지 않고 연구만 하며 사는 게 제일 행복하니까. 그래, 어떻게 하면 돼?”

12.2 도박으로 부자가 되는 방법

“가장 먼저 준비할 건 충분한 돈이야.”

“돈을 벌려고 하는데, 우선은 충분한 돈이 없으면 안 된다는 것인가? 그건……”

“다음으로, 베팅액에 상한이 없는 승률 50%의 도박을 찾는 거지.”

“도박은 법으로 금지된 거잖아. 게다가 도박장을 망하게 할 무려 50% 확률의 도박……?”

“그러면 뭐 어때? 가정인걸. 이 조건을 기초로 내가 만든 **2배 걸기법**을 쓰는 거야.”

“지적할 부분이 수도 없지만, 우선은 계속 들어보자.” 수찬은 고개를 흔들며 읽던 논문을 테이블에 놓았다.

"여기서 도박 방법은 룰렛으로 할게." 바다는 테이블 위에 있던 계산 용지에 다음과 같은 가정을 썼다.

1. 룰렛의 '빨강'이나 '검정'에 건다. 성공하면 건 돈의 2배를 받고 실패하면 건 돈을 잃는다. '빨강'과 '검정'은 각각 50%의 확률로 나온다.
2. 참가자는 충분한 초기 자산을 가졌다.
3. 딜러는 베팅액의 상한을 정하지 않는다.

"가정을 명확히 하는 건 좋은 거야." 수찬은 바다가 생각한 조건을 확인했다. 바다가 설명을 이어갔다.

"실제 룰렛이라면 '00'이 나왔을 때 딜러가 모두 가져가지만, 지금부터 생각할 모델에서는 '00'은 없어. 즉, 이기는 것도 지는 것도 50%라는 거지. 2번째 가정은 참가자가 처음부터 상당한 금액의 돈을 갖고 있다는 뜻이야. 1,000만 원이나 1억 원 등의 큰돈을 상상하면 돼. 3번째 가정은 도박장의 위험이 너무 크므로 현실에서는 일어나지 않지만, 이것이 2배 걸기법의 필수 조건이야. 즉, 내가 생각한 2배 걸기법은 다음과 같아."

정의 12.1

2배 걸기법

첫 번째에 x원을 건다. 이기면 거기서 그만둔다. 만약 진다면 다음번에는 $2x$원을 걸고 이기면 거기서 그만둔다. 만약 계속 진다면 다음은 직전 금액의 2배($4x$원)를 건다. 이후 이길 때까지 베팅액을 2배씩 늘리면서 이를 반복한다. 단, 한 번이라도 이기면 그날의 도박은 끝이 난다. 이를 매일 반복한다.

수찬은 2배 걸기법의 정의를 천천히 살펴본 다음 테이블 위에 계산 용지를 꺼내어 숫자를 쓰기 시작했다.

"그렇군. 1일마다 이길 횟수가 1번이면 되는 건가……. 이와는 달리 져도 되는 횟수는 초기 자산에 비례해 커지는 거고."

수찬은 계산을 계속했다.

"그 결과, 상대적으로 1일의 성공 확률이 높아지는 거구나. 제법 재미있는 아이디어인데?" 수찬은 바다를 칭찬했다.

"어때? 1일에 1번만 이기면 된다는 점이 포인트야."

"어느 정도 지속할 수 있는지 계산해보자. 일하지 않고 도박만으로 살 수 있으려면…… 계산을 간단히 하고자 여기서는 1일 1만 원 벌어야 한다고 가정하자."

수찬은 새로운 계산 용지를 1장 더 꺼냈다.

• • • • • • • • • • • • • • • • • • •

초기 자산을 1,000만 원이라 하고 초기 베팅액을 1만 원이라 하자. 즉 1일 1만 원 정도의 용돈을 벌면 그날 도박은 종료라는 조건이다.

2배 걸기법으로 돈을 걸면

1번째 베팅액: 1만 원
2번째 베팅액: 2만 원
3번째 베팅액: 4만 원
4번째 베팅액: 8만 원
…

이므로 2의 지수를 사용하여 나타내면 다음과 같다.

1번째 베팅액: 1만 원 = 2^0만 원
2번째 베팅액: 2만 원 = 2^1만 원
3번째 베팅액: 4만 원 = 2^2만 원

$$4\text{번째 베팅액: 8만 원} = 2^3\text{만 원}$$

…

이 규칙을 n번까지 적용하면 n번째의 베팅액은 다음과 같다.

$$2^{n-1}\text{만 원}$$

12.3 2배 걸기법의 함정

"그럼 여기서 퀴즈 하나. n번까지 건 돈의 총액은 얼마가 될까?" 수찬이 문제를 냈다.

"합계만 계산하면 되는 거지? 그 정도는 나도 계산할 수 있지." 바다는 새로운 계산 용지를 꺼내 합계 금액을 계산했다.

……………………

1번째부터 n번째까지의 베팅액을 전부 더하면……

$$\begin{aligned}&1\text{만 원}+2\text{만 원}+4\text{만 원}+\cdots+2^{n-1}\text{만 원}\\&=2^0\text{만 원}+2^1\text{만 원}+2^2\text{만 원}+\cdots+2^{n-1}\text{만 원}\end{aligned}$$

앗, 잠깐만. 이 식은 첫 항이 1이고 공비가 2인 등비수열의 합으로 보면 더 간단하네.[1]

---

1 첫 항이 a이고 공비가 $r(\neq 1)$인 등비수열의 제n항까지의 합은 다음과 같습니다. $r=1$이라면 합은 an입니다.

$$ar^0+ar^1+\cdots+ar^{n-1}=\frac{a(1-r^n)}{1-r}$$

$$
\begin{aligned}
&2^0\text{만 원}+2^1\text{만 원}+2^2\text{만 원}+\cdots+2^{n-1}\text{만 원}\\
&=1\cdot 2^0\text{만 원}+1\cdot 2^1\text{만 원}+1\cdot 2^2\text{만 원}+\cdots+1\cdot 2^{n-1}\text{만 원}\\
&=\frac{1(1-2^n)}{1-2}\text{만 원}=-1(1-2^n)\text{만 원}=(2^n-1)\text{만 원}
\end{aligned}
$$

이러면 맞지 않나?

• • • • • • • • • • • • • • • • • • • •

"맞았어. 등비수열의 합을 사용한 건 좋은 생각이야. 이 계산 결과를 사용해서 1,000만 원의 자금이 있을 때 1일에 몇 번까지 질 수 있을지 확인해보자." 수찬이 배턴을 받았다.

$$n=9\text{일 때 }(2^n-1)\text{만 원}=511\text{만 원}$$
$$n=10\text{일 때 }(2^n-1)\text{만 원}=1{,}023\text{만 원}$$

"10번째까지의 베팅액 총액은 1,023만 원. 즉, 10번 연속으로 지면 1,000만 원 이상을 잃게 돼. 2배 걸기법을 사용할 수 있는 건 아마 9번째까지로, 10번 연속으로 지면 2배 걸기법은 성립하지 않아."

"그러네…… 그렇지만, 10번 연속 진다는 건 상당히 낮은 확률이지? 거의 일어나지 않는 일이므로 걱정 안 해도 되는 거 아냐?"

"그럼 그 확률을 계산해보자." 수찬은 바다의 노트북을 이용해 계산했다.

$$0.5^{10}=0.000976563\approx\text{약 }0.1\%$$

"그것 봐. 거의 일어나지 않지? 이런 확률이라면 매일 계속해도 괜찮아."

"확실히 0.1% 이하의 확률로 일어나는 일은 1회성 이벤트라면 무시해도 되지. 그러나 매일 계속되면 어떨까?" 수찬은 계산을 이어갔다.

"1년간 2배 걸기법을 사용한다고 가정해보자. 1일의 성공 확률은 $1-0.5^{10}$이므로 365일 연속으로 성공할 확률은 다음과 같아."

$$(1-0.5^{10})^{365} \approx 0.7000$$

성공할 확률은 약 70%밖에 안 돼. 거꾸로 말하면 약 30%의 확률로 1,000만 원의 재산을 날릴 위험이 있다는 거지."

"그렇구나. 역시 안 되는 건가. 좋은 아이디어라 생각했는데. 역시 일하지 않고 돈을 번다는 건 무리인가?" 바다는 안타까운 듯 말했다.

"소득 과정을 생각하는 모델로는 좋은 아이디어야. 나도 일해서 돈을 버는 것과 도박에는 무언가 공통 구조가 숨어 있으리라 생각해."

"엥? 무슨 뜻이야? '일하는 것'과 '도박'은 전혀 다르잖아."

"표면적으로는 분명히 다르지. 그렇지만, 공통점이 있어. 둘 다 다음과 같은 특징이 있지."

1. 운에 성공이 좌우된다.
2. 번 돈을 밑천으로 다음 투자를 할 수 있다.

"좀 생뚱맞게 들리는걸?"

"너의 아이디어를 이용해서 어떻게 하면 부자가 될 수 있을까를 생각해보자. 아, 그전에……, 애당초 소득분포가 어떤 형태인지 알고 있니?" 수찬이 물었다.

"소득분포의 형태?"

"응. 가로축에 금액을 놓고 세로축에 비율을 표시했을 때 그 그래프의 모양을 말하는 거야."

12.4 소득분포의 형태

바다는 잠시 생각에 잠겼다. 그러나 아무리 상상해도 '이거다!' 라는 형태가 떠오르지 않았다. 바다는 종이에 몇 가지 산 모양을 그리고는 최종적으로는 자신이 상상하는 분포 형태에 ○로 표시했다. 그녀가 그린 그림은 다음과 같은 모습이었다.

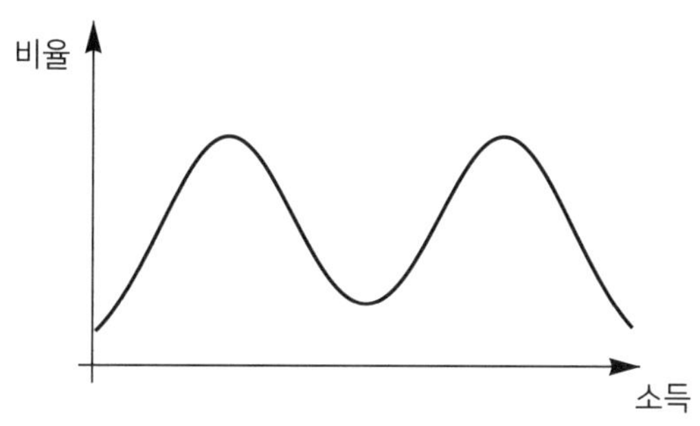

바다가 상상한 소득분포

수찬은 흥미로운 듯 그 그림을 바라봤다.

"과연……. 쌍봉형 분포라. 왜 이런 모습이라 생각했어?"

"뉴스에서 사회 양극화라든지 불평등 확대라는 말을 자주 듣잖아? 그래서 가난한 사람과 부유한 사람이 양쪽으로 나뉘어 있지 않을까 생각했지." 바다의 설명을 듣고 수찬은 그럴 수 있겠다는 듯이 고개를 끄덕였다.

"통계청이 조사한 봉급생활자의 월 소득 데이터에 따르면 분포 형태는 다음과 같아." 수찬은 노트북을 열고 봉급생활자의 월 소득분포를 보여줬다. 이는 바다가 생각한 것과는 전혀 다른 것이었다.

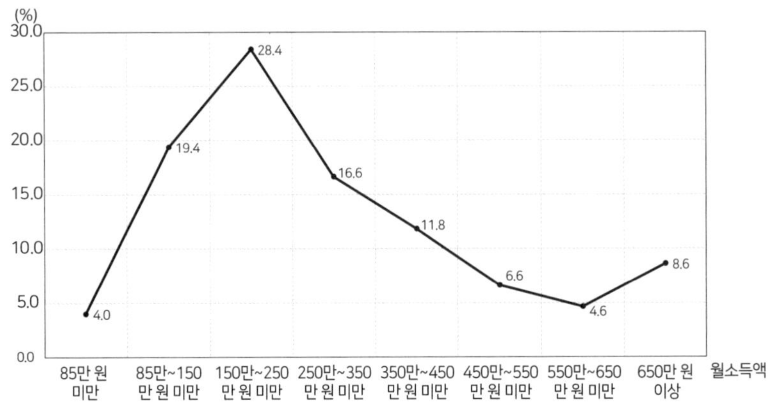

봉급생활자의 월 소득분포[2]

"봉급생활자를 대상으로 한 조사라, 일정하지 않게 수입을 버는 근로자나 고액을 받는 프리랜서 사업자 등은 포함되지 않았어. 가로축이 봉급생활자의 월 소득 금액(만 원)을, 세로축이 해당 봉급생활자가 전체의 몇 %인가를 나타내지."

"흠, 뭔가 이상한 모양이네. 산꼭대기가 왼쪽으로 쏠렸잖아."

예상이 빗나가자 바다는 조금 실망했다. 분포 형태가 좌우 비대칭인 것도 뭔가 개운하지 않았다.

"이 형태에서 뭘 알 수 있을까?" 수찬이 물었다.

바다는 그래프의 가로축과 세로축 수치를 주의 깊게 교대로 살펴보았다.

"산이 가장 높은 곳은 대체로 150만~250만 원 정돈가? 그렇다는

2 통계청, 『임금근로 일자리별 소득 분포 분석』, 2015년

건 한국에선 그 정도의 월 소득을 버는 사람이 제일 많다는 거네. 그리고…… 수입이 많은 사람이 생각보다 많지 않네. 음, 수입의 분포가 이런 모양이었다니 몰랐었어."

"우리나라뿐 아니라 많은 사회가 소득분포는 좌우 비대칭이고 오른쪽 끝이 길면서 동시에 최빈값은 저소득층에 위치해. 요컨대 이러한 형태라는 거지. 저·중 소득계층에 대부분이 집중되고 소득이 높아지면 높아질수록 그 비율은 줄어드는 특징을 보여."

12.5 확률분포를 이용한 근사

"과거 수십 년 간에 걸쳐 축적된 통계 데이터에 따르면 이 경향은 시대나 지역 차이에 영향을 받지 않는다고 해. 수학적으로는 **로그 정규분포**나 **파레토 분포**라는 확률분포로 근사할 수 있어."

"그런 분포는 들어본 적이 없어."

"그리 익숙하지 않을지도 모르지만 **로그 정규분포**는 통계에서 자주 사용하는 정규분포와 친척이라 할 수 있어. 로그를 취했을 때 정규분포를 따르는 확률변수의 분포를 그렇게 부르는 거지. 정규분포의 로그가 아니므로 주의해야 해. 확률밀도함수의 정의와 그 그래프는 다음과 같아."

$$f(x)=\begin{cases} \dfrac{1}{\sqrt{2\pi\sigma^2}\,x}\exp\left\{-\dfrac{(\log x-\mu)^2}{2\sigma^2}\right\}, & x>0 \\ 0, & x\leq 0 \end{cases}$$

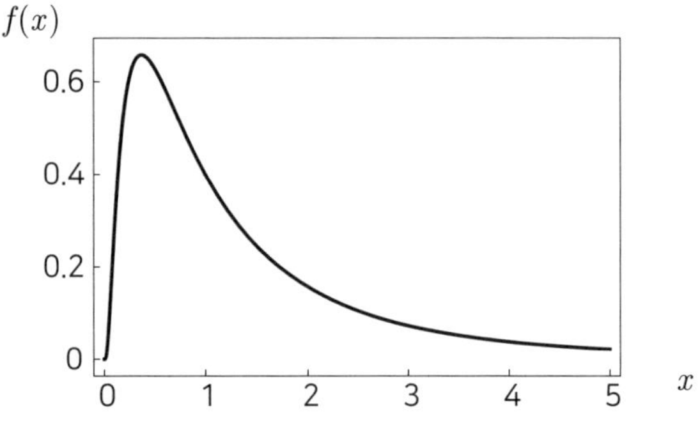

로그 정규분포의 확률밀도함수 $f(x)$의 그래프. $\mu=0$, $\sigma=1$

"어, 진짜네. 아까 본 소득분포와 비슷한 모양이야."

"**로그 정규분포**는 소득분포에서 저·중소득층에 대해 잘 들어맞아. 한편 **파레토 분포**는 고소득층에 잘 들어맞는다고 알려졌어. 파레토 분포의 확률밀도함수와 그래프는 다음과 같아."

$$f(x)=\begin{cases} \dfrac{k^{\alpha}\alpha}{x^{1+\alpha}}, & x \geq k \\ 0, & x < k \end{cases}$$

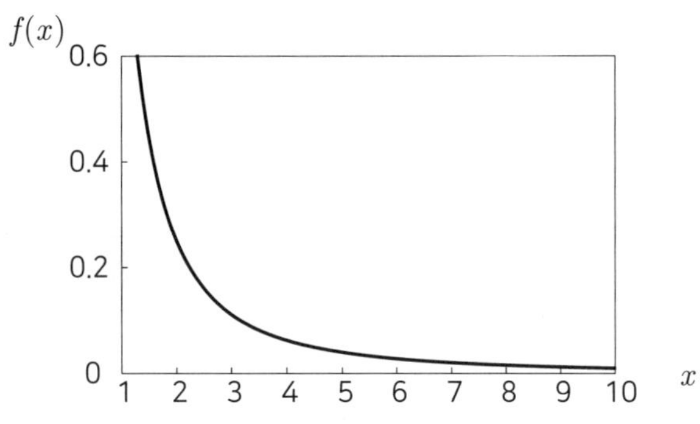

파레토 분포의 확률밀도함수 $f(x)$의 그래프. $k=1$, $\alpha=1$

"분포의 파라미터는 시대나 지역에 따라 차이가 있을 테지만, 본질적인 구조는 다르지 않아." 수찬은 과거 수년간 한국의 소득분포를 겹쳐 보여줬다. 그 형태는 거의 일치했다.

"그렇지만 말이야, 나도 그렇지만, 세상 사람 대부분은 소득분포 형태 같은 건 모르잖아."

"그렇겠지. 나도 경제학 책을 읽고서야 처음으로 알았어."

"그렇다는 건 모두 이런 형태를 유지하고자 하는 것도 아닌데 자연스레 항상 같은 형태로 귀착된다는 것이잖아. 왠지 신기한걸?"

수찬은 "그러네, 정말 신기해."라며 즐거운 듯 대꾸했다.

12.6 누적효과

"이처럼 네가 생각한 '일하지 않고 사는 방법'은 안타깝게도 실용성이 없어. 그럼 이 방법을 개인의 관점이 아닌 사회 전체를 조감하는 시점에서 분석해보자."

"사회 전체?" 바다가 물었다.

"그래, 사회에 있는 모든 사람이 2배 걸기법을 사용해 돈을 버는 게임에 참가한다고 해보자. 분명히 많은 사람은 실패하겠지만, 전원이 실패하지는 않겠지. 소수는 계속 이길 수 있을 거야. 다만, 이번에는 2배 걸기법의 역발상으로 이기면 이길수록 많이 걸고 지면 질수록 적게 건다고 가정하자."

바다는 수찬이 무엇 때문에 2배 걸기법과는 달리 이겼을 때 더 많이 건다고 생각하는지 알 수 없었다. 머리를 갸우뚱하는 바다 옆에서 수찬은 모델의 가정을 특정하는 데 집중했다.

"베팅액이 지금 가진 돈과 비례한다고 가정하자. 그러면 이겼을 때는 자동으로 베팅액이 늘어나고 졌을 때는 베팅액이 줄어들어."

카교인은 계산 용지에 가정을 다시 적었다.

1. 각각은 양의 초기 소지금 y_0을 가지고 여기서 일정 비율 b를 건다 $(0 < b < 1)$.
2. 게임을 n번 반복한 다음의 소지금을 y_n으로 나타낸다.
3. 매번 베팅액은 그 시점 소지금의 $b\%$로 한다.

"이렇게만 하면 돼?"라고 바다가 물었다.

"잘 될지는 계산해봐야만 알 수 있겠지. 그럼 바로 해보도록 할게."

수찬은 커피 잔을 테이블 옆으로 치운 다음 계산을 시작했다.

• • • • • • • • • • • • • • • • • • • •

초기 소지금이 y_0이므로 최초 베팅액은 $y_0 b$다.

결과는 '이기다' 또는 '지다' 2가지뿐이므로 게임에 1회 이겼을 때 전체 소지금 y_1은 다음과 같다.

$$y_1 = y_0 + y_0 b = y_0(1+b)$$

2번 연속으로 이겼을 때 y_1을 기준으로 걸 수 있으므로 y_2는 다음과 같다.

$$y_2 = y_1 + y_1 b = y_1(1+b) = y_0(1+b)(1+b) = y_0(1+b)^2$$

2번째도 소지금에 대해 일정 비율 b를 베팅하므로 1번째 이기면 2번째 걸 금액은 늘어난다.

이하 다음과 같이 3연속, 4연속 베팅이 성공했을 때의 총액은 다음과 같다고 예상할 수 있다.

$$y_3 = y_0(1+b)^3, \ y_4 = y_0(1+b)^4$$

그러므로 n번 연속 베팅에 성공했을 때의 총액 y_n은 다음과 같다.

$$y_n = y_0(1+b)^n$$

다음으로, 실패했을 때를 생각해보자.

실패했을 때는 베팅한 금액을 빼면 된다. 예를 들어 1번째에 실패했을 때 y_1은

$$y_1 = y_0 - y_0 b = y_0(1-b)$$

고 2번 연속 실패한다면 y_2는 다음과 같다.

$$y_2 = y_1 - y_1 b = y_0(1-b)^2$$

이상의 결과에서 n번 연속으로 실패하면 y_n은 다음과 같아짐을 알 수 있다.

$$y_n = y_0(1-b)^n$$

규칙성이 드러나기 시작했으므로 이를 바탕으로 다음으로 넘어가자.

•••••••••••••••••••

"이기면 이길수록 자동으로 거는 금액이 커지고 반대로 지면 질수록 거는 금액이 적어진다는 건 알았어."

"그뿐만이 아냐. 이 가정을 사용하면 이기고 지는 횟수가 같다면 과정이 어떠하든 최종 소지금은 같아져."

"어째서?"

"예를 들어 게임을 5번 반복한 참가자가 2명 있다고 하자. 각각 A, B라 부를 때 그들의 결과는 다음과 같다고 가정해볼게."

A: ○, ○, ○, ×, ×
B: ×, ○, ○, ×, ○

"이 두 사람은 결과적으로는 같은 횟수만큼 '성공 ○'와 '실패 ×'를 경험했어."

"그러네. 순서는 다르지만 두 사람 모두 성공이 3이고 실패가 2네."

"그 결과 두 사람이 손에 든 금액이 같다고 생각해?" 수찬이 물었다.

'음, 어떨까……?'

바다는 머릿속에서 계산을 시도해봤지만, 잘되지 않았으므로 종이를 사용해 계산을 시작했다. 머리로만 생각하는 것이 아니라 종이를 사용해서 생각을 외부화했다. 이는 그녀가 몸에 익힌 수찬의 가르침이었다.

• • • • • • • • • • • • • • • • • • • •

A의 경우

성공 3번 → 실패 2번

을 경험했을 때의 최종 소지금이니까 3번 성공했을 시점에

$$y_3 = y_0(1+b)^3$$

이 되고 4번째 실패했으므로 다음과 같이 된다.

$$y_4 = y_3 - y_3 b = y_3(1-b) = y_0(1+b)^3(1-b)$$

마지막 1번도 졌으므로 결과는 다음과 같다.

$$y_5 = y_4 - y_4 b = y_4 (1-b) = y_0 (1+b)^3 (1-b)^2$$

다음으로, B의 경우

실패 → 성공 2번 → 실패 → 성공

을 경험한 사람의 최종 소지금을 생각해보자. 이를 순서대로 하나씩 계산하면 다음과 같다.

1번째 × $\quad y_1 = y_0 - y_0 b = y_0 (1+b)^0 (1-b)^1$

2번째 ○ $\quad y_2 = y_1 + y_1 b = y_0 (1+b)^1 (1-b)^1$

3번째 ○ $\quad y_3 = y_2 + y_2 b = y_0 (1+b)^2 (1-b)^1$

4번째 × $\quad y_4 = y_3 - y_3 b = y_0 (1+b)^2 (1-b)^2$

5번째 ○ $\quad y_5 = y_4 + y_4 b = y_0 (1+b)^3 (1-b)^2$

따라서 A와 B의 전체 소지금은 둘 다 다음과 같이 된다.

$$y_5 = y_0 (1+b)^3 (1-b)^2$$

• • • • • • • • • • • • • • • • • • • •

"정말이다. 둘 다 같잖아!" 바다가 약간 흥분한 듯한 목소리로 외쳤다.

"실수를 곱할 때는 순서를 바꿔도 결과에는 변화가 없어. 곱셈의 교환 법칙이라는 성질이지. 이 성질에 따라 과정에 관계없이 결과인 전체 이익은 반드시 일치해." 수찬은 일반식을 썼다.

• • • • • • • • • • • • • • • • • • •

n번 게임을 반복했을 때 x번 성공하고 $n-x$번 실패한다면 전체 이익은 다음과 같다.

$$y_n = y_0(1+b)^x(1-b)^{n-x}$$

12.7 로그 정규분포의 생성

지금부터 더 나아가 y_n의 분포를 조사해보자. 먼저 계산을 간단히 하고자 y_n의 로그를 취한다.

$$\begin{aligned}\log y_n &= \log\left\{y_0(1+b)^x(1-b)^{n-x}\right\}\\ &= \log y_0 + \log(1+b)^x + \log(1-b)^{n-x}\\ &= \log y_0 + x\log(1+b) + (n-x)\log(1-b)\\ &= \log y_0 + x\log(1+b) + n\log(1-b) - x\log(1-b)\\ &= x\log\left(\frac{1+b}{1-b}\right) + \log y_0 + n\log(1-b)\end{aligned}$$

이 변형에서는 지수 법칙을 이용했다.

$$\log(ab) = \log a + \log b,\ \log\left(\frac{a}{b}\right) = \log a - \log b,\ \log x^a = a\log x$$

여기서 n번 실행에서 x번 성공할 확률을 생각해본다.

매번의 성공·실패는 베르누이 확률변수 X_i로 나타낼 수 있다. 성공했을 때를 1, 실패했을 때를 0이라 정의하면 n개의 합은 성공 횟수와 같다.

$$X_1 + X_2 + \cdots + X_n = X$$

성공 횟수를 나타내는 확률변수를 X라 정의하자.

앞에서 이미 베르누이 확률변수의 합이 이항 분포를 따른다는 것을 알았다. 1번마다의 성공확률을 p로 두면 n번 후의 성공 횟수 X는 이항 분포 $\mathrm{Bin}(n, p)$를 따르게 된다. 이때 X의 확률함수는 다음과 같다.

$$P(X=x) = {}_nC_x p^x (1-p)^{n-x}$$

여기서 이항 분포 $X \sim \mathrm{Bin}(n, p)$ 그 평균 np와 표준편차 $\sqrt{np(1-p)}$로 표준화하여 다음과 같은 확률변수 Z를 새롭게 만든다.

$$Z = \frac{X - np}{\sqrt{np(1-p)}}$$

이 Z는 $n \to \infty$일 때 표준정규분포 $N(0, 1)$에 가까워진다고 알려졌다. 이를 **드무아브르-라플라스의 정리** 또는 **드무아브르-라플라스의 중심극한정리**라 한다.[3]

다시 한 번 전체 소지금에 포함된 확률변수를 대문자로 나타내면 다음과 같다.

$$\log Y_n = X \log\left(\frac{1+b}{1-b}\right) + \log y_0 + n \log(1-b)$$

여기서 확률변수 X의 계수인

---

3 이 정리의 증명은 다음 웹사이트를 참고하길 바랍니다.
참고: https://wiki.mathnt.net/index.php?title=드무아브르-라플라스_중심극한정리

$$\log\left(\frac{1+b}{1-b}\right)$$

와 제2항과 제3항의 합

$$\log y_0 + n\log(1-b)$$

에 주목해보자.

이들 수는 확률변수가 아니라 모델을 가정했을 때의 수치, 즉 상수다. 상부 부분을 a, b로 나타내면 확률변수 Y_n은 다음과 같이 나타낼 수 있다.

$$\log Y_n = aX + b$$

이렇게 놓고 보면 $\log Y_n$이 확률변수 X의 일차변환이 된다는 것을 알 수 있다.

여기서 이항 분포 X는 표준화했을 때 표준정규분포 $N(0, 1)$에 가까워지므로 표준화하지 않았을 때는 어떤 분포로 근사할 수 있는지를 생각해보자.

정규분포의 성질로서 상수 c, d에 대해 다음이 성립한다.

$$X \sim N\left(\mu, \sigma^2\right) \Rightarrow cX + d \sim N\left(c\mu + d, c^2\sigma^2\right)$$

따라서

$$Z = \frac{X - np}{\sqrt{np(1-p)}} \Leftrightarrow X = \sqrt{np(1-p)}Z + np$$

일 때 다음과 같다.

$$Z \sim N(0,1) \Rightarrow X \sim N\left(np, np(1-p)\right)$$

즉, 이항 분포 $X \sim \text{Bin}(n, p)$는 $n \to \infty$일 때 다음 정규분포에 가까워진다.

$$X \sim N\left(np, np(1-p)\right)$$

• • • • • • • • • • • • • • • • • • •

테이블 위는 이미 계산 용지로 덮여 있었다.

"지금까지의 고찰을 통해 최종 소지금의 로그 $\log Y_n = aX + b$에서 X의 분포는 정규분포로 근사할 수 있음을 알았어. 그러면 상수 a, b로 변환한 다음 분포는 어떨까?" 수찬이 재밌는 듯 물었다.

$$aX + b$$

"음, 그러니까……. 앗! 정규분포다! 정규분포를 따르는 확률변수는 일차 변환해도 정규분포를 따르는 거 아냐? 방금 확인한 내용이잖아."

"그렇다는 것은 $\log Y_n = aX + b$의 우변은 정규분포를 따른다는 거네. 그럼 좌변 $\log Y_n$은?" 수찬이 질문을 이어갔다.

"그야 우변과 좌변은 같으므로 $\log Y_n$도 정규분포를 따르겠지."

"바로 그거야. 그런데 로그 정규분포의 정의는 기억하니?" 수찬이 물었다. 바다는 눈을 감고 집중했다.

"로그 정규분포의 정의는……, '로그를 취했을 때 정규분포를 따르는 확률변수의 분포'였어." 바다는 기억을 되살리며 천천히 말했다.

바다 스스로 최종 결론을 유도해낼 수 있도록 수찬은 잠자코 듣기만 했다.

"$\log Y_n$은 근사적으로 정규분포를 따르지. 그렇다는 것은……, 정의를 따르자면 Y_n은 근사적으로 로그 정규분포를 따르게 돼."

바다는 이 결론에 놀랐다.

"이제 알겠어?" 수찬은 즐거운 듯 미소 지었다.

"응. 알겠어."

"지금까지의 흐름을 되돌아보자." 수찬은 그림 하나를 그렸다.[4]

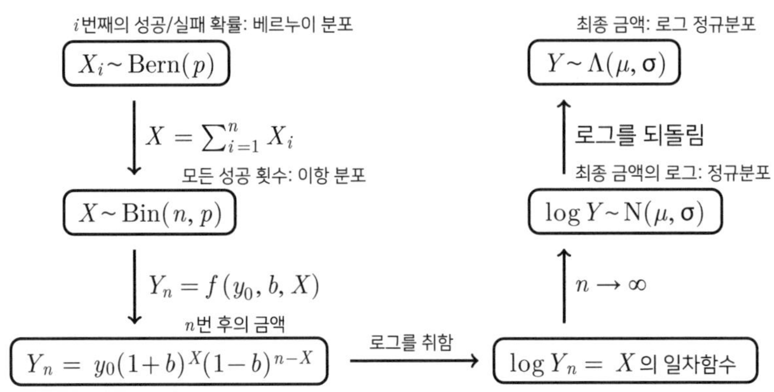

"오~ 베르누이 분포에서 출발하여 로그 정규분포까지 이런 식으로 다다르는 건가?"

"이 모델은 '돈 벌기'의 본질을 나타내지."

"본질?"

"현실 사회에서는 이미 부자인 자, 즉 과거에 게임에서 이긴 자가 많이 투자하고 더 많은 이득을 얻을 기회를 얻지. 이 가정은 가진 양에 비

4 $\mathrm{Bern}(p)$는 베르누이 분포를, $\Lambda(\mu,\sigma)$는 로그 정규분포를 나타내는 기호입니다. Λ(람다)는 lognormal의 첫 글자 L을 그리스 문자로 표시한 것입니다.

례하여 베팅액이 결정되고 이기면 이길수록 더 많이 얻는 **누적효과**를 나타내는 거야. 누적효과에 따라 소수의 부자가 생기는 한편, 많은 사람은 중산층에서 빈곤층 사이에 모이게 되지. 이것이 로그 정규분포를 도출하는 프로세스의 본질이야."

"그렇다는 건 이것으로 증명된 건가? 이것으로 소득분포가 누적효과에서 비롯된다는 것을 나타낸 거야?" 바다가 물었다.

"응. 엄밀히는 $\log Y_n$의 일반형을 수학적 귀납법으로 나타낼 필요가 있어. Y_n의 분산이 발산하지 않도록 표준화할 필요는 있지. 그렇지만, 기본적으로는 Y_n의 분포가 로그 정규분포에 가까워진다는 것은 지금 살펴본 프로세스로도 알 수 있었을 거야. 어때? 재밌었어?"

"응. 재밌었어. 근데 왠지…… 조금은 불안한 느낌이야. 왜 그렇지?"

바다는 지금까지는 경험하지 못한 감정에 당혹감을 느꼈다. 성취감과 불안이 교차하는 기묘한 감각이 온몸을 감싼 채 그녀는 의자에 깊숙이 몸을 기댔다.

"아직 틀린 건 아닌지 불안해하기 때문일 거야." 수찬은 자신이 써 내려간 계산 용지를 다시 바라봤다.

"그렇겠지? 모처럼 뭔가 잘 된다 싶었는데 틀렸거나 착각이었으면 어쩌지라며 걱정했어."

"지금부터 천천히 시간을 들여 조금씩 완전하게 만들면 돼."

"아직 시간이 필요한 거야?"

"지금까지 우린 고생과 우연을 반복하면서 모델의 바탕을 만들었어. 그러나 아직 완성은 아니야. 지금부터 이 모델 세계를 길러갈 거야."

"기른다라니……, 뭔가 살아 있는 것 같네."

바다는 계산 용지에 어지럽게 쓰인 수식을 쫓으며 지금까지 걸어온 길을 되돌아봤다. 그러고 보니 이 모델의 확률밀도함수는 어떤 모양일까? 그녀는 문득 생각했다.

이렇게 생각하고 보니 그곳에는 분명히 작은 세계가 있는 듯했다.

내용 정리

- 많은 사회에서 소득분포는 저소득층과 중산층에 집중된다. 이는 '평균보다 부유한 사람'보다 '평균보다 가난한 사람'이 더 많다는 것을 뜻한다.
- 소득분포는 저소득층과 중산층은 로그 정규분포로, 부유층은 파레토 분포로 근사할 수 있다고 알려졌다.
- 무작위의 우연으로 일정액의 증감이 발생하는 모델에서는 정규분포가 생긴다.
- 무작위의 우연으로 이미 가진 자가 점점 더 부유해지는 **누적효과**를 조합한 모델에서는 로그 정규분포가 생긴다.
- 연습 문제: 파레토 분포를 생성하는 프로세스를 생각해보자. 부자의 세계가 어떤 법칙에 의해 지배되는가를 그 모델을 사용하여 분석해보자.

바다가 당황한 듯 가방 안을 뒤지고 있었다.

"왜 그래?" 수찬이 그 모습을 보고 물었다.

"저기……, 스마트폰이랑 지갑을 회사에 두고 왔나 봐. 오늘은 네가 대신 좀 내줄래……?" 바다는 고개를 숙인 채 작은 목소리로 말했다.

"이런, 그런 듯싶더라." 수찬은 호주머니에서 자기 지갑을 꺼냈다.

"오늘 이야기 덕분에 수찬 네가 평상시 뭘 하는지 조금은 알 것 같아."

"응? 인제 와서?"

"실은 말이야, 널 좀 이상한 애라고 생각했거든. 왜 이공학부에서 인문학부로 일부러 옮겼을까 하고 말이야."

"그렇게 이상해?"

"솔직히 옛날에는 그렇게 생각했어. 그러나 이과든 문과든 수찬 너에겐 관계없었던 거야. 난 고등학교 때부터 줄곧 수학을 피했으니 당연히 문과라고 생각했지."

"왜?"

"사칙연산 정도만 알면 사는 데는 충분하고 그 이상은 몰라도 사는 데 전혀 지장이 없다고 생각했지. 그렇지만, 지금은……"

"수학이 조금은 좋아졌니?" 수찬이 장난스러운 표정으로 웃었다.

"몰라도 살아가는 데 지장이 없다는 건 변함없어. 그렇지만, 더 자세하게 아는 편이 더 재밌지 않을까 하는 거지."

"난 모델이란 것은 일종의 문체라고 생각해. 모델을 통해 세상을 본다는 것은 모델이라는 문체로 세상을 말하는 거와 같아.”

“무슨 말을 하는 건지 잘 모르겠는걸?”

“모델을 통해 볼 즐거운 세상은 아직 많다는 거야.”

“그런 세상을 나도 볼 수 있을까?”

“물론이지. 시간을 들인다면.” 수찬은 조용히 미소 지었다. 그리고 조금은 차가워진 커피를 한 손으로 마시며 읽던 논문을 다시 들었다.

바다는 수찬이 보는 세상을 자신도 마찬가지로 볼 수 있을지 스스로 물었다.

분명히 아직은 명확하게 보이지 않겠지.

어느 시기부터 그녀는 줄곧 수학으로 설명하는 이야기에는 귀를 막기 시작했기 때문이다.

그렇다고 해서 특별히 문제가 될 것은 없었다.

다만, 수찬의 이야기를 듣고 있노라면 자신이 보는 세상은 세상의 극히 일부이지는 않을까라는 생각이 들었다. 수찬의 레토릭[1]을 완전히 이해할 수는 없었지만, 자신에게는 아직 보이지 않는 세상이 있다는 것을 어렴풋이 느꼈다.

실은 훨씬 더 명료하게 세상을 바라볼 수 있을 터이다.

처음으로 안경을 썼던 순간, 세상의 윤곽이 이토록 뚜렷했던가 라며

---

1 레토릭(rhetoric)은 우리말로 수사학이라고도 합니다. 설득의 기술로서 다른 사람에게 말로 영향력을 주는 것을 의미합니다. 여기에서는 수찬이 바다에게 '수학 모델로 현상을 설명하는 것'이 수찬의 레토릭입니다.

놀랬던 그때처럼 말이다.

시간이 지나면 자신도 수학을 통해 세상을 볼 수 있을까?

분명히 시간이 필요하겠지.

바다는 새하얀 종이를 한 장 꺼내 테이블 위에 두고는 천천히 계산을 시작했다.

...

이 책은 사람의 행동이나 사회 구조를 간단한 수학 모델을 사용하여 표현하고 설명하는 방법을 소개한 책입니다. 행동경제학, 심리학, 수리사회학, 통계학 등의 분야 중 필자가 특히 재밌다고 생각하는 모델이나 일상에도 도움이 된다고 생각하는 알고리즘과 방법 등을 선택했습니다.

얼핏 보기에 주제 나열에 통일성이 부족한 것처럼 보일 수도 있습니다만, 각 장의 바탕을 이루는 사상은 일관됩니다. 이는 바로 「사람의 행동이나 사회는 복잡하므로 깊고 정확하게 이해하려면 그 본질을 추상화하여 나타내야 한다.」라는 사고방식입니다.

이 **추상화**라는 부분이 중요한 것으로, 강력한 방법이나 알고리즘은 현상을 추상화한 결과로써 생겨난 것입니다. 단순한 업무는 컴퓨터나 스마트폰에 맡길 수 있게 된 현대에서는 모든 것을 추상화하여 분석한다는 인간 고유의 유산은 점점 그 중요성을 띠게 될 것입니다. 이러한 능력이야말로 연구나 비즈니스 현장에서나 새로운 발상을 낳기 때문입니다.

이 책에서는 기존의 모델을 소개하는 것뿐 아니라 추상화 과정, 즉 시행착오를 통해 모델을 만들어 가는 과정이나 기존의 모델을 확장해 새로운 모델을 만드는 과정을 설명해보고자 했습니다. 기존의 유명 모델을 직접 분해하고 원하는 대로 개조하는 작업도 지적인 즐거움 중 하나입니다. 독자 여러분도 꼭 수찬처럼 계산하거나 증명하거나 새로운 가정을 시험해보거나 명제를 도출하는 작업을 통해 **모델**을 실감하길 바랍니다. 필요한 것은 종이와 연필뿐입니다.

필자는 평소 인문학부 학생에게 수리사회학을 가르칩니다. 그러나 대학생뿐 아니라 고등학생이나 사회인 등 더 많은 사람이 수학 모델의 유용성과 즐거움을 알았으면 하는 바람으로 이 책을 썼습니다. 특히 '나는 인문계이므로 수학은 필요 없어.'라고 생각하는(바다같은) 사람이 읽는다면 더 없는 다행입니다. 여러분이 지금까지 수학이나 수학 모델과 인연이 없는 삶을 살았다고 해도 전혀 늦지 않습니다.

이 책을 읽은 다음, 조금이라도 '관심이 없었는데, 알고 보니 수학 모델이란 게 재밌네.'라고 느낀다면 필자로서 그 이상의 즐거움은 없을 것입니다.

초고를 읽고 귀중한 의견을 주신 테츠카 카즈히로(手塚和宏) 씨, 이시다 준(石田淳) 씨, 나가요시 키쿠코(永吉希久子) 씨, 사토 요시미치(佐藤嘉倫) 씨에게 고마움을 전합니다. 또한, 기획 단계부터 함께 의논한 모리 신이치(森真一) 씨, 모리카와 마코토(森川真) 씨, 더 많은 독자에게 다가갈 수 있도록 아이디어를 제공해주신 편집부의 나가세 토시아키(永瀬敏章) 씨에게도 고맙다는 말씀을 드립니다.

언제나 저를 응원해준 아내와 아들에게도 고맙다는 말을 전합니다.

끝으로, 이 책을 읽어 주신 여러분에게도 감사함을 전합니다.

너무나 고맙습니다.

하마다 히로시(浜田 宏)